世界观鸟圣地

动人心魄的100处鸟类生活秘境

[英] 多米尼克·库森◎著　张　肖　关翔宇◎译

清华大学出版社
北京

北京市版权局著作权合同登记号　图字：01-2020-6122
审图号：GS（2020）6415号，图片系原书原图

图书在版编目（CIP）数据

世界观鸟圣地：动人心魄的100处鸟类生活秘境 /（英）多米尼克·库森著；张肖，关翔宇译. — 北京：清华大学
出版社，2021.1
　　书名原文：Top 100 Birding Sites Of The World
　　ISBN 978-7-302-56445-4

Ⅰ. ①世… Ⅱ. ①多… ②张… ③关… Ⅲ. ①鸟类—普及读物 Ⅳ. ①Q959.7-49

中国版本图书馆CIP数据核字（2020）第178271号

责任编辑：肖　　路
封面设计：施　　军
责任校对：赵丽敏
责任印制：丛怀宇

出版发行：清华大学出版社
　　　　　网　　址：http://www.tup.com.cn, http://www.wqbook.com
　　　　　地　　址：北京清华大学学研大厦A座　　邮　　编：100084
　　　　　社 总 机：010-62770175　　　　　　　邮　　购：010-62786544
　　　　　投稿与读者服务：010-62776969, c-service@tup.tsinghua.edu.cn
　　　　　质量反馈：010-62772015, zhiliang@tup.tsinghua.edu.cn
印 装 者：小森印刷（北京）有限公司
经　　销：全国新华书店
开　　本：210mm×260mm　　印　　张：19.5　　字　　数：646千字
版　　次：2021年1月第1版　　　　　　　　　印　　次：2021年1月第1次印刷
定　　价：185.00元

产品编号：085180-01

前言

本书是对鸟类世界的颂扬，从东非大裂谷大群的火烈鸟到新几内亚的极乐鸟，从英国的海鸟栖息地到墨西哥的"猛禽河"。通过对世界上 100 个顶级观鸟地点的描述，本书全面展现了地球上鸟类的多样性和丰富度，我希望这些能受到读者的喜爱并给大家一些启发。所以，它实际上是一本有抱负的书。因此，尽管你可以利用它来规划观鸟路线，以实现看到大量鸟种的目的，但你不能仅仅将它当作一个鸟点指南。事实上，它介绍了在地球上什么地方能发现什么鸟类，以及在哪里人们能有最好的观鸟体验。

为了让世界各地的鸟点分布合理，这 100 个地点均匀分散在各个大洲。每一个鸟点都有一篇专门的文字进行介绍，包括对其所在地的描述，它包含的栖息地和拥有的鸟类，以及它被收录在书中的原因。希望每个地方的独特性能给大家留下印象，希望对那里鸟种的描述能远超过一份乏味的鸟种名录给你带来的体验。我一直对描述如何到达那里和在哪里停留观鸟的细节有所保留，因为正如上文提到的，这不是一本通常意义上的"在哪里观鸟"的指南。如果你想了解，有很多

书可以告诉你这类信息，它们大部分都被列在了参考书目中。

本书的好坏取决于它所包含的内容，我希望通过本书能引起大家的一些讨论和共鸣。当然，你会为某些你最喜欢的鸟点被排除在外而感到震惊，你也会因为其中包含的一些取而代之的地方而感到恼火，尤其当你意识到书中还为这些鸟点列出了世界排名时，你可能会更加愤怒。因此，在这里我们有必要对本书的内容结构进行一些解释。鸟点列表最开始是由新荷兰出版社（New Holland Publishers）的一个小型编辑团队挑选出来的，所以我希望他们能和我一起承担责任。顺便说一句，我承认，即使有 100 个鸟点可供选择，同时肯定也有远超过 100 个以上的地方有充分的理由被纳入进来。幸运的是，地球上有成千上万个地方在某个时间段因为其壮丽的景观和各种各样的鸟类让观鸟者和生态旅游者为之着迷。

然而，我们必须做出选择。很快，一些考量因素就变得显而易见了。例如，尽管一串很长的鸟种名单具有指导意义，但它只能粗略地说明一个地方有多好。记录下来的一

■ 马达加斯加多刺森林中的长尾地三宝鸟。

■ 右图：美国西部的暗冠蓝鸦。

长串鸟名可能更多地反映了观鸟者对它们的关注，而不是它们内在的丰富度。另一点，如果鸟种多是唯一的参考标准，那么这本书将只包含热带森林，其中大部分都在南美洲。

因此，一旦从单纯的数字工作中解脱出来，一个地方的其他方面就变得重要起来。这些方面包括：在那里发现的鸟类的绝对实力（比如它们是多么罕见、多么漂亮，它们的种群数量是否惊人，等等）；在世界范围内，该地点对相关生境和（或）物种保护的重要性；鸟点的内在之美；一个地点在一年四季对鸟类生存和鸟类观察的适宜度；该地的历史，以及在鸟类学和环保方面的意义；在相关地点观鸟时的便利性和舒适度；欣赏其他特色的可能性，例如其他的动物，或者自然景色，抑或是考古景观；当然，也许还包括这个地方的名声和资质。从负面的角度来看，一个地方如果最近已经变得比较危险，不可轻易前往（例如阿富汗或克什米尔地区），那么它就会被特意地排除在外。

尽管如此，鸟点的选择在很大程度上仍取决于个人经验。首先，我们选择了自己知道的或者听说过的鸟点。当然，在为了写这本书查找资料时，我们发现了更多的地方，其中有很多地方我们认为都很好，足以被纳入书中。然而，毫无疑问，许多与纳入书中的地点同样优秀的地方被忽视了，我为此感到抱歉。如果你最喜爱的鸟点被我们遗漏了，或者如果你认为我们对某个地区的选择有问题，请务必让我们知道。

最后，必须指出的是，所有这些鸟点的选择都是在没有商业压力的情况下做出的。本书中的有些鸟点是盈利的，但我们选择将它们包括在内只是出于鸟类的原因。在某些情况下，不选它们未免也不够真诚。在本书出版之前，没有人确切地知道它们被纳入了书中，也没有人为这个特权付费。在调研期间，也没有人给我们提供免费住宿。

因此，我希望你会喜欢这100个我认为提供了世界上最好的观鸟体验的鸟点。

多米尼克·库森
2008年5月，于英国多塞特

目 录

欧洲
Europe

　　欧洲有着悠久的观鸟传统，这个爱好已经成为一种全民性的娱乐活动，在英国、荷兰和瑞典等国生根发芽。欧洲只有大约500种常见的鸟类，因此不能被称为拥有世界上最多鸟种的大陆。然而，几乎这里的每一种鸟类都被进行了详细研究，人们对欧洲栖息地的描述和理解也达到了一种非同寻常的程度。

　　人类与鸟类之间关系的发展进程是欧洲观鸟的另一个重要特征。由于欧洲温带地区几乎没有纯自然的和未受破坏的栖息地，因此对那里鸟类种群的命运进行监测是非常有意义的。大部分欧洲温带地区已经被开垦，在一些尚未开垦的东欧地区，目前的机械化趋势已成为人们密切关注的问题。如今，欧洲最高效的农业区是生物多样性匮乏的地带。曾经覆盖中部地区的大片森林被大面积砍伐，引起了林地物种数量的急剧下降。

　　这并不是说欧洲缺乏良好的观鸟地，事实远非如此。从部分苔原带和针叶林区，到大片的温带湿地，再到广阔的潮间带，许多地区都是非常好的。而温带气候意味着每年春季和秋季都能看到非常壮观的鸟类迁徙场景。有一个被称为"马基群落"的栖息地尤其值得一提，它是指主要生长于地中海沿岸地区的灌木丛地带，尤其要说的是，这里聚集了一群旧大陆林莺属的莺类。除此之外，欧洲还有丰富的鸻鹬类的鸟、雁鸭类的鸟和海鸟，如各种海雀和海鸥。

■ 右图：芬兰的流苏鹬在炫耀求偶。

北诺福克

North Norfolk

鸟点排名 (55) 信息

栖息地类型 海岸、滩涂、盐沼地、沙丘、淡水池塘和沼泽、砾滩、灌丛和林地

重点鸟种 （深色腹部的）黑雁、粉脚雁、红腹滨鹬、黑腹滨鹬、反嘴鹬、文须雀、角百灵、黄嘴朱顶雀

观鸟时节 夏季的 6~7 月鸟况比较惨淡，其他时候都是观鸟的好时节

这个位于英国的神奇角落一定是全世界最受欢迎的观鸟区之一。近年来，仅仅是特科维尔湿地自然保护区（Titchwell Marsh）这个不大的地方，每年的游客数量就超过了 12 万人次，这一数字几乎超过了所有当地鸟类的数量。观鸟活动在英国有着悠久的传统，随着这一活动日益盛行，诺福克已成为观鸟的热门地区。

北诺福克无疑有很多吸引观鸟者的地方，那里一年四季都有令人赏心悦目的景致，同时还拥有完善的基础设施，以及给观鸟者提供的简单易行的建议，而且观鸟者在那里几乎随时都可以得到帮助。每年冬天，这里都会迎来一些稀有的繁殖鸟类，并有大量鸻鹬及其他雁鸭类的鸟在此越冬。对北诺福克来说，每年 4~5 月和 8~11 月这两个时期是主要的迁徙季节，来到此地的迁徙鸟类种类繁多，令观鸟者眼花缭乱。从西边的沃什（Wash）河口到东边的谢灵厄姆（Sheringham）镇，已经有 360 多种鸟类被记录到，而且一年中几乎每天都能在附近地区发现稀有鸟种。

每到冬天，雁鸭类和鸻鹬类的鸟都会成群结队地来到这里，尤其是在西侧，靠近斯内蒂瑟姆（Snettisham）的区域。涨潮时，大量鸻鹬类的鸟会利用沃什河冲淤形成的潮间带泥滩，迁移到这个由砂砾坑和岛屿组成的小群落中栖息。在季节性的大潮时，可能同时会有多达 50 000 只红腹滨鹬、11 000 只黑腹滨鹬以及 6 000 只蛎鹬在这么小的区域停留。它们尖叫着，翻飞着，岛屿上到处都是它们的声音。那漫天

■ 下图：诺福克海岸冬季的晨昏见证了一群群起飞的粉脚雁。

■ 右图：文须雀在北诺福克全年可见。克莱和特科维尔自然保护区比较容易见到。

飞来飞去的景象，壮观得令人难以置信。事实上，即使是潮水不大的时候，这些红腹滨鹬也会在浅滩聚集，那景象也绝对让人难以忘怀。鸻鹬类的鸟以善集大群而闻名，它们常结群而飞，没有定形，似云如烟地来回飘荡。

值得一提的是，这并不是斯内蒂瑟姆唯一的亮点。每年 10 月至来年 2 月，在黎明和黄昏时分，大家会看到大群的粉脚雁在保护区上空飞过，来回穿梭于栖息地和觅食地之间。它们在盐沼地栖息，于内陆田地觅食，那里的谷物和土豆为粉脚雁提供了丰富的食物。事实上，这种景象一直延伸到距东部约 30 公里的霍尔克姆（Holkham）海岸线上，并在不断地重复上演着。

迎着朝霞，伴着日落，一群群大雁在空中排成"人"字高高地飞过，阵阵欢快激昂的叫声响起，"昂～昂""维克～维克"……仿佛在召唤着那些被它们迷住的观鸟者。据估计，每年冬天至少有 7 万只粉脚雁从冰岛飞到诺福克西北部，还有近 1 万只腹部深色的黑雁指名亚种自俄罗斯飞到此地越冬。

北诺福克还有一个吸引人的地方，有几种比较稀少的雀形目鸟类选择了这个狂风肆虐的海岸作为越冬地，每年都会出现在这里，包括主要在北极高纬度地区繁殖的雪鹀和铁爪鹀，以及主要在欧洲北部山区繁殖的黄嘴朱顶雀和角百灵。它们经常成群出现，在沙丘和盐沼地中寻找种子为食。雪鹀尤其受到大家的喜爱，

■ 右图：沃什湾是观测大量鸻鹬类鸟的好去处，图中是大群的红腹滨鹬。

■ 上图：在诺福克海岸附近，白头鹞再次进入了人们的视野。作为英国的一种繁殖鸟，它的种群数量已经从 20 世纪 70 年代早期的灭绝边缘中得到了恢复。

因为它们喜欢集大群出现，一群通常有 200 只甚至更多。而且，雪鹀有一个非常好玩的习性——在鸟群中，后面的鸟会断断续续地、一批一批地飞到领头鸟的前面，整个大群就好像"翻滚"着前行一般。

在北诺福克繁殖的鸟类和来这越冬的鸟类一样令人印象深刻，其中不乏一些稀有鸟种，比如灰山鹑，这里的农田是这种在英国种群数量迅速下降的鸟类的避难所。还有一些在英国其他乡村地区难得一见的鸟类在这里生活，像仓鸮、黍鹀和树麻雀。同时，这里还有一些重要的鸟种，它们生活在芦苇沼泽环境，分布很广泛，但是不常见，比如文须雀、大麻鳽和白头鹞。反嘴鹬在自然保护区的潟湖区域繁殖，其中有一些还是专门为

它们修建的，这儿已经非常接近它们分布区的北部边缘了。燕鸥也会来这里，特别是在离岸的斯科特希德岛（Scolt Head Island）和布莱克尼角（Blakeney Point），其中白嘴端凤头燕鸥的数量可以达到将近 4 000 个繁殖对。

然而，对于许多有经验的观鸟者来说，真正使诺福克具有吸引力的是迁徙季节。诺福克是英国离欧洲大陆最近的地区之一，只要稍微刮一点东风，再加上一点毛毛雨，就能给这个海岸带来令人意想不到的过境鸟。秋高气爽的日子里，在许多灌木丛和树上可能都有迁徙的鸟儿，尤其是柳莺、庭园林莺、欧亚红尾鸲以及斑姬鹟。而经过仔细地搜寻，有时还会发现一些稀有鸟种，比如蚁䴕、红胸姬鹟或是横斑林莺。随着季节的推移，10 月到达的黄眉柳莺和之后 11 月到达的黄腰柳莺也给迁徙季增添了光彩。当然，春天也很好，鸟况与初秋差不多，还可以看到鸟类更漂亮的繁殖羽。如果运气不错的话，还可能看到来自东部的蓝喉歌鸲，或是来自南方的金腰燕、欧洲丝雀。

在许多池塘和潟湖，全年都可以看到不少鸻鹬。9 月间，如果天气不错，一天可以看到超过 20 种，包括弯嘴滨鹬、小滨鹬和青脚滨鹬等。在克莱（Cley）和特科维尔等一些自然保护区还设有隐蔽棚，可以让人们近距离观赏到这些鸟类。

海边观鸟同内陆观鸟一样，到处是一番来来往往热闹的景象。北诺福克是非常好的越冬地，每年来此越冬的海鸭有黑海番鸭、斑脸海番鸭、长尾鸭和欧绒鸭等，此外还有一些近海的鸟种，比如红喉潜鸟、角鸊鷉和赤颈鸊鷉。与此同时，秋季强劲的向岸风还会带来大量的贼鸥，以及一些大西洋鹱和灰鹱。再晚些时候，北风吹起，又会有大量的侏海雀从北极飞来。

当然，稀有鸟种的名单还很长，其中不乏一些令人瞠目结舌的邂逅故事在当地观鸟圈子里流传。例如一年春天，一只笑鸥和一只弗氏鸥在同一天出现，而且差不多是站在一起，而与此同时一只令人费解的石䳭也出现在了这条海岸线上。3 种迷鸟同时出现，这里不愧是现代英国观鸟活动的中心。

外赫布里底群岛
The Outer Hebrides

鸟点排名 **66** 信息

栖息地类型	岩石岛、草地、草本类沼泽、海岸、泥炭类沼泽、高沼地
重点鸟种	繁殖的海鸟（包括暴风海燕、白腰叉尾海燕、北鲣鸟和北极海鹦以及大量迁徙经过的贼鸥），长脚秧鸡，繁殖的鸻鹬类和雁鸭类的鸟，还有一些其他稀有鸟种
观鸟时节	春季和初夏（5~6月）是最好的时节

■ 右图：刘易斯岛和哈里斯岛的高沼地聚集了大量的欧金鸻。

世界上很少有地方能像英国这样观鸟者如此密集。尽管如此，当地的鸟类种数其实并不是特别丰富，而且英国鸟类名录中超过一半的鸟都是从其他地方飞来路过此地的稀有种类。然而，有两个类群例外——鸻鹬类的鸟和海鸟，尤其是海鸟种类特别突出。如果要在英国找一个地方，在那里可以很容易地看到这两类鸟，而且还能欣赏到令人叹为观止的景观，没有一个地方比得上外赫布里底群岛。

外赫布里底群岛也被称为西部群岛，它位于苏格兰西北海岸约50公里处。主岛从北到南长约200公里，但是大量的鸟类主要集中在一些偏远的岛屿上，如距北大西洋64公里的圣基尔达岛（St Kilda）。主岛链上的栖息地类型从西到东呈现出一种有趣的分级现象：西海岸边缘背靠沙丘，是由贝壳沙覆盖的长长的海滩。再稍往里一点，是一片生长在贝壳沙和泥炭混合物上的草地，这种独特的栖息地类型被称为沿岸沙质低地。稍干旱的地方已被人们开垦，进行着传统的耕种，潮湿地区则形成了坑坑洼洼营养丰富的池塘。再

■ 右图：随着农业现代化的推进，长脚秧鸡在英国除外赫布里底群岛以外的地方都不太容易见到了。得益于外赫布里底群岛的保护措施，那里长脚秧鸡的种群数量在逐渐增长。

■ 上图：繁殖季在外赫布里底群岛附近的激流中发现的白腰叉尾海燕，其他时节它们都是在广阔的海洋上漫飞。

往里走，一直到东侧崎岖多石的海岸，这片区域被泥炭沼泽和点缀着湖泊的荒原占据着，每隔几公里海岸就会形成一个内陆海岬，这在当地被称为海湾。据估计，把咸水水体和淡水水体都考虑在内，外赫布里底群岛大约有 6 000 个湖泊。总的来说，全岛地势低洼，整个群岛的最高点海拔只有 799 米。

泥炭沼泽和沿岸沙质低地为鸻鹬类的鸟提供了绝佳的繁殖环境，使这里成为欧洲繁殖鸟类密度最高的地区之一。通常情况下，北部的刘易斯（Lewis）岛和哈里斯（Harris）岛具有最好的沼泽栖息地，吸引了大量的欧金鸻、青脚鹬和黑腹滨鹬，而南部的三个岛——北尤伊斯特（North Uist）岛、南尤伊斯特（South Uist）岛和本贝丘拉（Benbecula）岛则是典型的沿岸沙质低地环境，那里的扇尾沙锥、红脚鹬和剑鸻分布密度很高。此外，每年都会有几只极其罕见的红颈瓣蹼鹬到这遥远的南方繁殖，偶尔也能筑巢成功。

这里具有大面积的水域，因此分布着很多有特色的雁鸭也就不足为奇了。外赫布里底群岛有着数量惊人的纯野生灰雁，大概 300 个繁殖对，要知道英国其余的繁殖种群很多都是由野外驯化的灰雁组成的。此外，这里还分布有大量的疣鼻天鹅、欧绒鸭和红胸秋沙鸭。这里的湖泊也为红喉潜鸟和黑喉潜鸟提供了良好的栖息环境，是适应它们繁殖的理想场所。黑喉潜鸟在能为它们提供鱼类食物的大湖中繁殖，而红喉潜鸟则通常在食物匮乏的小水池里筑巢，然后去海中捕鱼，带回巢中喂养幼鸟。

鼠种群），而距刘易斯岛西部 32 公里的弗兰南群岛（Flannan Islands）则为暴风海燕和白腰叉尾海燕提供了繁殖栖息地，每种都有上千个繁殖对聚集于此。

然而，距离北尤伊斯特岛 64 公里的圣基尔达岛却是迄今最著名的海鸟栖息地，这也难怪，因为有 50 万对各种各样的海鸟在那里繁殖。这是一处拥有悠久历史的世界自然遗产保护区，由四个小岛组成的群岛是一座死火山的遗迹。圣基尔达岛隐现于北大西洋波涛汹涌的海水之上，在北大西洋的暴风骤雨中，滚滚巨浪严重威胁着被迫使用船只的观鸟者的生命。圣基尔达岛躲过了上一个冰河时代的侵蚀，它在那傲然矗立着、高耸着，上面布满了在悬崖栖息的鸟类。事实上，这里最大的岛屿——赫塔（Hirta）岛上的悬崖落差有 430 米，是英国落差最大的一处。值得一提的是，这个偏远的地区有着悠久的人类居住史。大概 5 000 年前人们就来到了此地，并为岛上引入了独特的绵羊品种。这些索艾羊（Soay Sheep）至今仍然存在，并且由于种群隔离，科学家们目前对其开展了深入的遗传学研究。可以肯定的是，这些岛屿被人类占据了大约 2 000 年，直到 20 世纪 30 年代才最终被遗弃，遗留的废墟为当地紫翅椋鸟种群的繁殖提供了处所。同时，这里还形成了一个特有的鹪鹩亚种，名为圣基尔达岛鹪鹩（*Troglodytes troglodytes hirtensis*）。

这么多的海鸟数量彰显了外赫布里底群岛的重要性。这些岛屿拥有世界上种群数量最多的北鲣鸟，至少有 60 000 个繁殖对，占了其全球种群总数的 1/4。岛上还有 49 000 对、大约占欧洲种群总数 90% 的白腰叉尾海燕，约 250 000 对、占英国种群总数一半的北极海鹦，62 000 对暴雪鹱，以及 22 000 对崖海鸦和 150 对北贼鸥。当然，这些数字大部分都是估计值，因为这么大的鸟类种群数量，给计数带来了很大的困难。

每年 5 月，在外赫布里底群岛还可以欣赏到另一种海鸟盛况，因为这里是贼鸥常规的迁徙通道。届时，将会有成千的长尾贼鸥和中贼鸥在短期内爆发式地经过，那场景绝对让人终生难忘。

虽然有一些海鸟在刘易斯岛北部海岸的悬崖上繁殖，但真正令人印象深刻的鸟群则出现在远离海岸的地方。其中一些种群在英国国内和国际上都具有重要的意义。在位于主岛北端的苏拉岛（Sula Sgeir）上，生活着 10 000 对北鲣鸟，而且这是英国唯一一个把北鲣鸟幼鸟作为食物的地方。每年，猎人们会在这片偏远的海岛上花费两周左右时间，捕获 2 000 多只北鲣鸟幼鸟。在过去的几个繁殖季里，一只迷路的黑眉信天翁的到来也给这些人迹罕至的悬崖增色不少。与此同时，在大西洋 71 公里外有一个与世隔绝、令人生畏的北罗纳岛（North Rona），那里是暴风海燕的主要聚集地。希恩特群岛（Shiant Islands）上有一大群北极海鹦，大约 76 000 只（而且奇怪的是这里分布有英国唯一的黑

卡马格
The Camargue

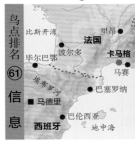

栖息地类型 大片湿地，包括芦苇地、潟湖、盐田、石灰岩半沙漠

重点鸟种 大红鹳、细嘴鸥、文须雀、小鸨、白腹沙鸡

观鸟时节 任何时候，即使在湖水干涸，游客众多的盛夏也不错

■ 下图：大红鹳是卡马格的旗舰鸟种，大约有 15 000 个繁殖对。

卡马格是法国南部一片幅员辽阔的平原。它位于地中海和西欧最大的河流三角洲——罗纳河三角洲（River Rhone delta）的两条支流之间。这片土地为鸟类栖息提供了 750 平方公里的湿地，并以其自由放养的白马和黑牛而闻名。这是一个弥漫着浪漫气息、风景怡人的地方，并且有着悠久的历史，主要城市阿尔勒（Arles）最初是罗马的一部分。这里星星点点分布着沼泽、潟湖、农田、海滩，东部是一个被称为拉克罗（La Crau）的大片石灰岩半沙漠地区。尽管卡马格的大部分原始区域已被改作农业用地，但它仍然被认为是欧洲最好的野生动物保护区之一。

对观鸟者来说，这里最吸引人的地方之一是有大群的大红鹳[1]存在，它们主要分布在位于卡马格中部距海边不远的范加西尔潟湖（Étang de Fangassier）。20 世纪 60 年代末，大红鹳筑巢的岛屿面临着被侵蚀的危险，于是推土机开了进来，新的平台得以建成以供鸟使用。从那时起，大红鹳的数量翻了一倍多，增加到了 15 000 对，大红鹳群也成为一个热门的旅游景点。大红鹳一年四季都有，但冬天这里只剩下 1/4 的种群数量，其余的都飞到西班牙和非洲西北部越冬了。大红鹳通常以小型无脊椎动物为食，它们羽毛呈现的粉色也源于这些食物。近年来，这些大红

① 大红鹳是红鹳科火烈鸟属的鸟类，人们通常将与它同属的红鹳统称为火烈鸟。——译者注

■ 上图：脖子上的粗条纹显示这是一只成年的草鹭，它会在芦苇丛生的地面上筑巢。

鹭也食用一些当地种植的大米作为食物的补充。

与大红鹳共享这片浅盐沼的还有另一种粉红色的鸟——细嘴鸥。事实上，人们发现这种优雅的鸟类经常在一些高个鸟的脚边觅食，没有一只虾能从它那形状奇特的喙里逃走。这种特化的、具有长腿的鸥是为数不多的能在水中追逐猎物的鸥类之一，有时它们会排成一排把鱼赶到浅水区，然后再一头扎进混作一团的鱼群中。这种稀有的细嘴鸥从1993年才开始在卡马格繁殖，现在差不多有1 000个繁殖对。

盐池也适宜一些其他的鸟类生活。反嘴鹬和黑翅长脚鹬会下水取食（它们湿漉漉的脚分别呈蓝色和粉红色），或用喙划拨水面取食，或直接在水面上机敏地啄食。这两种鸟

都是名副其实的涉禽，即使在较深的盐池中也可以不游泳。当然，如果有必要的话，反嘴鹬是会游泳的。而环颈鸻则与两者不同，它不下水，而是在盐田和潟湖的沙质边缘用目光扫寻着食物。环颈鸻也会在沙滩上筑巢，没有了石头和植被的阻碍，它就可以四处奔跑。

到卡马格去观鸟的最佳时节可能是在冬季，季节性的降雨将许多在3~9月干涸的池塘和湖泊都填满了，使整个地方看起来都郁郁葱葱的。野生水鸟随处可见，近几年也出现了一些令人印象深刻的记录，例如，13 000只赤膀鸭、23 000只绿翅鸭、2 000只赤嘴潜鸭，以及30 000只骨顶鸡。而且在这个季节，猛禽也会大量涌入，包括一些罕见或者令人意想不到的种类，如乌雕、棕尾鵟和靴隼雕

■ 上图：赤嘴潜鸭在卡马格是留鸟，它会将头浸入水中或潜下去寻找食物。

（在欧洲通常为夏候鸟）。每年冬季还会定期飞来一小群白头鹮，这在西部偏远地区通常很少见。

到了春天，许多处于繁殖期的湿地鸟类都只能停留在那些常年有水的湖泊中了，比如巨大的瓦卡雷斯潟湖（Étang de Vaccarès）。在这里可以看到许多欧洲常见的在沼泽地生活的鸟类，包括草鹭和白翅黄池鹭、白头鹮、大苇莺和文须雀。须苇莺是为数不多的可以在这里过冬的莺类之一，相比它的竞争对手，这种鸟能从沼泽地的植物中叼出更小的可食之物，这些是比大型无脊椎动物更可靠的可以全年取食的食物。这种鸟有时甚至在 3 月前就产卵了。

在卡马格国家公园的东边，拉克罗呈现出一幅与这片富饶湿地大不相同的景象。它和卡马格的其他地方一样平坦，但是长期干燥，地面上主要是鹅卵石和草本植物，还有几株灌木零星地生长着。附近的古迪朗斯河三角洲（Old Delta of the River Durance）是法国唯一的半沙漠地区，这里拥有几种在法国其他地方罕见的鸟，包括一群数百只的小鸨和大约 150 只的白腹沙鸡。这两种鸟经常成群结队地聚集在一起，因为白腹沙鸡会借助小鸨为其放哨。观鸟者还应该留意一下蓝胸佛法僧和大斑凤头鹃，它们会将卵寄生在喜鹊巢中。然而，想找到这两种鸟也不太容易。

与卡马格相反，拉克罗的大部分土地都归私人所有，因此没有正式的保护措施。很多地方被用来放牧，而且由于农业和灌溉工程的侵占，许多鸟类的栖息地面积在逐年减少。白腹沙鸡未来的生存状况尤其令人堪忧，因为这里的种群与西班牙南部的其他种群是隔离的。

奥根比德斯卡山口
Organbidexka Col Libre

栖息地类型	低山口（1 440 米），森林
重点鸟种	猛禽（尤其是赤鸢、黑鸢和鹃头蜂鹰），黑鹳和白鹳、斑尾林鸽、白背啄木鸟、胡兀鹫
观鸟时节	主要是秋季迁徙季，一般7~11月，但是春天也有一些迁徙过境的鸟和有趣的留鸟值得看

位于西欧的比利牛斯山脉（Pyrenees）将法国和西班牙分隔开来，它是完成繁殖的鸟类迁徙到非洲越冬地的主要障碍。一般来说，迁徙的鸟会尽量避开高海拔的山脉，因为在那儿可能会遇到大气湍流和寒冷恶劣的天气，所以比利牛斯山脉对数百万向南迁徙的候鸟来说是个难题。然而，山脉西部那些山的海拔要比东边的低得多，一系列的山口，或者说山坳，是鸟类向南迁徙进入西班牙的理想捷径。其中最著名的是位于阿基坦（Aquitaine）上苏区（Haute-Soule）的奥根比德斯卡（Organbidexka），那里有着令人感兴趣的历史和浓厚的观鸟传统。

■ 下图：胡兀鹫在欧洲很罕见，但是在奥根比德斯卡却可以经常看到。

早在观鸟这种爱好还没广泛普及的时候，生活在这个道路崎岖并且树木繁茂地区的当地人就很清楚地知道，每年10~11月，大量的斑尾林鸽和欧鸽就会沿着山坳迁徙。事实上，他们会利用这个机会，在鸽子的主要迁徙路线上设立射击点。凭借某种智慧，他们发现可以引诱这些鸽子降落。如果猎人们把一种被称为"辛贝拉斯"（zimbelas）的白色小圆盘抛向空中，鸽子不知为啥就会往下落，并可能被射杀或被网捕获。这种消遣方式在巴斯克文化中根深蒂固，被称为"猎杀鸽子"（la Chasse de la Palombe）。

随着时间的推移，这个既可以作为一项运动，又可以让人们轻易获得食物的活动让那些迁徙的鸟类付出了惨重的代价。狩猎鸟类在法国和西班牙的部分地区非常流行，不幸的是，到了现代，许多南北朝向的山坳上依然布满了供射击用的小掩体，很难相信这些会发生在法国这样一个先进而又现代的国家。数以千计的鸽子和其他迁徙的鸟类，也包括猛禽在内，都被不加区别地射杀。而且，使有关国家蒙羞的是，这种屠杀至今仍在继续。

不过，在1979年，一些鸟类学家和保护主义者对这些大屠杀感到了厌恶，他们不顾当地猎人的反对，在奥根比德斯卡也租用了一个自己的掩体。他们宣布这是一个"无狩猎区"，并开始进行监测工作，不仅监测鸟类迁徙的过程，而且还监控着狩猎活动。给大家举个例子，看看他们和这些鸟类在面临着什么样的威胁，仅1982年的一天，当地就总共记录到了25 360次枪声。30年后的今天，"无狩猎区"仍然存在，而且现在确实是一个鸟类观测站的所在地。每年8~11月，观测点都有热心的工作人员来监测鸟类迁徙，并向公众科普鸟类的奇妙之处和它们的行为。近年来，有更多的比利牛斯山口被加入到了鸟类观测点的名单中，包括阿斯坎（Ascain）附近的利扎里塔山口（Col de Lizarrieta）和圣让-皮耶德波尔（St-Jean-Pied-de-Port）以南的林多克斯（Lindux）。

■ 右图：从奥根比德斯卡大群飞过的斑尾林鸽，最初吸引着猎人，如今也吸引着观鸟者。

从 9 月下旬到 11 月，大约会有 10 万只鸽子经过奥根比德斯卡，尽管这里对于鸽子很重要，但近年来它却是因为猛禽迁徙而闻名于世。对于猛禽来说，这个山口是一个瓶颈，因为它避开了西面的大海和东面更高的山峰，同时又有足够多的山使猛禽能够利用上升气流盘旋飞行。一般来说，山上的上升气流只存在于海拔 300 ~ 400 米的高度，因此这个山口以能俯视观测猛禽而闻名。

8 月中旬伴随着黑鸢和鹃头蜂鹰的到来，猛禽迁徙揭开了序幕。这两种猛禽是这里迁徙数量最多的两种，通常成群结队地飞过，每个迁徙季的通过量平均为 17 209 只和 12 354 只。到了 9 月，鸟的种类开始变得丰富，蜂鹰的数量在增加，黑鸢数量则逐渐减少，取而代之的是乌灰鹞和白头鹞（每个迁徙季可以观测到的数量平均为 86 只和 207 只）、鹗（138 只）以及短趾雕（131 只）。同时，这里还会有少量的白鹳和黑鹳通过，以及数不清的家燕。到了 10 月，猛禽的种类组成又发生了轻微的变化，其中包括应该为世界上最大的赤鸢迁徙群（每个迁徙季平均 1 721 只）。同月，还有白尾鹞（69 只）、雀鹰（324 只）、普通鵟（91 只）、燕隼（41 只）、灰背隼（27 只）和红隼（57 只）成群结队地飞过。而在这个遥远的北方地区，还可能记录到多达 50 只左右的靴隼雕。10 月也是观测雀形目鸟类迁徙的最佳季节，比如云雀和鹨。而 11 月，当多达 15 000 只灰鹤经过时，就预示着这一年的迁徙季结束了。整个秋季，总共有大约 31 000 只猛禽通过奥根比德斯卡的狭窄迁徙走廊。

除了常规鸟种之外，监测点必然可以记录到一些少见鸟种，这些年来的记录有白兀鹫、艾氏隼，更奇怪的是还有一只西班牙雕。不过，至少 95% 的猛禽都是鹃头蜂鹰和黑鸢。该地区还有一些在附近茂密的森林中繁殖的鸟，比如胡兀鹫和白背啄木鸟。

但也许去奥根比德斯卡的最好理由，与其说是作为一个观鸟者，倒不如说是作为一个享受迁徙壮观景象的普通游客。对于那些以猎杀为目的的人来说，你的出现对他们将会是另一种反抗。

■ 下图：9 月是乌灰鹞过境的主要月份。

鸡鸣德尔湖

Lac du Der-Chantecoq

栖息地类型	大型人工湖、农田、牧场、落叶林和针叶林
重点鸟种	灰鹤、白尾海雕、大白鹭、豆雁和白额雁、各种鸭以及啄木鸟
观鸟时节	冬季是最好的时节，但是全年都不错

鸟点排名 89 信息

■ 右上图：东方湖静谧的一角。

世界上最适合鸟类栖息的地方很少完全由人工创造，但位于巴黎东南约190公里处，法国中部香槟区的一个大型人工湖群却与众不同。1966年，为了储存塞纳河的洪水，人们开凿了一个面积23平方公里的东方湖（Lac d'Orient）；1990年，与其相邻的20平方公里的圣殿湖（Lac du Temple）随后被开发；第三座阿芒斯湖（Lac d'Amance），面积5平方公里，主要用于调节奥布河（River Aube）水道，也建于1990年。与此同时，再往北几十公里，是该地区最大的湖泊，48平方公里的鸡鸣德尔湖，它修建于1974年，目的是阻挡来自另一条河流马恩河（Marne）的水，以防止巴黎在春季洪水泛滥。总而言之，这一大规模的新淡水栖息地的建造，彻底改变了法国这个人口稀少的农村地区的地貌。有三个村庄被淹没，最大的鸡鸣德尔湖便是以其中一个村庄的名字命名的。

改变的不仅仅是地貌。以前是田地的地方，现在变成了野鸭、鹭类和鸬鹚的栖息地；以前地面干燥的地方，现在成了各种鸻鹬和鸥类的栖息地。数以万计的水鸟在冬季和迁徙途中在此停留；而在夏季，湖边的沼泽地为参与繁殖的鸟类提供了栖息地，比如大麻鸭和小苇鸭，赤膀鸭和草鹭。连同周围的农田以及茂密的落叶林和针叶林，整个地区已成为法国最重要的观鸟点之一。

然而，在这个地区，没有一种鸟比灰鹤对观鸟的影响更大。以前这些鹤可能只是在这个地区上空飞过或者是迁徙时在这里休息，但如今，由于有良好的觅食和栖息条件，它们会大量降落到这个地区。据估计，几乎所有来自斯堪的纳维亚半岛和附近俄罗斯的灰鹤繁殖种群，在飞往西班牙的途中都会在此地停留，总共约有6万只。它们并不是同时出现的，尤其是在迁徙周期相当漫长的秋季。但在春季，特别是在2月下旬，它们集中迁徙归来的数量惊人，那时在鸡鸣德尔湖的岛上栖息的灰鹤数量

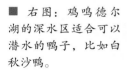

■ 右图：鸡鸣德尔湖的深水区适合可以潜水的鸭子，比如白秋沙鸭。

■ 上图：该地区的明星鸟是灰鹤，11 月和 2 月是鸟类越冬数量最多的月份。

就多达 25 000 只。此外，还有几千只灰鹤冬天也在这里生活。

鹤是一种非常令人兴奋的鸟类，它们在空中排着整齐的队伍，缓慢地拍动着翅膀，优雅地在空中飞过，时不时发出异常响亮的阵阵鹤鸣。远处传来的铿锵有力的声音是由细长的气管发出的，它缠绕在鸟的胸骨周围，并与之融合在一起，像一把法国长号，振动并放大声音。这些鹤在空中翱翔的景象和高亢的声音给人们留下了深刻的印象，在很多冬天的夜晚，都会有观鸟者守候在湖的西堤上，等待着鹤群归来。

当然，并不是这个地区的每个人都是鹤的粉丝，尤其是那些每年都因为鹤而损失了大量粮食和土豆的当地农民。为了解决这个问题，当地一家叫格吕的农场被收购了，鸟

在那里得到了保护，也有了觅食场所，人们也非常欢迎这些鹤的到来。因此，虽然问题也没有完全解决，但是得到了改善。

当你在欣赏这些鹤的同时，你还可以看到很多其他的水鸟，包括刚刚到这里来的大白鹭。曾经，这些高贵的大白鹭在法国的这个地区非常罕见，但是现在每年至少有 30~40 只来这里越冬。除此之外，在这里还可以看到大量的鸭子，一些欧洲常见种的数量可达数百只，比如赤颈鸭、赤膀鸭和绿翅鸭。这个湖有一些地方比较深，所以经常会有能潜水的鸭子出现，像比较少见的白秋沙鸭和斑脸海番鸭。除了这些，还总有一些潜鸟和䴙䴘在附近活动，尤其是赤颈䴙䴘，那是一种比较特殊的鸟。

冬季，这里可能会有多达 10 000 只的凤头麦鸡出现，而大量雁鸭类和鸻鹬类鸟的存在，也为吸引另外一种五星级鸟类——白尾海雕的到来提供了必要条件。这是法国唯一一个白尾海雕的常规越冬地，在一些好的年景里，可能会有 3~5 只个体出现。尽管在这一地区找到它们是出人意料地难，但海雕总是很威武雄壮的，而且它们的到来每次都能让成群结队的水鸟变得一片混乱，那场景本身就是非常令人印象深刻的。

到这来的每一个游客都不应忽视周围的乡村。农田和灌木树篱这样的环境非常适合燕雀和西方灰伯劳这样的鸟种，而成熟的林地，特别是南边 3 个湖区周围的林地，本身就是一个很好的吸引鸟的地方。经过一番仔细地搜寻，很可能会找到至少 5 种啄木鸟——大斑啄木鸟、小斑啄木鸟和中斑啄木鸟，再加上绿啄木鸟和黑啄木鸟，而要看到非常稀少的灰头绿啄木鸟则需要运气。其他的林地鸟类还包括火冠戴菊、苍鹰、短趾旋木雀、凤头山雀和锡嘴雀，后者是拜访该地区托盘喂食器的常客，比如在鸡鸣德尔湖北部的拉兹 - 伊考特营地（Larz-icourt）就是如此。

该地区总共记录了 273 种鸟类，考虑到这是一个超过 250 公里长的温带内陆地区，这个鸟种数量足以令人惊叹了。更令人高兴的是，据一份可靠的报告称，如果没有人类的影响，这份鸟类名单将永远不会达到如此的高度。

瓦登海
Waddensee

鸟点排名 ㊶ **信息**	**栖息地类型** 一大片海岸，包括潮间带泥滩、盐沼地、沙丘、堰洲岛、淡水沼泽、放牧草甸和灌丛
	重点鸟种 大量的雁鸭类和鸻鹬类鸟（包括翘鼻麻鸭和反嘴鹬），鸥类和燕鸥类鸟（包括鸥嘴噪鸥），还有猛禽
	观鸟时节 全年都可以

■ 右上图：瓦登海潮间带泥滩的平均宽度为 10 公里。

■ 下图：瓦登海浅的咸水环境是反嘴鹬理想的栖息地。

很难相信在欧洲人口最密集、工业化程度最高的三个国家境内居然还有可以称之为"荒野"的地方。然而，沿着北海（North Sea）海岸从荷兰的登海尔德（Den Helder）一直延伸到丹麦繁忙的埃斯比约（Esbjerg）港口，有个叫作瓦登海的地方，在这 9 000 平方公里狂风肆虐、波涛汹涌的海岸上，看不到人类的足迹，也没有人去污染破坏环境。在一片大约 10 公里宽，遍布着危险的潮间带泥滩和盐沼区域的边缘，环绕着 500 公里的海岸线，没有人能在这里生存下来。因此，开发者的贪婪之手也被神奇地挡在了海湾之外。

瓦登海对于欧洲的鸟类具有至关重要的意义。据观察，仅在德国境内，在一年中总有一段时间，会有大约 150 万只雁鸭类的鸟和多达 400 万只的鸻鹬类、鸥类和燕鸥类的鸟来享用这片富饶的觅食地。如果不是因为瓦登海能提供丰富的食物、庇护的场所和安全的水域，这些鸟类就会被驱散，种群数量

15

也会以难以想象的速度衰竭。每年 7~9 月，西欧几乎所有的翘鼻麻鸭都会聚集在瓦登海，在这里完成换羽。此外，好几十万只的鸻鹬会利用河口的淤泥在迁徙途中补充能量，或者在冬季给自己补给。如果没有瓦登海，想要找到它们所需要的资源是很难的。

利用这个鸟点的鸟类数量之多令人震惊。采用德国段作为迁徙集结地的鸻鹬类鸟的数量记录如下：463 000 只蛎鹬、400 000 只红腹滨鹬、628 000 只黑腹滨鹬、192 000 只斑尾塍鹬和 97 000 只白腰杓鹬。石勒苏益格 - 荷尔斯泰因瓦登海国家公园（Schleswig-Holstein Waddensee National Park）仅是其中的一个区域，但冬季在此处迁徙过境的鸟就有 26 000 只白颊黑雁、150 000 只欧绒鸭，以及 133 000 只黑雁、104 000 只针尾鸭、19 000 只弯嘴滨鹬和 15 000 只白嘴端凤头燕鸥。在丹麦段的瓦登海区域，可以看到 35 000 只黑海番鸭、10 000 只粉脚雁、43 600 只欧金鸻和 365 000 只黑腹滨鹬经过，而在荷兰地带，统计的鸟的数量也很惊人，包括 15 000 只反嘴鹬以及 29 000 只灰斑鸻。由于瓦登海是一片巨大的区域，鸟类也在不断地移动着，所以说不能获得整个区域完整的鸟类数据也不足为奇，至少这是很难

的。然而，对于翘鼻麻鸭来说，情况略有不同，因为它们大多聚集在石勒苏益格 - 荷尔斯泰因国家公园。15 万只全身由黑色、白色、深绿色和栗色构成的鸭子于夏末离开这里之前，在这些肥沃的浅水中觅食，同时将旧的飞羽换成新的。有趣的是，在这个大群中没有那些被留在繁殖区的幼鸟，它们由少数被选定的成鸟照料着。

毫无疑问，在瓦登海观鸟是非常值得的，原因不仅仅是数量巨大。从荷兰到丹麦，到处都是绝佳的地点，一年四季都有各种各样的鸟。以丹麦为例，在瓦登海的最北端，斯凯灵恩（Skallingen）的沙质半岛是丹麦最著名的鸟类观测站之一布拉文沙克（Blåvandshuk）的所在地。这里是绝佳的迁徙观察点，就像该地区的其他地方一样，它吸引了很多雁鸭类和鸻鹬类鸟的到来，有时也会吸引来一些海鸟，包括贼鸥，甚至海燕。再往南，一组堰洲岛沿着海岸一直延伸到德国边境，其中有几个是鸟类的天堂。和瓦登海的许多地方一样，勒姆岛（Romo）也同时具有淡水沼泽和盐碱栖息地，赤颈䴙䴘、大麻鳽、斑胸田鸡、文须雀和欧亚攀雀等鸟类在这里繁殖。在沼泽地、欧石楠丛生的荒野和沙丘上，白尾鹞、乌灰鹞、白头鹞这三种

■ 右图：仅仅在瓦登海德国段的一小块区域就聚集了 104 000 只越冬的针尾鸭。

鹬都在这里繁殖，尽情享受着丰盛的食物。到了冬天，毛脚鵟，甚至白尾海雕也会在这一片地区来回游荡。

另一个不错的屏障是北面的凡岛（Fano）。大约有 20 000 只雁鸭类和鸬鹚类的鸟把这个 16 公里长的岛屿作为迁徙的中转站。此外，这里还栖息着一些其他鸟类，它们被瓦登海的独特性质所吸引，在整个地区都广泛分布。其中包括被平坦的沙滩吸引来的环颈鸻，以及被浅的咸水湖吸引来的反嘴鹬。在整个瓦登海，低矮的海堤和沙滩为很多燕鸥类的鸟提供了良好的繁殖栖息地，这其中包括普通燕鸥、北极燕鸥、白嘴端凤头燕鸥、白额燕鸥和鸥嘴噪鸥。凡岛也是一个著名的观测迁徙鸟类的区域，不仅有水鸟，还有很多雀形目鸟类，比如各种鹟和雀。

在瓦登海另一端的荷兰，也有一组可作为屏障的岛，那儿有着与丹麦和德国类似的栖息地。其中最著名的是泰瑟尔岛（Texel），那里有种类繁多的繁殖鸟类，比如白琵鹭和黑尾塍鹬，甚至还有一小块林地，生活着短趾旋木雀、锡嘴雀和长耳鸮等鸟类。这里是观察迁徙鸟类的绝佳场所，包括雀形目的鸟。每年都会有一些稀有鸟种如期而至，比如黄眉柳莺和黄腰柳莺。

不过，泰瑟尔岛离瓦登海的核心区域很远。事实上，这片神奇土地的价值更在于那里孤立的低洼沼泽地、海滩和沙丘，在那里，鸟儿可以在不被任何人看到或打扰的情况下一连几天甚至几个月地进食。

■ 下图：在继续向北迁徙之前，大群的斑尾塍鹬会将这里作为一个补给站。

多尼亚纳自然保护区

Coto Doñana

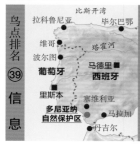

鸟点排名 **㉟** 信息

栖息地类型	季节性泛滥的沼泽、盐沼、林地、灌丛、沙丘、海滩
重点鸟种	鹭科鸟类、红瘤白骨顶、云石斑鸭和白眼潜鸭、紫水鸡、西班牙雕
观鸟时节	总体来说全年都是观鸟的好时节，尽管 7~8 月水鸟状况不太好

■ 右图：每年大约有 7 对濒临灭绝的西班牙雕在多尼亚纳繁殖。

这个西班牙西南部未受破坏的荒野角落，位于瓜达尔基维尔河（Rio Guadalquivir）口，可以说至少在过去的 400 年里一直是一个自然保护区。早在 17 世纪，它被掌控在梅迪纳·西多妮娅（Medina Sidonia）公爵的手中，并被围起来作为一个私人狩猎区，以阻止任何人以任何形式定居或开发。每隔一段时间，公爵就会邀请在位的君主参加 17 世纪的跪拜仪式，皇室成员会带着他们庞大的随从队伍（据说多达 12 000 人）前来，射杀几头猎物，并称赞现任公爵的这座私有财产。因此，这一地区在一代又一代受人称赞的公爵手中依旧是安全的，避免了遭像西班牙南部大部分地区那样被推平的命运。如今，它作为一个占地 1 300 平方公里的大型国家公园，几乎完好无损地保存了下来。

即使在 1953 年，这里仍然是一个偏远的地区。在那一年，由已故的杰出英国鸟类学家和自然保护主义者盖伊·芒福特（Guy Mountfort）领导的一个自然学家小组访问了多尼亚纳，并进行了包括鸟类数量统计和描述在内的科学研究。《荒野的肖像》（Portrait of a Wilderness）这本书对这次和随后的探险进行了记述，称那里阳光灿烂，唯一的交通工具是骑马。这些对离读者不远的失落世界的生动描述唤起了大家的狂热，使其成为畅销书。这也巩固了多尼亚纳作为欧洲最令人

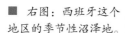

■ 右图：西班牙这个地区的季节性沼泽地。

兴奋的观鸟地之一的声誉，并赋予它某种光环。令人高兴的是，在此后的50年里，它一直维持着自己的声誉，几乎和以前一样好。

你或许可以把多尼亚纳自然保护区称为是落败的三角洲。已经奔腾了几百年的河流在冲向大海的过程中，会断裂成几十条小的河道。然而，由于海洋和风的作用，瓜达尔基维尔河只剩下了一条通往大海的河道，其他所有通往大海的道路都被沿海地区数百年来形成的大量沙丘阻断了。因此，如今这里只有一个河口和一大片被沙丘包围的平坦土地，每年季节性的冬雨来临会将这片土地淹没，通常水深不超过1米。由此形成的沼泽地为鸟类提供了广阔的栖息地。这些沼泽地连同沙丘、盐滩、由各种芳香植物形成的地中海式灌木丛，以及地势高处的林地，共同营造了一个复杂丰富的栖息环境，吸引了各种各样鸟类的到来。截至2007年，这里共记录到380种鸟类，其中150种是当地常见的繁殖鸟。

在拥有这么多浅水的地方，鹭科鸟类在这里生活得很好也就不足为奇了。其中有几种常年保持着成百上千对的种群数量，比如

草鹭至少有300对，白鹭、牛背鹭和夜鹭的数量也都不少。白翅黄池鹭和小苇鳽的数量较少，不过在这里比在欧洲其他许多地方都更容易看到。这些鹭科的鸟类大多数会混群繁殖，而且它们喜欢聚集在栓皮栎上，但是草鹭和小苇鳽是单独繁殖的。大白鹭在整个欧洲地区极其罕见，但是近年来，它们经常在该地区出现，成为一道熟悉的风景。

在多尼亚纳，鹭科鸟类并不是这里唯一的涉禽。这里还有种群数量越来越多的彩鹮和大约400对的白琵鹭，它们经常和那些鹭的繁殖群混在一起，而在那些浅的咸水湖里还通常会有一些处于非繁殖期的大红鹳出现。这儿的白鹳数量众多，而且在保护区北部发现了欧洲最大的种群，有400对。同时，在盐田或盐池中还经常可以看到成千上万在这里繁殖的黑翅长脚鹬和反嘴鹬。把紫水鸡称为长腿的鸟可能有点牵强，但这些在整个欧洲都非常罕见的拥有"大鼻子"的靛蓝色的鸟现在在多尼亚纳是越来越常见了。

此外还有几种在欧洲非常稀少的鸟种在多尼亚纳出现过。其中一种是红瘤白骨顶，这是一种主要在撒哈拉以南的非洲地区生活

■ 下图：多尼亚纳的广阔湿地非常适宜鹭科鸟类生活，白翅黄池鹭也包括在内。

的鸟类，但在这里分布着一个马格里布残余种群。曾经，人们需要在成千上万只的骨顶鸡群里去耐心搜寻这种罕见的鸟，但是现在研究人员给很多红瘤白骨顶个体戴上了项圈，这样就更容易研究和保护它们了。还有一种以行动迟缓而著称的云石斑鸭也十分神秘，人们没有在欧洲除西班牙以外的地区发现过它们，而且现在也依然很少见。然而，对林三趾鹑来说，时间可能就变得很紧迫了。人们最后一次在多尼亚纳记录到林三趾鹑是在1999年，所以它现在很有可能已经在这里灭绝了。西班牙雕的情况要好得多，它在这里的种群数量稳定在 7 对左右。近年来，兔子数量的减少使这些西班牙雕的日子很不好过，但人们正在采取措施来增加这些它们最喜爱的食物的数量。目前来看，这个种群的未来似乎是相当安全的。

当你冬天去多尼亚纳时，如果你没有被60 000 只灰雁、100 000 只绿翅鸭和其他雁鸭过多分散注意力的话，你可能会注意到有很多本应该已经到达非洲的熟悉的面孔还在此地逗留。最明显的可能就是家燕了，当然还有一些其他像白鹳、黑鸢、黄爪隼、须浮鸥和毛脚燕这样通常迁徙的鸟也留在了当地，这些就可以被认为是留鸟了。当然，突如其来的气候变化可能会使这一名单迅速变长，

因为鸟类会放弃横跨大陆的迁徙，它们的迁徙路线也会发生改变。多尼亚纳也吸引了一些来自非洲的罕见鸟类，在将来，这种迹象可能会变得越来越明显。其中比较让人感兴趣的有粉红背鹈鹕、非洲琵鹭、黄嘴鹮鹳和非洲秃鹳，而最近在这里被记录了好几次的小红鹳，实际上在 2007 年夏天就在西班牙繁殖了，虽然不是在这个地区。谁知道下一种被吸引过来的鸟会是什么呢？

传说中的多尼亚纳自然保护区多年以来一直是欧洲最好的湿地之一，并且在整个欧洲的观鸟者心目中它让人兴奋不已。因此，总体而言，拥有大部分土地的西班牙政府对多尼亚纳的漠视是不可理喻的。人们可能会认为，西班牙会把这个地方当成珠宝一样保护起来，但实际上多尼亚纳却一直面临着来自开发和其他各种形式的滥用带来的威胁。1998 年，上游的一次化学品泄漏险些危及多尼亚纳，如果不是在最后时刻修建了堤坝，则很难避开那次大规模灾难性的破坏。周边地区的旅游开发造成了地下水位的降低，附近的农企也不断地向瓜达尔基维尔河排放着化学物质。西班牙政府的态度不仅威胁到了野生动物，必定也会对西班牙的历史产生一定的影响。

■ 右图：想要看清这只神秘的小苇鳽，通常需要一双敏锐的眼睛和足够的耐心。

埃斯特雷马杜拉

Extremadura

鸟点排名 **63** 信息	**栖息地类型** 草原、起伏的农田、开阔的林地、灌丛、高低不平的山坡、小城镇
	重点鸟种 大鸨和小鸨、白腹沙鸡和黑腹沙鸡、黑头美洲鹫、西班牙雕、伊比利亚灰喜鹊
	观鸟时节 尽管 4~6 月是观察繁殖鸟的好时节，但其实全年都不错

■ 右上图：偶遇白腹沙鸡最好的时候是在清晨或晚上它往返于水源地时。

位于马德里以西约 250 公里处的埃斯特雷马杜拉地区，与熙熙攘攘的西班牙首都截然不同。这是一个人烟稀少、宁静安定的地区，这里有起伏的山丘、零星的农场、地中海式的灌木丛和草原，广阔的视野和未受干扰的景观在很多方面让人回想起大多数人在土地上劳作的时代，那时高效率的农业尚未被人所知。这是一个令人神清气爽的旅游胜地，也是一个令人振奋的观鸟胜地。

从鸟类学以及物种保护的角度来看，埃斯特雷马杜拉最重要的栖息地是它的草原。它们散布在该地区的各处，主要分布在梅里达（Merida）、卡塞雷斯（Caceres）和特鲁希略（Trujillo）附近。这片绵延起伏的草原是世界上拥有数量最多的大鸨和小鸨的种群地之一，更不用说在欧洲了。最近，有超过 10 000 对的小鸨在这里出现，已知的有些大群聚集了 1 000 多只个体，而 2006 年统计的大鸨数量为 6 900 只。因此，埃斯特雷马杜拉是世界上最容易看到这些害羞的陆禽的地方之一。你所需要做的就是在一条小路上停下来，然后扫视它们可能出现的区域。求偶炫耀时，大鸨会把它们的羽毛弄得像一团泡沫，从远处看就跟绵羊似的，因此当这些鸟

■ 右图：曾经濒危的黄爪隼在该地区的一些历史建筑物上繁殖。

■ 上图：将近7 000
只大鸨在埃斯特雷马
杜拉的大草原上游走。

混在绵羊群里的时候，小心不要掉进它们令人迷惑的陷阱里。体型较大的雄鸟主导着求偶行为，并与当地的雌鸟完成交配。与此同时，雄性的小鸨有时可以同时展示很多求偶动作，它们跺着脚，腾空而起，一边闪耀着白色的翅膀，一边发出胀气的呼噜声。

通常与一群群相对高大的小鸨相伴出现的是白腹沙鸡，尤其是在冬季。埃斯特雷马杜拉是欧洲最适合欣赏它们的地方，大概有数百对在这里生活。黑腹沙鸡是另一种更难找的鸟，它生活在海拔1 300米以上的地区，即使在那里也很难找到。沙鸡是草食动物，为了赶上草原上第一批种子出现的时间，在这里它们通常会把繁殖季节推迟到6月。

草原上的其他繁殖鸟类还有鹌鹑、乌灰鹞和欧石鸻。此外，春天的空气中还回荡着大短趾百灵和草原百灵的歌声，后者

的翅膀下方有明显的黑色。而在冬天，成千上万的灰鹤从北欧迁徙到附近的农田越冬。

埃斯特雷马杜拉的另一种重要栖息地类型被称为德赫萨（dehesa），这是一片散布着栓皮栎的开阔林地，是一群与众不同的鸟类的家园。它的标志性物种是一种分布非常广泛的旧大陆物种——黑翅鸢，这种鸟在非洲很多，但在欧洲却非常罕见。黑翅鸢的眼睛大而朝前，它在高高的草丛上空盘旋着寻找猎物，并在栓皮栎和其他矮的树上筑巢。与黑翅鸢为伴的还有一些其他鸟类，比如以昆虫为食的蓝胸佛法僧，以及南灰伯劳和林䴗伯劳、大斑凤头鹃和当地的伊比利亚灰喜鹊。其中大斑凤头鹃会对喜鹊和伊比利亚灰喜鹊进行巢寄生。伊比利亚灰喜鹊的繁殖种群比较松散，经常可以看到它们尖叫着一个接一

■ 上图：大斑凤头鹃是巢寄生的鸟，它们给作为主要宿主的喜鹊带来了麻烦。

个地穿过树林。直到最近，人们还认为这种鸟与远东地区的灰喜鹊是同一种，但是鉴于它们的分布区是被隔断的，有人认为伊比利亚灰喜鹊是从远东引进来的。然而，最近的亚化石遗迹已经证实，这些带有浅蓝、淡粉和黑色的鸟的存在完全是"天然的"，它们在伊比利亚半岛一直存在着。

壮丽的蒙弗拉圭国家公园（Monfragüe National Park）是埃斯特雷马杜拉地区王冠上的一颗宝石，它位于特鲁希略以北约60公里处。这片位于特茹河（Rio Tejo）和铁塔尔河（Rio Tietar）交汇处、面积1 550平方公里、拥有阔叶林、灌木丛和崎岖的峡谷的区域，被认为是欧洲最适合猛禽繁殖的地方之一。大约有16种猛禽在此繁殖，其中包括可能是世界上最大繁殖种群的黑头美洲鹫（200对）和西班牙雕（至少10对，其中有一些在高压电线塔上筑巢）。白兀鹫沿着峡谷繁衍生息，同时那里还有一群兀鹫，你可以在著名的地标普拉森西亚（Penafalcon）附近看到它们，那是一块耸立在通往公园道路上的巨石。和西班牙雕一样，金雕、靴隼雕、白腹隼雕

和短趾雕都会在这繁殖，赤鸢和黑鸢也是如此。在天气好的时候，看到所有这些猛禽也是完全可能的。

像普拉森西亚这样的岩石地区也有许多其他令人兴奋的鸟种。多年来，一直有一对黑鹳在岩石上繁殖，这让来访的观鸟者非常高兴，其他的鸟还包括白顶鹏、高山雨燕、红嘴山鸦和蓝矶鸫等。近年来，在欧洲非常罕见的非洲白腰雨燕也有少量出现，尽管它们通常出现在大多数观鸟者离开该地区之后的5月底。

在埃斯特雷马杜拉出现的另一种有趣的猛禽是曾经在全球范围内受到威胁的黄爪隼。黄爪隼有一种不同寻常的习性，它们更倾向于选择在城镇和建筑物中筑巢，而不是比较荒野的地方。它们从城市出发，在田野和河流间穿梭，以捕捉昆虫为生，偶尔还捕捉蜥蜴。在埃斯特雷马杜拉的卡塞雷斯和特鲁希略等许多城镇都有黄爪隼的身影，它们经常与白鹳和苍雨燕共用屋顶。

如此看来，似乎连埃斯特雷马杜拉的城镇和乡村都非常适合鸟类生活。

波河三角洲

Po Delta

栖息地类型	海滩，滨海潟湖，盐沼，淡水湖泊和沼泽、林地
重点鸟种	侏鸬鹚，各种鹭类，彩鹮、大红鹳、白眼潜鸭、赤嘴潜鸭、领燕鸻、黑头鸥、细嘴鸥，燕鸥类（包括鸥嘴噪鸥和须浮鸥），姬田鸡
观鸟时节	全年都可以

鸟点排名 ⑨⑤ 信息

■ 右图：黑翅长脚鹬在三角洲的盐田中随处可见，游客们可以尽情享受它们令人愉悦的、优雅的求偶炫耀表演。

意大利的波河三角洲地区是欧洲保存最完好的观鸟秘境之一。它位于意大利东北部的亚得里亚海岸（Adriatic Coast），这里对各种鸟类都至关重要，无论是繁殖的、迁徙的还是越冬的，因此这里全年都是观鸟的好时节。在冬季，会有超过 50 000 只的水鸟在此越冬，而一些鸥类和燕鸥类繁殖鸟的数量多达数千对。对于那些有着更广泛兴趣的人来说，这是一个很好的旅游目的地，这个三角洲恰好连接了意大利两个最令人惊叹的文化中心，北边是世界著名的威尼斯（Venice），南边是被低估了的面积较小但风景如画的拉韦纳（Ravenna）。因此，大家来这里可以一起享受快乐，而观鸟的那部分人肯定也不会失望。

尽管多年来，三角洲的大部分地区都修建起了纵横交错的运河和堤坝，但仍然还有很多非常好的"野生"栖息地，尤其是对湿地鸟类来说。1988 年，这个地区规划了一个区域性公园，占地面积约 591 平方公里，从那时起，该地区建造了各种适宜游玩的景点，其中也包括适宜观鸟的地点。这里有几十条很棒的步道和环线，让人们很容易就能走到环境最好的区域，而且很多地方都设有隐蔽蓬或高空平台，让观鸟变得很容易。在意大利的传统中，鸟类是被射杀而不是被观察的，观鸟设施和准则的建立表明了人们态度的重大转变。狩猎运动已不再得到广泛支持，尽管很多当地人还没有加入观鸟行列。但是，在波河三角洲这种做法的启发下，相信这种状况很快就会得到改善。

乍一看，这可能是一个让人不知所踪的大片区域，但在三角洲地区有大量的保护

区，观鸟者可以把关注点集中在这些保护区上。例如，在最靠近威尼斯的北部地区，有一条巨大的萨加海湾（Sacca di Gor），那儿是包括细嘴鸥、黑头鸥和鸥嘴噪鸥在内的鸥类停歇和栖息的绝佳场所。附近是贝尔图齐山谷（Valle Bertuzzi）的半咸水潟湖，黑翅长脚鹬和黑头鸥在盐沼上筑巢，而附近的芦苇里则到处栖息着草鹭和大白鹭。总之，波河三角洲是迄今意大利最重要的鹭科鸟类繁殖地，也是欧洲最重要的鸟类栖息地之一。

再往南还有另外一个瑰宝之地——科马基奥（Cammachio），那里有意大利最大的潟湖群，附近的盐沼与之共同组成了复杂的生

■ 右图：意大利唯一的侏鸬鹚种群分布在普特阿尔布雷特。

境，里面布满了鸟类。这里是意大利最大的大红鹳聚集地，大约有 1 000 对，同时也是意大利唯一的白琵鹭聚居地。其他的繁殖鸟种还包括环颈鸻（最多的时候有 100 对）、黑头鸥（近 2 000 对）、鸥嘴噪鸥、普通燕鸥、白嘴端凤头燕鸥、白额燕鸥和领燕鸻。博斯科弗特（Boscoforte）是一个伸入巨大潟湖的小型半岛，有一种非常罕见的小凤头燕鸥曾试图在那里筑巢。在潟湖周围的许多芦苇丛中，生活着大量的大麻鸭、草鹭、白头鹞和大苇莺，同时在该地区繁殖的野生水鸟还有翘鼻麻鸭、赤膀鸭和白眉鸭，而乌灰鹞就在周围的旷野筑巢。

世界自然基金会（Worldwide Fund for Nature）在普特阿尔布雷特（Punte Alburete）设立保护区表明它在环境上存在某种变化。与三角洲北部所有开阔的潟湖和盐沼形成鲜明对比的是，这个保护区保护着一小块被洪水淹没的森林，这片森林由柳树和白蜡树组成，是意大利唯一的侏鸬鹚栖息地。保护区 2 公里的环路周边还有很多芦苇和草地，总的来说，这是整个三角洲最适合观鸟的地方之一。鹭的种类尤其丰富，草鹭、夜鹭、白翅黄池鹭和大白鹭都在这里繁殖，还有小苇鳽和大麻鸭。此外，这里还有一群彩鹮。这里的鸭子也很有代表性，像比较珍稀的白眼潜鸭和赤嘴潜鸭就经常出现在淡水中。

再往南又变成了咸水，至少是半咸水，皮亚拉萨（Pialassa）的拜奥纳（Baiona）和波罗隆加（Pololonga）的潟湖是三角洲地区最好的鸥类繁殖地之一。红嘴鸥、黑头鸥和细嘴鸥在这里专门建造的岛屿上筑巢，还有普通燕鸥、白额燕鸥和鸥嘴噪鸥。同样的鸟种也出现在了不远处三角洲南部边缘的切尔维亚盐田（Cervia Saltpans），那里还有大量的黄脚银鸥，统计的数量大约是 16 000 对。这些至少可以追溯到罗马时期的广阔盐田，至今仍在使用。尽管极高的盐浓度限制了在这些水域生活的鸟类种数，但这里还是受到了反嘴鹬和黑翅长脚鹬的青睐，而环颈鸻则在周围裸露的沙地上繁殖。在非繁殖季节，这里会吸引来大红鹳和大量鸻鹬类的鸟，包括黑腹滨鹬和流苏鹬，以及赤颈鸭等野生雁鸭。

最后，在阿真塔镇（Argenta）附近约 30 公里的内陆地区，仍属于这个区域性公园的地方，景象再次发生了改变。怡人的圣塔山谷保护区（Valle Santa）有一个被潮湿的草甸环绕的淡水潟湖。斑胸田鸡和姬田鸡都在这里的芦苇丛中繁殖，须浮鸥则在睡莲上筑巢，而欧亚攀雀常在柳树间修修补补。这里与三角洲的其他地方有很大的不同，它展示了这个地区极其多样的栖息地类型，尽管从鸟类学上讲，这是一个在很大程度上被忽视的地方。

瓦朗厄尔半岛
Varanger Peninsula

鸟点排名 ⑧③ 信息

栖息地类型	北极苔原、海崖、海岸（主要是无冰区）、灌丛
重点鸟种	小绒鸭和王绒鸭、黄嘴潜鸟、厚嘴崖海鸦、矛隼
观鸟时节	3~6 月中旬（高峰期出现在 5~6 月）是好时节。在那之后也有很多鸟，但是蚊子是个大问题

■ 右图：瓦朗厄尔极佳的北极观鸟体验离不开良好的住宿和后勤保障。

■ 对面图：小嘴鹬是在北方繁殖的鹬鹟中具有性反转特性的鸟类之一，色彩鲜艳的雌鸟（如图）进行求偶炫耀，雄鸟则负责孵化和哺育幼鸟。

■ 右图：成群的小绒鸭是吸引观鸟者来瓦朗厄尔的一个重要看点。

坐落在欧洲大陆最北端的瓦朗厄尔半岛，即使没有鸟类，也会是一个令人印象深刻的地方。这里的乡村都显示出自己独特的令人震撼的荒凉，到处是冰雪覆盖的岩石、错落有致的苔原、色彩斑斓的房屋和高耸的海崖。北极圈内 400 公里处的剧烈变化和墨西哥湾暖流的缓和作用之间不断斗争，使这里拥有了不断变化的天气，为这里引人入胜的景观提供了各种各样变幻莫测的背景。总体来说，这是一个非常适合观鸟的地方。

在该地区有机会看到一些在欧洲大陆其他地方很难找到的北方特色鸟种。其中最著名的是绒鸭，它们从更远的东方来到这里以享受相对温暖的冬天。因为受墨西哥湾暖流的影响，瓦朗厄尔峡湾和半岛周围在冬天是

不结冰的。有 3 种绒鸭很容易找到：欧绒鸭，一种在北欧沿海地区数量众多的鸟类；王绒鸭，一种在波涛汹涌的北冰洋的深海中生活的鸭子；小绒鸭，喜欢在浅水处觅食的另一种北极鸟种。还有第四种，白眶绒鸭，它是真正的稀有物种，只被记录过 3 次。

王绒鸭和小绒鸭都把这个地区作为主要的非繁殖。每年 10 月，有多达 15 000 只小绒鸭和 5 000 只王绒鸭从它们在俄罗斯的主要繁殖地飞来，遍布整个半岛。雄性小绒鸭富有光泽的胸部呈现奶白色并逐渐加深至底部为棕色，羽毛黑色，头白色。雄性王绒鸭则有着时髦的蓝灰色的头，橙红色的喙和黑白相间的身体。这两种鸟直到春天都成群结队地在这里生活，还有一些，主要是第二年的小绒鸭会一直待到夏天。而对于夏候鸟来说，离内瑟比（Nesseby）这个小的居住区不远处的海面是一个好去处。

巴伦支海（Barents Sea）富饶的水域为绒鸭提供了丰富的软体动物、甲壳类动物和棘皮动物，它们与大量的黑海番鸭、斑脸海番鸭、斑背潜鸭、鹊鸭以及长尾鸭共享这些丰富的食物。该地区的渔业资源也格外丰富，因此也吸引了一些稍有不同的鸟类，主要是潜鸟。这些脖颈粗壮、背部多点的捕鱼能手在无冰水域很常见，和绒鸭一样，它们之中有一些常见种，也有一些比较罕见。黑喉潜鸟和红喉潜鸟的数量都很多，而且都在此繁殖，而在夏天，可能会看到少数处于非繁殖期的普通潜鸟。然而，在瓦朗厄尔最为出名的应该是当地的黄嘴潜鸟，它们主要在此越冬，但与绒鸭一样，有一些夏季也会留在这里。在春天天气好的时候，在半岛东北部的哈姆宁贝格（Hamningberg）岬角上，人们一天之内统计到由此飞过的鸟类多达 300 只，这表明这里有相当多的越冬种群。

在这些海岸边产卵的鱼中有一种叫毛鳞鱼（capelin），它是该地区另一个特有种厚嘴崖海鸦的最爱。这种北冰洋海雀最为人所知的一点是能潜到水下 210 米的地方寻找食物，它们在瓦朗厄尔半岛和欧洲大陆为数不多的几个地方繁殖，主要分布在北冰洋的群岛上，比如斯瓦尔巴群岛（Svalbard）。厚嘴崖海鸦从早春到 4 月底在繁殖用的平坦悬岩上安定下来之前都以毛鳞鱼为食。霍诺亚岛（Hornoya）是寻找食物的好地方，它就在半岛东端的瓦尔德镇（Vardo）附近。总的来说，这里是海鸟的好去处，崖海鸦、刀嘴海雀、白翅斑海鸽、北极海鹦与厚嘴崖海鸦为伴，都在这里繁殖，为了凑齐一套欧洲的海雀，侏海雀冬季也会出现在这里，偶尔也会在这儿繁殖。在这里繁殖的其他鸟类还有 2.5 万对三趾鸥、欧鸬鹚以及欧洲最大的银鸥和大黑背鸥群。在瓦朗厄尔数量很多的白尾海雕和比较少见的矛隼会在夏天造访这群鸟，以寻找一些简单的食物。短尾贼鸥、长尾贼鸥和中贼鸥也可能给它们带来同样的麻烦。

近年来，在霍诺亚也发现了一群白腰叉尾海燕。这在过去可能被忽视了，因为直到夏末，当大多数观鸟者都离开这个地区的时候，这些鸟才进入它们的繁殖地。繁殖期较晚有助于它们避开捕食者的注意。在这个地区，仲夏之时的极昼让鸟类无处可藏，因此它们会延迟繁殖时间到有一些暗夜降临的时候。

除了这些海鸟外，瓦朗厄尔半岛还有一些其他高亮的鸟种。其中包括大量可能栖息在城镇街灯顶上的青脚滨鹬，在池塘里旋转的色彩鲜艳的红颈瓣蹼鹬，在沼泽中繁殖的鹤鹬、流苏鹬、欧金鸻和大量的紫滨鹬。最后这种鸟因其神奇的行为而闻名，这种行为是一种被称为"啮齿动物奔跑"的调虎离山计，它们会穿过植被并发出像旅鼠一样吱吱的叫声，从而引诱像北极狐这样的掠食者离开自己的巢穴。

在远离海岸的地方，有几处适合其他北极鸟类栖息的绝佳地点。在半岛的西南部有一些林地，在那里有极北朱顶雀、白腰朱顶雀、西伯利亚山雀和北噪鸦等鸟种。在中部的小山和丘陵地区，尤其是海拔 548 米的福尔克 - 费耶尔（Falkefjell）非常值得去找一下少见的雪鸮、长尾贼鸥、小嘴鸻和蓝喉歌鸲，而灌木丛地区则通常有红喉鹨等鸟。这片神奇地区最大的优势之一就是在这里观鸟很容易，这里有良好的道路和住宿条件，所有这些不同的栖息地都比较容易到达。

■ 右图：在瓦朗厄尔比较稀少的雪鸮一般在远离海岸的内陆繁殖。

法尔斯特布
Falsterbo

鸟点排名 ⑦ 信息	
栖息地类型	海岸、石楠灌丛、沼泽、林地和花园
重点鸟种	大量的猛禽（包括鹃头蜂鹰、赤鸢、毛脚鵟和其他珍稀种类），各种雀类、山雀类、䴓鹟类、鸠鸽类以及雁鸭类的鸟，黑啄木鸟和星鸦
观鸟时节	这是个迁徙鸟过境点，最好的时节是在秋季8月下旬到10月底

■ 右上图：在法尔斯特布半岛南端的纳本，黎明时分是观测迁徙鸟类的最佳时间。

据估计，每年秋天大约有5亿只鸟经过斯堪的纳维亚（Scandinavia）南部，前往西欧及其他较温暖的地方越冬。对很多鸟来说，为了避免长时间海上穿越带来的潜在危险，在南下过程中它们会在波罗的海的海岸停留，在那里，它们沿着海岸向南和向西汇集，到达瑞典最西南端，丹麦的西兰岛（the island of Sjaelland）就在20公里之外。在这个地方有一座伸入波罗的海的法尔斯特布半岛，那里自1955年以来就一直进行着鸟类监测，是世界上观察鸟类迁徙最好的地方之一。每年从8月下旬到10月底，无数的鸟从这片小小的土地上起飞，离开斯堪的纳维亚大陆。

尽管这里鸟类种类繁多，但真正让法尔斯特布名声大噪的是经过这里的猛禽的数量。这里总共记录了近30种猛禽，这样的鸟种数足以令人印象深刻，但是巨大的绝对数量才是吸引欧洲各地的观鸟者来此目睹这一盛况的真正原因。在这里，一天内就有多达1.4万只猛禽经过。某些物种，像雀鹰，一天经过的总数通常能超过1 000只，普通鵟的日过境量也差不多，鹃头蜂鹰的数量会略少一点，每天600只左右。毋庸讳言，这些猛禽带来了非常壮观的景象，特别是在上午10点左右，当轻微的西南风吹起时，空气中仿佛充满了各种各样的猛禽，它们在集中飞越大海之前会借助气流飞升至更高的高度。这些飞行敏捷的猛禽当然不会有负其掠食者的盛名，它

■ 右图：每年秋天平均有630只赤鸢从法尔斯特布经过。

■ 上图：在法尔斯特布经常可以看到黑啄木鸟，但没人知道它们从哪里来，也不知道它们要到哪里去。

乌雕和小乌雕，最近几年，草原鹞的数量也有所增加。

正如你所料，每个物种都有自己出现的高峰期。白头鹞和鹃头蜂鹰在 8 月底至 9 月初最为常见，赤鸢的高峰期则出现在 9 月的第三周，而普通鵟和毛脚鵟在 10 月中旬达到最大过境量。总的来说，9 月中旬猛禽的种类多，10 月猛禽的数量大。

法尔斯特布不仅仅是一个观猛禽的地方，事实上，这里其他鸟种的数量也十分惊人。斯堪的纳维亚半岛的这个角落可以说是整个欧洲最适宜观看小型日间迁徙鸟类的地方，包括各种常见的椋鸟、雀、鹨和鸠鸽。与柳莺和各种鹟在黄昏开始迁徙不同的是，这些鸟从黎明开始迁徙，一直到上午 10 点左右结束。当然，白天充足的光线可以让观鸟者亲眼目睹它们的迁徙活动，有时在法尔斯特布，成群的鸟就像洪水一样狂卷而过。如果是西南风，那么每分钟都有大约 1 000 只鸟经过！在这种情况下，人们很容易不知所措，无法集中注意力。

从 9 月开始，每天黎明时分都能看到成群的观鸟者挤在法尔斯特布的一角——纳本（Nabben）。从这里，一群群的鸟儿迎着第一缕晨光，几乎是擦着头顶飞过，不时的几声鸣叫挑战着在场观鸟者的辨识能力。这些鸟群中的大多数是雀类，其中数量最多的是苍头燕雀和燕雀。这些亲缘关系比较近的鸟经常混群飞行，由于它们在飞行中的差异很小，所以把它们区分开来数有点不太可能。为了方便起见，人们发明了"碎片"（chaffling）一词。在迁徙状况好的一天，可能有 10 000 只"碎片"经过法尔斯特布，而异乎寻常的时候，在 12 小时的时间里一共能看到 500 000 只。从 9 月下旬到 10 月中旬，鸟类成大群出现是非常常见的景象。

当然，许多其他的鸟类也会在此经过。其中数量比较大的鸟在迁徙季节的平均总量如下：207 000 只斑尾林鸽、134 000 只紫翅椋鸟、40 000 只西黄鹡鸰、32 000 只寒鸦、30 000 只欧金翅雀、26 000 只赤胸朱顶雀、24 000 只黄雀、23 000 只家燕和 20 000 只林鹨。迁徙季时在这儿总共记录了 17 000 只青山雀，这一数字也让许多欧洲观鸟者感到惊

们会在途中攻击较小的鸟，特别是雀鹰和灰背隼，经常跟随成群的雀类飞过水面。

猛禽的季节性数量能最有效地说明法尔斯特布的重要性。在整个秋季，常见种的平均总数如下：雀鹰 15 300 只、普通鵟 10 500 只、鹃头蜂鹰 5 000 只、毛脚鵟 1 100 只、白头鹞 680 只、赤鸢 630 只、红隼 400 只、鹗 240 只、白尾鹞 210 只、灰背隼 200 只。其他每年也会迁徙路过此地的猛禽包括白尾海雕、金雕、乌灰鹞、燕隼和游隼，但数量较少。当然，偶尔有一些珍稀的猛禽与这些群体混在一起也不足为奇了。人们偶尔会看到几只

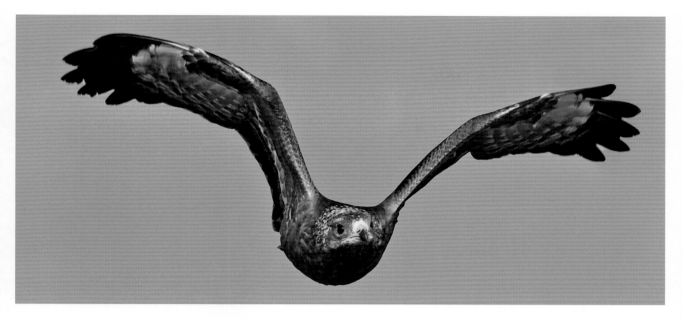

■ 上图：一只深色型的鹃头蜂鹰幼鸟。在法尔斯特布迁徙过境的猛禽中，鹃头蜂鹰的数量排到了第三位，初秋是它们过境的高峰期。

讶，他们都没察觉到这种鸟是如何迁徙的。这些小鸟一开始似乎总是畏缩在岸边，在做了多次尝试后才决定横渡大海。

就像猛禽一样，在这些迁徙的鸟中人们也能发现很多罕见和珍稀的鸟。比较重要且经常出现的鸟种包括星鸦、太平鸟、红喉鹨和铁爪鹀。甚至黑啄木鸟也经常出现在灯塔花园里，它们不是当地留鸟，来源和去向也都不清楚。

尽管如此，人们在法尔斯特布依旧不断地进行着一些研究，试图了解这些鸟的迁徙模式。20 世纪 40 年代，这里进行了第一次科学研究和鸟类种群数量调查，而且自 20 世纪 50 年代以来，这项数量调查就一直在进行。他们与马尔默大学合作，在法尔斯特布开展了许多开创性的工作，以全面研究迁徙生物学。

不过，对于观鸟者来说，科学只是事后的思考。在秋天的几个月里，瑞典这一小块土地上令人着迷、激动人心的鸟类大规模迁徙景象才是最重要的。

■ 右图：在法尔斯特布每年都有大量的紫翅椋鸟迁徙经过，它们在白天迁徙，利用太阳在天空中的位置来确定方向。

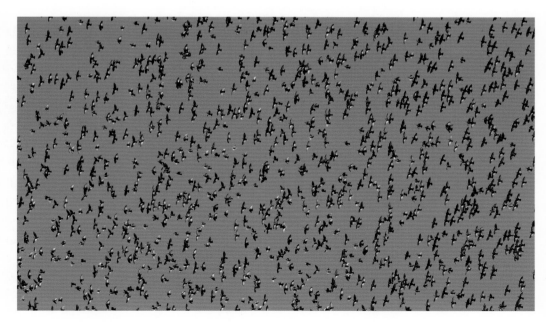

奥卢

Oulu

鸟点排名 ⑨⓪ 信息	栖息地类型　针叶林、湖泊、泥炭类沼泽、草本类沼泽、海岸
	重点鸟种　各种猫头鹰（包括乌林鸮、长尾林鸮、花头鸺鹠和鬼鸮）、各种松鸡（包括黑琴鸡和花尾榛鸡）以及繁殖的鸻鹬类鸟（比如流苏鹬和鹤鹬）
	观鸟时节　观看猫头鹰最好的时节是 4~6 月

■ 右图：身披繁殖羽的流苏鹬，在奥卢南部的利明甘拉赫蒂有大量分布。

在芬兰北部最大的城市奥卢周边，针叶林没有什么特别之处，它们只是你在北纬65°能见到的常规景观，使它们与众不同的是常驻那里的丰富物种。

在大多数欧洲的针叶林中，鸟类分散在一个广阔的区域，通常很怕人，几乎不可能被发现。然而，由于奥卢是一个人口聚集地，观鸟在芬兰也是一种很受欢迎的爱好，因此即使是最难见到的鸟，也会被当地的爱好者年复一年地找到。所以，来访的观鸟者可以通过雇用向导来获取这些信息，从而花费最少的精力看到各种各样想见的鸟。这可能不是每个人都喜欢的观鸟方式，但那些欣赏了

■ 右图：黑喉潜鸟是在芬兰这个地区比较常见的繁殖鸟。

欧洲最难见的鸟类的人往往不太会抱怨这种做法。

游客来这儿最主要的目标就是寻找各种猫头鹰。春天的时候，在离市区半小时车程的范围内就可能发现8种猫头鹰，有时仅一个晚上就能全部看齐。在欧洲没有其他地方能有这么多种猫头鹰，也不会像这里一样能那么方便找到它们。这里的猫头鹰主要在4~5月筑巢，当大多数观鸟者到达时，它们正处在喂养幼鸟的阶段，那将是一场精彩的表演。

奥卢最著名的猫头鹰是乌林鸮，它是一种巨大的羽色斑驳呈烟灰色的鸟，眼睛黄色，面盘上布满了密集的同心环。奥卢地区可能是世界上观赏它的最佳地方。虽然它看起来大得足以把观鸟者带走，但在厚重羽毛掩盖下的它其实是相当轻的，而且和许多北方的猫头鹰一样专门捕食野鼠。这些小鼠经常在雪地下挖洞，但是乌林鸮的听觉非常灵敏，它能探测到雪地下面的活动，并用爪子猛击地面抓获猎物。此外，乌林鸮喜欢利用鸢等

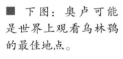

■ 下图：奥卢可能是世界上观看乌林鸮的最佳地点。

猛禽遗弃的旧巢作为自己的巢穴。

害羞而神秘的长尾林鸮是另一个高亮鸟种。它有一双小而黝黑的眼睛以及温和的表情，看起来很平静，完全掩盖了它令人恐惧的本性。任何靠近长尾林鸮鸟巢领域范围内的观鸟者都会遭殃，他们可能会遭到充满敌意的攻击，一些人甚至受了重伤。与这种大鸟的任何接触都会带来危险，这是多数观鸟者所不了解的。因此，每年都会有几个鸟巢被贴上警示牌。

花头鸺鹠不会对你造成太大的伤害，因为这种掠食者体型很小，比一只紫翅椋鸟的个头也大不了多少。然而，它是一种凶残的捕食者，能够捕食比它自身体型更大的猎物。与该地区大多数其他猫头鹰不同，它捕食的猎物中鸟类占了相当大的比例。这是一种在森林里生活的猫头鹰，很常见，而且即使在大白天，它们也经常停歇在高高的针叶树顶上，还不时叫几声。因此，到奥卢来的观鸟者在没向导的情况下也可能遇到它们。鬼鸮也在同样的森林里生活，但是更难见一点。严格来说这是一种夜

■ 上图：野鼠数量多的时候，更容易看见猛鸮。

行性的猫头鹰，即使有时这里的夜晚很短，但人们通常是在最黑暗、最茂密的森林深处发现它们的。当人们到达观测点时，这种花色丰富的猫头鹰经常从它的巢洞向外凝视，睁大的黄色眼睛瞪得有点吓人。

奥卢周围的猫头鹰并非都是仅在森林生活的。短耳鸮是最常见的猫头鹰之一，它们在开阔地区和沼泽中繁殖，在地面上筑巢。与此同时，雕鸮则可能出现在城市垃圾场周边，而且它还喜欢栖息在高速公路的路灯上。短耳鸮的数量众多，很容易看到，但想看到雕鸮则需要在正确的时间出现在正确的地点。

虽然以上所有的种类每年都能在奥卢附近找到，但长耳鸮和猛鸮这两种就不一定了。只有在野鼠数量多的年份它们的数量才会多一点。其中猛鸮备受追捧，但通常情况下，观鸟者需要向东北行驶 200 公里，到达库萨莫（Kuusamo）地区才能看到它们。猛鸮也有些与众不同，它是完全日行性的，白天活动，夜晚休息。和花头鸺鹠一样，它也经常栖息在高高的树顶上。

除了猫头鹰外，这里还有很多其他的鸟可以看。事实上，奥卢以南的利明甘拉赫蒂（Liminganlahti）是芬兰最重要的湿地，它位于波的尼亚湾（Gulf of Bothnia）的利明卡湾（Liminka Bay）边缘。这里曾经是欧洲仅有的黄胸鹀栖息地，但或许由于在亚洲南部的越冬地它们被大肆捕杀，最近这种鸟的数量锐减至零。不过，观鸟者可以欣赏到分布在欧洲最西端、长相奇特的翘嘴鹬，以及普通朱雀、灰雁、黑喉潜鸟、鹤鹬、白头鹞等鸟类。这里也是流苏鹬的最佳繁殖地，有几百只雌鸟在这里繁殖。这种鸟拥有一种非同寻常的"求偶炫耀"繁育体系，雄性之间通过激烈竞争获得一个中心领地，雌性则在寻求交配时径直走向中心领地。即使从我们人类眼中看来，所有雄性流苏鹬的羽色也都略有不同，这种情况在鸟类中也是独一无二的，而雄性羽毛的颜色决定了它们在求偶过程中的一些行为有所不同。黑色和棕色的流苏鹬雄鸟在整个求偶季都会待在自己的一个求偶场（被称为"独立型"），而具有白色项圈的流苏鹬（被称为"卫星型"）会往返于各"独立型"雄鸟的求偶场之间以获得零星的交配机会。

从利明甘拉赫蒂自然保护区的五座瞭望塔上观看流苏鹬一声不响的求偶表演，无疑是奥卢之旅的一大亮点。虽然这很难超过猫头鹰的壮观景象，但却可以与之相媲美。

米湖
Lake Myvatn

鸟点排名 ⑳ 信息

丹麦海峡
米湖
冰岛
■ 雷克雅未克
叙尔特塞岛

栖息地类型 大型浅的淡水湖、河流、荒原和泥炭类沼泽

重点鸟种 巴氏鹊鸭、丑鸭等鸭子，矛隼、岩雷鸟、红颈瓣蹼鹬

观鸟时节 繁殖季从 4 月末到 8 月，但最好错开 6~8 月，因为那时有大量咬人的昆虫

■ 右上图：在欧洲看鸭子的首选地具有壮观的大气层景象。

■ 下图：色彩鲜艳的丑鸭是米湖最吸引人的景象之一。这 3 只为雄性。

相信我们中的很多人第一次注意到鸟是儿时父母带我们去公园喂鸭子的时候。因此，参观米湖就像是成年人再次唤起了儿时的经历，因为这个地方绝对是鸭子的天堂。在这里繁殖的鸭子有 15 种，比欧洲甚至可能比全世界其他任何地方都多。

米湖位于冰岛中北部，是一个独特的生态系统。面积 37 平方公里的米湖是冰岛的第四大湖泊，但与众不同的是它的水源几乎完全是泉水，而不是河流。雨水会被快速地吸收到基岩中，并以富含矿物质的泉水形式重新出现在湖的周围，每秒净流量约为 35 立方米，其中大部分最终从西边一角流出形成了拉赫斯河（River Laxa）。在阳光的照射下，藻类在这片营养丰富的水域大量生长，为很多蚊蝇提供了食物。事实上，因为这些蚊蝇的大量存在，人们给这个湖起了 Myvatn 这个名字，在冰岛语中是"苍蝇湖"的意思。

这些蚊蝇为鸭子（特别是幼鸟）提供了充足的食物，也是由于它们的存在，这个地方对野鸭来说十分特别。当然还有另外两个因素也很重要：其一，整个湖非常浅，平均 2 米深，不超过 4 米；其二，这里地形多样，有无数的入口和小岛。比较浅的湖水可以使

■ 上图：和所有的辮蹼鷸一样，红颈辮蹼鷸也呈现性反转的特性，雌性比雄性个体体型更大，羽色更鲜艳。这只雌性的红颈辮蹼鷸让湖里的摇蚊数量又减少了一只。

鸭子很容易获得食物，而多变的地形则提供了各种各样的繁殖地点。

冰岛位于欧洲大陆和北美大陆之间，这意味着鸭子有可能来自于大西洋两岸，其中丑鸭和巴氏鹊鸭这两个主要来自新大陆的鸟种，在欧洲其他地方都没有繁殖。丑鸭在岛上分布很广，但巴氏鹊鸭几乎只分布在米湖地区。在北美，巴氏鹊鸭在树上的洞里筑巢，但在冰岛，如果它们必须依靠这些树洞的话，就会很快灭绝，因为这里根本没有大树生长。于是，它们利用了岛上各种不同类型的洞来筑巢。整个米湖地区的火山活动非常活跃（湖附近有温泉），雌鸭经常成群结队地从湖中飞到熔岩区，去寻找适合筑巢的火山口或洞穴，这是该地区的巴氏鹊鸭特有的习惯。这些鸟也会利用建筑物上的洞来筑巢，所以来访的观鸟者有时会看到一些不太协调的景象，比如，一只雌性巴氏鹊鸭正从屋顶的烟囱往下窥视！

另一个明星鸟种是丑鸭，它们的羽毛颜色艳丽，构成的图案十分精美，而且还是一个擅长在湍流中觅食的高手。这些可爱的鸭子是很多观鸟者心中最想看到的鸟，而拉赫斯河是世界上丑鸭繁殖密度最高的河流，在那里丑鸭随处可见。夏季，在这些高氧、快速流动的水域中黑蝇幼虫的数量最多，丑鸭就专门以捕捉它们为食。当 8 月成虫出现时，它们又为丑鸭幼鸟提供了食物。

这一地区丑鸭的种群数量大约有 250 对，而巴氏鹊鸭的数量近年来一直在急剧下降，目前与丑鸭数量相当。繁殖之后，丑鸭便会离开这个区域，纵情于沿海湍急的水流中。与此同时，巴氏鹊鸭主要在米湖中未结冰的几片水域越冬。

除了这些特有鸟种之外，在米湖分布数量最多的鸭子是长相低调的凤头潜鸭，一种在欧洲相当常见的鸭子。1970 年，这种以淡水软体动物和无处不在的孑孓为食的潜水鸭，在米湖的数量超过了斑背潜鸭，现在的数量是后者的 4 倍（雄性数量比为 6 000 : 1 500）。食物方面，凤头潜鸭吃蜗牛比较多，而斑背潜鸭吃甲壳类动物比较多。这两种鸭子的亲

■ 上图：一只雄性巴氏鹊鸭在做求偶动作。这种鸟在米湖附近的火山岩的洞里筑巢，这也是它们在该地区特有的一种习性。

缘关系也比较近。7月下旬，当两种鸭子的雌鸟把它们的雏鸟带到湖边时，这些小鸭子有时会混在一起。

米湖还吸引了许多其他的鸭子到此。在能潜水的鸭子中，最有趣的是黑海番鸭，它们在冰岛其他地方很少见，但在这里有大约350只雄鸭。食物方面，相对于子子它们更喜欢吃甲壳类动物。在此生活的长尾鸭约有150只雄性个体，也具有相似的食性。而红胸秋沙鸭（2005年约有700只雄鸟）和普通秋沙鸭（约有15只雄鸟）则是捕鱼能手。另一种会潜水的红头潜鸭，过去在这里繁殖的数量非常少，而自20世纪50年代以来，繁殖数量就更少了。在水面上觅食的鸭子中，数量最多的是赤颈鸭，大约有1 000对，其次是赤膀鸭，将近300对，绿头鸭有大约200对，绿翅鸭50~100对，还有针尾鸭20~40对。有时在春季可以看到琵嘴鸭，它们中有少量会定期在此繁殖。以上所有涉水的鸭子都以摇蚊为食。

除了鸭子，米湖也为其他鸟类提供了绝佳的环境。其中一种是白嘴潜鸟，也是来自新大陆的一员。跟巴氏鹊鹧和丑鸭一样，它在欧洲的主要分布地也是在冰岛。有很少的几对会在这里筑巢。在这里生活的角鹧鹧有600对左右，很常见，基本到这里都能看到。而羽毛华丽的红颈瓣蹼鹬几乎随处可见，它们旋转着从水面上捕食摇蚊。这些鹧鹧类的鸟都非常友善，容易接近。

如果你舍得暂时离开这个湖去熔岩流和荒原看看，你一定会偶遇在这里比较常见的岩雷鸟，而这也正是矛隼想要做的事情。在冰岛，这种庞大威武的猛禽是岩雷鸟的主要捕食者。事实上，人们认为由于这种捕食关系的存在，岩雷鸟在这里的繁殖策略与在其他地方的略有不同。其他地方的岩雷鸟都是一夫一妻制，而在这里这些鸟似乎只是普通的同伴关系，生命似乎太过短暂，以至于无法做出任何郑重的承诺。

欧洲

37

马察卢湾

Matsalu Bay

栖息地类型　浅海、芦苇沼泽、草甸、小岛、林地

重点鸟种　白颊黑雁、小白额雁、长尾鸭、灰鹤、大麻鳽、小绒鸭

观鸟时节　这是一个重要的迁徙鸟点，最好的观鸟时节在 5 月；秋季数量有所下降，但也还不错；这里也是鸟类非常好的繁殖地，但是隆冬时节十分安静

■ 右上图：近年来，全球濒危的小白额雁在迁徙季经常出现在马察卢湾。

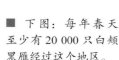

■ 下图：每年春天至少有 20 000 只白颊黑雁经过这个地区。

对鸟类来说，马察卢湾是整个欧洲最重要的湿地之一。这并不是因为它的繁殖栖息地环境，尽管那里的栖息地非常丰富，也不是因为这里是鸟类著名的越冬地。事实上，马察卢湾是以良好的候鸟中转站而闻名的。如果你愿意这么想的话，它就相当于一个高速路边的服务区。鸟儿出现了，停留一会儿补充能量，然后继续前进。马察卢湾处于东大西洋鸟类迁徙路线上的重要位置，这条路线是鸟类在西欧或非洲的越冬地与广袤的北极苔原之间的主要通路，因此经过这里的迁徙鸟类可谓数量惊人。据估计，每年春天至少有 100 万只水鸟在这里中转，于 5 月上旬达到数量的顶峰。而在秋季 8~10 月经过的水鸟数量大约为春季的 1/3。天气好的时候，这里鸟类大规模迁徙的景象确实令人震撼。

这是一片地形广袤，鸟类众多的地方。海湾本身是一个东西朝向的入口，长 18 公里，宽 5 公里，四周被海岸包围，再往内陆便是芦苇沼泽和河漫滩草甸。

此外，这里还有大约 60 个低洼的小岛，有些位于海湾，有些则位于近海岸的莫昂宗德（Moonsund）群岛。在内陆保护区核心区的边缘也有一些落叶林和混交林。这种多样

■ 上图：春天的时候，长尾鸭会聚集在海湾的浅水里求偶。

性的栖息地自然可以吸引来种类丰富的鸟类。除了大量的迁徙鸟类，还有约170种鸟在保护区内繁殖。

这里真正的海湾水域很浅，没有超过5米深的地方，为鸭子和潜鸟提供了绝佳的觅食地。在5月热闹的时候，深灰色水面上游弋着的鸟儿一眼望不到头，还有很多的鸟儿成群飞过，有时就在头顶上方。这里包括成千上万的长尾鸭、黑海番鸭、鹊鸭、凤头潜鸭、红头潜鸭和斑背潜鸭，以及数以百计的红喉潜鸟和黑喉潜鸟，还有一些像普通秋沙鸭和白秋沙鸭这样数量比较少的鸟类。此外，一些人们不太敢期望的少见鸟种也会偶尔出现，比如斑脸海番鸭，如果你运气足够好，可能还会看到小绒鸭，这是马察卢湾的一大特色鸟种。更让人印象深刻的是，许多野鸭在海湾休息的时候也绝不放过进行求爱的机会，即使是在迁徙的时候，它们也会兴奋地跃跃欲试，长尾鸭把尾巴指向天空，鹊鸭甩动着脑袋，凤头潜鸭则凝视着对方。无数长尾鸭发出的响亮叫声夹杂在海番鸭的鸣叫和在当地繁殖的鸥绒鸭的低吟声中，这般海边观鸟的经历足以令人难忘。

海湾的边缘是滨海草甸，各种雁和天鹅在那里吃草，数量就像鸭子那般，多得惊人。每年春天至少有20 000只白颊黑雁经过马察卢湾，小天鹅（俄罗斯亚种）和大天鹅的数量也差不多，此外还有大约10 000只灰雁，几千只豆雁和白额雁。在这些雁群中，我们很有必要去寻找一下会偶尔出现的珍稀鸟种。众所周知，红胸黑雁就常常与白颊黑雁混在一起。而且近年来，该自然保护区已经成为观察小白额雁的重要鸟点，它们是极其罕见的。通常人们很难从距离较远的白额雁群中找到它们，但在2004年，有一小群20多只的小白额雁在这待了好几天。

在马察卢湾观鸟最不寻常的乐趣之一就是那里有很多高的观景台，它们可以让你看到周围很远的风景。其中之一的克鲁斯特里（Kloostri），毫不夸张地说，是一个瞭望塔，那是爱沙尼亚作为苏联前哨时的遗迹。如今它被更好地利用了！这里有5座主塔，从6米高的基木塔（Keemu）到令人头晕目眩的21米高的水津塔（Suitsu），高度各不相同，后者俯瞰着一片森林。为了说明这些瞭望塔有多么好，1997年5月，一群观鸟者站在8米高的哈森卡塔（Haeska）上，在短短 24 小时里，就记录了 128 种鸟类。

几座瞭望塔俯瞰着芦苇沼泽，整个区域大约有 30 平方公里。大麻鸦对生态环境十分挑剔，芦苇地必须特别合适才能符合它们的要求，而此处便是良好的大麻鸦繁殖栖息地，大约有 15 只声音低沉的雄性大麻鸦生活在这里。此外，还有大量的斑胸田鸡、白头鹞、大苇莺、鸲蝗莺在此繁殖，而在更开阔的区域，还有黑燕鸥繁殖。从这里往内陆是河漫滩草甸，肥沃的草原上常常长满了柳树，这些地区有大量的鸲鹟类鸟，但是目前数量也在减少，这其中还包含有少量的流苏鹬和偶尔才出现的斑腹沙锥，这是一种全球性受威胁的鸟种。此外，长脚秧鸡、欧歌鸲、普通朱雀、河蝗莺等鸟类也会出现在这里。

秋天一到，这里又开始了令人震撼难忘的迁徙活动，与春天最明显的区别之一就是大量灰鹤的出现。它们于 8 月中旬开始从北方的繁殖地到达这里，9 月中旬数量达到高峰，但到 10 月初就几乎全部消失了。在它们停留期间，数量可能会增加到 20 000 只，使这里成为欧洲秋季最大的灰鹤种群所在地。秋季对雁来说也是个好时节，而且数量很可能会超过春天的记录。很少有鹤能在这里待很久，冬天气候恶劣，大多数的鸟都撤离了马察卢湾，至少在几个月内，当初那些充满活力的身影都消失了。

■ 右图：黑浮鸥在马察卢湾附近的沼泽地里繁殖，主要以水面上的昆虫为食。

比亚沃维耶扎森林
Bialowieza Forest

鸟点排名 ㉗	**栖息地类型** 原始森林和经营林，草地
信息	**重点鸟种** 各种啄木鸟（包括白背啄木鸟、三趾啄木鸟），各种鹟（包括白领姬鹟和红胸姬鹟），猛禽，欧歌鸫、河蝗莺、长脚秧鸡
	观鸟时节 最好的时节是春季和初夏，尤其是5~6月，但是全年都很有意思

■ 右图：白背啄木鸟是一种专门依靠大量腐木生存的鸟种。

这片广阔的低地森林，从北到南，从西到东都大约有50公里，横跨白俄罗斯西南部和波兰之间的边界，白俄罗斯部分被叫作 Belavezhskaya Pushcha，波兰部分被叫作 Puszcaz Bialowieska。在许多方面，它都是独一无二的，它是欧洲现存最大的相对完整的低地落叶/混交林，是曾经覆盖欧洲平原大片地区的野生森林的遗迹。有些地方一个多世纪以来未曾有人触及，那里的树木长到了很高的高度，有些超过了50米，森林演替遵循自然的发展，枯树朽木也依旧待在原地。因此，毫无疑问，这里的物种多样性极高，包括近170种繁殖的鸟类、55种哺乳动物、900种维管植物、1 500种真菌和数千种无脊椎动物。

这里绝对不是一个适合通过到处走动去寻找鸟类的地方，最好站着别动，让森林里

■ 下图：拥有婉转歌声的红胸姬鹟在比亚沃维耶扎很常见，尽管它往往栖息在树冠上，使得人们很难发现。

的鸟们一个个出现在你面前。此外，在春夏两季，当你站在多层森林斑驳的树阴下时，参天大树的映衬显得我们那么渺小，即使是最狂热的观鸟者，也会被自然保护区中这种特殊的气氛所感染，渐渐安静下来。尽管几个世纪以来人们对这片广袤而神秘的森林有着爱恨交织的民间传说，但欧洲人已经不再习惯这种地方了。

41

■ 上图：锡嘴雀在冬天以种子为食，它那强有力的喙甚至可以用来打开樱桃核。

北方鸟种的出现，显示了处于欧洲针叶林与欧洲落叶林过渡地带的比亚沃维耶扎国家森林公园的重要地位。这里是挪威云杉分布的最南端，同时也是无梗花栎分布的最东北端。这种混合使得公园里有大约 12 个不同的森林群落在此繁衍生息。栎树、椴树和鹅耳枥混交林分布最广，还有其他一些重要的群落包括松树、云杉和栎树，在较湿润的地区，主要是赤杨和松树。

落叶林非常适合鹟类生活，有 4 种鹟在这里繁殖。其中最常见的是斑鹟；受益于无梗花栎的存在，这里还有斑姬鹟；白领姬鹟和红胸姬鹟在这里以及欧洲的任何地方都可以看到。但是红胸姬鹟是一种很难被找到的鸟，因为它们在比较隐蔽的冠层取食，而不像其他鸟类喜欢待在暴露于外的栖枝上。其他在落叶林里比较常见的小型鸟类还有林柳莺、锡嘴雀、褐头山雀和凤头山雀以及金黄鹂。

除了森林本身外，保护区还包括边界两侧的大片空地和沼泽地。不出所料，这些地方拥有一批与森林中不一样的鸟种。漫步于此，很可能会遇到欧歌鸫、普通朱雀、红背伯劳、横斑林莺和河蝗莺，同时也可能看到两种数量在不断减少的稀有鸟种，一种是数量相对较多的长脚秧鸡，另一种是仅在白俄罗斯一侧少量存在的斑腹沙锥。黑鹳依赖于沼泽和森林并存的环境，它们在沼泽中觅食，于森林处繁殖。小乌雕也有些类似，它们在森林中繁殖，于旷野上觅食。

和小乌雕一样，该地区对猛禽来说是绝佳的栖息地，大约有 15 种猛禽在这里繁殖。正如人们所预料，在这片广阔的森林地区，以蜂群为食的鹃头蜂鹰的数量众多，不过想在繁殖期见到它们依旧很难。乌灰鹞通常出现在开阔地带，短趾雕则飞行在森林公园中寻找着各种各样的蛇。靴隼雕是另一种在这里繁殖的大型猛禽，它们可以从很高的地方向下俯冲，主要以捕获鸟类为食。

观鸟者需要选择去哪种森林里观鸟。在波兰一侧，有一个大约 50 平方公里的受到严格保护的核心区，没有人为的管理和干扰，当然进出也十分严格，只有一条 4 公里长的路线可以在有许可证的情况下进入。不过，

即使是一个对鸟类知之甚少的人也知道森林里会有很多啄木鸟，而比亚沃维耶扎可以提供一串拥有 9 种啄木鸟的豪华名单。其中之一的白背啄木鸟是森林公园被保护的主要受益者，因为一旦森林被过度管理，没有大量腐烂的木材可用时，它们就无法生存。此外，在比亚沃维耶扎由栎树、椴树和鹅耳枥组成的混交林，也适合对环境比较挑剔的中斑啄木鸟，它主要依赖栎树。强大有力的黑啄木鸟和灰头绿啄木鸟几乎可以说是常见的，而在公园的云杉林中，也可以找到三趾啄木鸟，尽管它往往很安静，难觅行踪。

三趾啄木鸟与鬼鸮、花头鸺鹠、星鸦等

■ 上图：这里高大的树木和茂密的树冠让观鸟变得没那么容易。

■ 右图：金黄鹂常见于森林的落叶林区域。

这里还有一片更广阔的管理区，游客可以相对自由地行走。尽管在外面的管理区观鸟更容易，但核心区会让人更兴奋，更有氛围。在白俄罗斯一侧的公园有 3 个区域，一块 157 平方公里的核心区、一块缓冲区和一块过渡区，在过渡区开展一些农业或其他商业活动是被允许的。在比较大的核心区内，白俄罗斯公园管理局将几棵 400 年以上的橡树指定为保护对象，同时还有超过 350 年的白蜡树和松树，以及 250 年以上的云杉。除了种类繁多的鸟类和其他野生动物，正是这些使整个地方变得更加神奇。

顺便说一句，比亚沃维耶扎国家森林公园之所以能够维持得这么好，观鸟者还要感谢一个在此处生活的特殊物种——欧洲野牛。正是这种巨型哺乳动物的存在，使这片区域在最初就被划成特殊区域，它在历史上的大部分时间里都是富人和有影响力的人进行狩

猎的保护区。来到这里的人如果没能见到一头这种四条腿的明星物种，那此行多少有点不完美。

上塔特拉山

High Tatras

鸟点排名 ⑨ 信息

栖息地类型	森林和山地
重点鸟种	黑啄木鸟、叙利亚啄木鸟、白背啄木鸟、灰头绿啄木鸟、三趾啄木鸟、鬼鸮、花头鸺鹠、雕鸮、星鸦、西方松鸡、领岩鹨、红翅旋壁雀
观鸟时节	春季和初夏最好，尤其是 4~7 月

地图标注：波罗的海、立陶宛、俄罗斯、格但斯克、明斯克、白俄罗斯、华沙、布列斯特、波兰、乌克兰、上塔特拉山、斯洛伐克、布拉迪斯拉发、匈牙利、罗马

在这个风景优美、拥有山峰和溪谷的国家公园内，你可以发现一些欧洲最狂野的土地。这里潜伏着猞猁和棕熊这样的大型野生动物，还有很多适宜山地和森林生活的各种鸟类，其中有一些还是欧洲西部罕见或特有的鸟种。并且，这里还是一个观察野生动物很方便的地方。斯洛伐克部分的山脉相对来说比较紧凑，只有 741 平方公里，该地区吸引了大量的游客夏天来散步，冬天来滑雪，所以附近有大量可供住宿的地方。为了提供便利，这里有 600 公里标记清晰的步道，可以通往 10 座高峰。如果再奢侈一点呢，这里还有缆车可以带游客进入海拔 1 500 米以上的高山地区。

然而，当置身于低处山坡的森林中时，现代文明仿佛离我们十分遥远。在每年的早些时候，比如 4 月，可能步行好几个小时也不会遇到第二个人。但是，要小心，因为天气可以轻易地将一次舒缓的徒步旅行变成一场生存之战。在这片比较荒凉的地区，会有像西方松鸡这样的鸟在这里繁衍生息。这种欧洲体型最大的松鸡是一种羞涩的鸟，但在国家公园里估计存在着超过 100 只雄鸟以及更多的雌鸟，如果非常幸运的话，你可能会遇到一小群正在求偶炫耀的松鸡，伴随着响亮的打嗝声和一种古怪的类似开香槟瓶塞时发出的砰砰声，它们在地面上横冲直撞，满带怒气地跳向空中。花尾榛鸡是另一种生活在森林深处的鸟类，而黑琴鸡则通常出现在空地的边缘。

在这片相对狭小的区域内，至少存在 10 种以上的啄木鸟，而且每种都有其独特的生态需求和最喜爱的树种，这一事实充分说明了这片森林的物种是多么丰富。其中三趾啄

■ 上图：要小心在上塔特拉山相对常见的西方松鸡，在春天雄鸟会很有攻击性。

■ 对面上图：领岩鹨在更高处的碎石坡上玩着奇特的配对游戏。

■ 对面下图：三趾啄木鸟是上塔特拉山的明星鸟种之一，它比较喜欢有很多枯木的区域，包括最近被烧毁或砍伐的区域。

木鸟便是上塔特拉山的明星物种之一。这种啄木鸟在欧洲大部分地区都很稀少，但在本地却很常见，它常出现在原始的云杉林里，那里的枯木都腐烂了。三趾啄木鸟专门寻找蛀木甲虫的幼虫和蛹为食。白背啄木鸟也有类似的食性，但它更喜欢落叶林而不是针叶林。白背啄木鸟也很稀少，不过你可以在山毛榉或白杨林中找到它们，它们经常待在枯树或腐木底部深深的裂缝里。与此同时，当地的橡树林最受中斑啄木鸟的青睐，它们从树皮表面获取大部分食物。小斑啄木鸟分布在赤杨林和其他落叶乔木林中，而黑啄木鸟则偏爱混交的山毛榉林，还有大斑啄木鸟，它更倾向于在高海拔的针叶树中活动。至于灰头绿啄木鸟，则是成熟落叶林的标志性物种。再加上喜欢在低海拔更开阔的地区生活的叙利亚啄木鸟、绿啄木鸟和不同寻常的蚁

鴷，它们共同构成了一幅美丽画卷。哪里有啄木鸟，哪里就有猫头鹰，它们对栖息地的要求也同样挑剔。在上塔特拉山，花头鸺鹠和鬼鸮栖息在云杉和云杉松树混交林中，主要在海拔900米以上；雕鸮则在险峻的悬崖和峡谷筑巢。此外在上塔特拉山国家公园东部的山毛榉林中，还栖息着一些长尾林鸮。

沿着这条陡峭的山脉，远足者可以很好地观察到栖息地和鸟类种群是如何随着海拔升高而发生变化的。例如，在国家公园内地势最低的地方，长脚秧鸡在草地上繁殖，而树林里则生活着红胸姬鹟、火冠戴菊和小乌雕等鸟种。海拔900米以上便进入了山区，针叶林成为主要的林地，在这里西方松鸡和凤头山雀等鸟类比在低处更常见。在海拔1 200米的区域，生长着一些瑞士五针松，那是星鸦适宜生存的环境。在海拔1 500米处的

■ 上图：发现栖息在崖壁上的红翅旋壁雀是对技巧娴熟又有耐心的观鸟者的奖赏。众所周知，要在一块巨大的岩石上找到这种小鸟是非常困难的。

亚高山地带，树木开始以山松为主，矮小的灌木生长在下面，有白腰朱顶雀和环颈鸫这样的鸟生存在这里。最后，在海拔 1 850 米以上的地方，树木被崎岖不平、布满巨石的高山苔原所取代。

在这些很高的山顶上的物种并不多，但是仅有的那些物种都很有魅力，也很有趣。这里的主要捕食者是金雕，很容易被看到，它们对这些山脉经常遭受的剧烈天气变化毫不畏惧，即使是在夏天也是如此。在这里繁殖的水鹨数量很多，它们最喜欢待在草比较矮的地方，而白背矶鸫则喜欢在巨石之间繁殖。在碎石坡上生活着的就是领岩鹨了，人们最近发现它们有一种特殊的婚配制度。一

个由 3~6 只雄性和 3~5 只雌性组成的群体生活在一起，其中的任何一个个体都可能与所有的异性交配，同时还会试图阻止其他个体也这样做。雄性领岩鹨为了保护自己的父权，每天可能交配 100 多次。

另外一种出现在这些高海拔地区的鸟是红翅旋壁雀，这是一种非同寻常的雀形目鸟类，它们的喙又长又弯，宽宽的翅膀如同蝴蝶一般，主体亮红色并点缀着黑色和白色。它们从高高的岩壁上或者是从溪流边捕获无脊椎动物为食。与欧洲其他山区相比，这里的红翅旋壁雀较难见到。但是，除了这些未受破坏的荒山，还有什么地方能给这种鸟提供更好的安身之地呢？

多瑙河三角洲
Danube Delta

鸟点排名 ㊱ 信息	**栖息地类型** 淡水湿地、被海洋栖息地包围
	重点鸟种 白鹈鹕、卷羽鹈鹕、侏鸬鹚、彩鹮，各种鹭，红胸黑雁、姬田鸡，迁徙的鸻鹬类的鸟、须苇莺、欧亚攀雀
	观鸟时节 全年都是好时节，但是在深冬会非常冷而且难以进入

■ 右上图：受益于该地区大量的蜻蜓，这种燕隼在整个三角洲地区都很常见。

　　有很多人认为这是整个欧洲最适宜鸟类栖息的地方，而且很难不同意这一观点。这里确实在很多可衡量的方面上是欧洲甚至是世界之最，例如，它是欧洲最大的一片连续沼泽地，并且拥有全世界面积最大的芦苇地。在其733平方公里的核心区内，繁殖鸟类的数量惊人，几乎没有能与之匹敌的。这里有2 500对侏鸬鹚和白鹈鹕、3 000对夜鹭、2 000对白翅黄池鹭、1 500对彩鹮和20 000对须浮鸥。而这仅是这里被记录的大约176种繁殖鸟类中的一小部分。这里确实是欧洲大陆上鸟类最大的避难所之一。

　　多瑙河（the Danube）在流经2 860公里后，分成3条主要支流，即基利亚河（Chilia River）、苏利纳河（Sulina River）和圣格奥尔基河（Sfantu Gheorghe River）。三角洲便

形成于这个距离黑海还有90公里的地方。这些河流之间被密集的河道网络连接着，总长达3 500公里。在这个河道迷宫中，最主要的栖息地类型是芦苇沼泽，但也有湖泊、沙丘、灌丛、林地和草地。这片三角洲的一个独特之处就是"漂浮岛"（plaurs），那是些由腐烂的芦苇多年累积形成的高达1~1.6米的小岛。这些"漂浮岛"浮在水面上，位置会随着风向和水流的变化而不断变化。另一个是具有当地特色的沙丘系统，在这些地方生长着大量的林地。

　　探索这个三角洲的唯一方式就是乘船，在罗马尼亚那边，生态旅游发展得非常好，他们为了满足野生动物观察者的需要而设立了"水上旅馆"。不过最好结伴而行，因为租船的费用非常昂贵。其中有些船非常豪华，

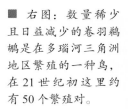

■ 右图：数量稀少且日益减少的卷羽鹈鹕是在多瑙河三角洲地区繁殖的一种鸟，在21世纪初这里约有50个繁殖对。

■ 上图：三角洲南部的干旱地区有大量越冬的红胸黑雁。在这里，它们常与较大的白额雁混群。

让你感觉整个探险之旅就好像是一次巡航。从你离开港口的那一刻起，你马上就会进入一个与你离开时完全不同的世界，在那里芦苇长得一眼望不到边，一切仿佛都慢了下来，野生动物占据了主导地位。春季或夏季的鸟类数量之多，让人一开始很难适应。无论你看向哪里，到处都是白鹈鹕、鸬鹚或彩鹮在头顶成群结队地飞过，而白头鹞会在芦苇地的每一个角落驻扎，在这里特别常见的燕隼和须浮鸥则在竞相追逐着蜻蜓。在水边的灌木丛中，你很快就会看到一群混居的侏鸬鹚、白鹭以及各种各样的鹭在为它们的繁殖大业忙碌着。目光敏锐的人呢，还有可能在用植物做成的与众不同的吊巢上发现欧亚攀雀。每天，你都会被芦苇中各种鸟儿延绵不断的鸣唱所包围，这些鸟包括鸲蝗莺、须苇莺、大苇莺以及芦鹀，同时你还会听到黑水鸡和普通秧鸡尖锐的叫声。这真是一个学习倾听艺术的好地方呀！

我们需要付出更多的努力才能看到一些特殊的鸟种。其中之一便是濒临灭绝的卷羽鹈鹕，它们还有一些个体存在于三角洲地区，不过只是在少数几个地方有，比如东南部的锡诺伊湖（Lacul Sinoie）。最近人们对湖中卷羽鹈鹕进行繁殖的岛屿进行了一定的维护，以免其遭受水流侵蚀的破坏。目前三角洲地区卷羽鹈鹕的数量可能只有不到 50 对。其他比较特殊的鸟还有白尾海雕（大约有 5 个繁殖对）以及红脚隼（约 150 对），它们在捕食时的活动范围都很广，如果稍微多花点时间，应该能看到它们。此外还有一些比较隐秘的沼泽鸟类，如姬田鸡、斑胸田鸡和小苇鳽，可能也需要有点耐心才能看到，尤其是在船上的时候。通常，最好的办法是找一块干一点的土地，从那里观察，因为那里的泥土紧挨着芦苇的底部。和三角洲上的其他鸟类一样，这里鸻鹬类鸟的数量也很多，不过很难找到它们，因为很多都是迁徙经过的。但是如果你发现了一块比较合适的浅水区，可以仔细找找青脚滨鹬、阔嘴鹬和泽鹬这 3 种典型的在东部迁徙的鸻鹬。

多瑙河三角洲冬天鸟类的数量和夏天一样令人印象深刻，不过那时候观鸟可能不会太舒服。尽管如此，冬季 500 只小白额雁和 45 000 只红胸黑雁（主要在三角洲的南部）的数量应该会吸引大多数观鸟者跑来看。另外，在欧洲其他地区几乎难以想象的规模还包括 32 000 只赤嘴潜鸭、13 000 只白眼潜鸭（在夏天也很常见）、40 000 只琵嘴鸭和 970 000 只红头潜鸭。毫无疑问，所有这些鸟都会吸引猛禽来捕食。在这出现的白尾海雕的数量可能会达到 50 只，此外还会有一些毛脚𫛭，甚至还可能会出现几只乌雕。

这个三角洲作为一个鸟类迁徙的热点地区，最近受到了一些关注。它处于黑海迁徙路线上的有利位置，来自北部或东部任何地方的迁徙鸟类都可能经过这里。在过去的几年里，位于三角洲入海口的萨哈林岛（Sahalin Island）一直被认为是观看稻田苇莺和红喉鹨等稀有鸟种的好去处。

但在过去几年里，多瑙河三角洲遭遇了一系列的灾难。2005 年，附近发生禽流感疫情时，三角洲对游客关闭了；不久之后，毁灭性的洪水袭击了该地区；然后，更具灾难性的是，乌克兰政府批准了一条贯穿北部的运河的建设项目，这可能会破坏整个保护区生物圈中一些最原始、鸟种最丰富的区域。对于内心特别冷漠的人来说，即使是"欧洲鸟类最佳栖息地"这一头衔也不会让他们心动。

■ 下图：彩鹮在泥沼和浅水中觅食，但在树上筑巢。

亚洲
Asia

从欧洲边缘向东到白令海（Bering Sea）和日本，从中东的沙漠到印度和马来西亚的热带稀树草原及热带雨林，再向东到菲律宾群岛，为了实现本书的写作目标，我们已将亚洲的代表性地区尽可能地包含了进来。这样划分仅仅是为了方便，可以说亚洲各地的鸟类几乎没有相似之处，例如，中东地区和婆罗洲从鸟类学角度讲几乎没有共同点。事实上，中东地区的鸟类与欧洲的鸟类关系更为密切，欧亚大陆北部也是如此。喜马拉雅山脉以南的地区，包括印度次大陆、东南亚和华莱士线以西和以北的岛屿，被称为东洋界，它们拥有一套自己独特的鸟类系统，与北边古北界的鸟类完全不同。

在这片复杂的土地上生活着很多高亮鸟种。在欧亚大陆广阔的苔原和针叶林地带生活的鸟类与欧洲和北美的一样丰富，苔原上栖息着大量的雁鸭类、鸻鹬类和鸥类的鸟，而针叶林中则栖息着各种松鸡、旧大陆的各种莺和鸣禽。在中国，雄伟的喜马拉雅山脉及其附近的山脉有着惊人的丰富物种，其中包括很多人梦想中的鸟，比如色彩鲜艳的各种雉类和鹛，以及鹦嘴鹛和红翅旋壁雀。作为欧亚大陆唯一一个特有的科——岩鹨科的鸟类在亚洲也生活得很好。与此同时，中亚地区的沙漠和草原环境也拥有自己独特的魔力和鸟类，而在中国和日本的温带森林则到处可见各种鸫、鸦、山雀和啄木鸟。

在东洋界，印度的季雨林和热带稀树草原比东南亚真正的热带雨林要逊色一些。这些以龙脑香为优势树种的森林，拥有世界上最丰富的植物资源，但却没有最丰富的鸟类。再往东，从巽他群岛（Sundas）到菲律宾，大大小小的岛屿都有自己的特有种。在东洋界还有几个特有的鸟类的科，包括叶鹎科和雀鹛科。不过，这里最吸引人的鸟类还是那一系列漂亮的鹛、犀鸟、八色鸫、雉类、阔嘴鸟和卷尾等鸟类。

■ 右图：日本的丹顶鹤

埃拉特

Eilat

栖息地类型	海岸、耕地、盐田、灌丛、湿地
重点鸟种	里氏沙鸡、漠鹛、死海麻雀、阿拉伯鸦鹛、白眼鸥以及迁徙过境的鸟
观鸟时节	全年都很好，但是春季 3~5 月最好，那时可以看到种类最多的鸟

鸟点排名 ㉕ 信息

■ 下图：在以色列其他地方很难看到的里氏沙鸡是埃拉特最受欢迎的物种之一。当夜幕降临时，常常可以看到成群结队的沙鸡来到它们喜欢的地方饮水。

埃拉特是一个现代化的海滨度假胜地，位于以色列最南部，对那些一年四季都在寻找阳光的人或者寻找离欧洲最近的有较多珊瑚礁之地的人来说，这里很受欢迎。快速浏览一下地图，你可以发现它对候鸟有着潜在的影响。它的位置正好处在欧亚大陆和非洲之间这条主要迁徙路线的中间，靠近地中海东端，位于红海的东北端，鸟类一定会被汇集到这两片巨大水域之间的这个点上。因此，埃拉特被认为是西古北界最令人兴奋的候鸟迁徙热点之一也就不足为奇了。而且，这里还是吸引了世界各地观鸟者的春季观鸟节的举办地。这里记录过的鸟种已经达到了惊人的 420 种，其中不乏一些极其罕见的物种。尽管春天和秋天是观鸟的最佳时节，但其实全年都有很多有趣的东西。

在埃拉特观鸟最令人兴奋的一点是出海观鸟。它在红海的地理位置使得这里栖息着很多在西古北界其他地方非常罕见的鸟种，而南风甚至可以带来一些印度洋的热带海鸟。例如，近年来，人们在这里发现了两种新的西古北界的鸟类，一种是白额鹱，另一种是在 1992 年发现的、更令人惊奇的马岛鹱。后者是奥氏鹱的一种，这太出乎意料了，以至于发现者最初以为他们发现了一个新物种。除此之外，其他的常见鸟包括褐鲣鸟和红嘴鹲，而北滩（North Beach）是出海观鸟的最佳区域，或多或少可以保证看到的鸟有白眼鸥和黄喉岩鹭等。

这里另一个非常吸引人的地方在于它是一个极佳的猛禽迁徙通道，猛禽的通过量可以轻易超过更著名的直布罗陀海峡（Straits of Gibraltar）或博斯普鲁斯海峡（Bosporus），与世界上几乎所有其他的猛禽迁徙地不相上下。每年春天都有多达 100 万只鸟类经过这里。排名前三的迁徙猛禽是普通鵟、鹃头蜂鹰和黑鸢，不过东雀鹰也是一种标志性的鸟，有一次在 4 月的一天内就记录了 50 000 只。这种鸟是为数不多的以集小群的方式迁徙，而不是单独迁徙的鹰属鸟类之一。其他有数据记录的猛禽还包括草原鹞、草原雕和小乌雕。

在海滩后面，埃拉特实际上是沙漠景观中的一个大绿洲，这里吸引了大量的雀形目候鸟。几乎每一种从欧洲和西亚迁徙来的繁殖鸟在这里都被记录过，观鸟者可以期待在这里进行极具挑战的辨识能力测试。例如，田野里可能有各种机警的云雀和鹨，而灌木丛里可能有大量难以区分的莺。比较有特色的鸟种包括小云雀、二斑百灵、黄头鹡鸰、蓝喉歌鸲和塞浦路斯林莺（后两种鸟也在这里越冬）。

除了低矮的灌木丛和农田，埃拉特还拥有盐田和水库，因此如果在这里发现各种鸥类、燕鸥类、鹭类和鸻鹬类的鸟也就不足为奇了。盐田就在海滩的北边，在那里总能见

到大红鹳，还有通常与它们相伴左右的黑翅长脚鹬、反嘴鹬和细嘴鸥，以及水边的红嘴巨鸥和鸥嘴噪鸥。事实上，那些鸥类鉴赏家们会感到应接不暇，因为他们会尝试在成群的鸥中挑出亚美尼亚鸥、黄脚银鸥和小黑背鸥。

在水鸟中，鸻鹬类和秧鸡也很有代表性。铁嘴沙鸻经常出没于海滩、田野或盐田，而像红胸鸻、黑胸距翅麦鸡和白尾麦鸡这样的鸟则比较少见。斑胸田鸡、姬田鸡和小田鸡在这里比在它们的繁殖地更容易看到，通往北滩的排水渠就是个好地方。

即使在鸟类迁徙过境量比较少的日子里，埃拉特也总是有很多令人感兴趣的鸟。公园和花园里有很多长相奇特的绿喉蜂虎、白胸翡翠、小长尾鸠和北非橙簇花蜜鸟，而该地区的沙漠地貌意味着，人们可以相对容易地看到一些干旱地区特有的鸟种。其中最著名的是里氏沙鸡，这是在石漠中生活的标志性物种，由于它们喜欢在天黑后到水坑里去，所以通常很难找到。然而，在小镇的西北侧，靠近沙漠的地方有一个泵站，多年来，鸟儿们会在黄昏时分到这里解渴，这令一批又一批慕名而来的观鸟者感到欢欣鼓舞。近年来，由于受到干扰，人们不一定能到这里参观，但其他地方有时会有 50 只或更多的里氏沙鸡同时出现。与此同时人们还可能看到一些其他的鸟类，比如伪装得极好的沙鸫、沙雀以及高度狭域分布的阿拉伯鸫鹛和黑尾岩鹏。

■ 右图：埃拉特的公园和花园是可爱的绿喉蜂虎蓝顶亚种的栖息地。

■ 右图：红胸鸻是一种稀少的鸟，但是当它们往返于中亚的繁殖地与非洲南部和东部的越冬地之间时，通常会在埃拉特停留一下。

■ 对面上图：羽毛细密的灰连雀是迪拜的冬候鸟，数量稀少并且在逐渐下降，它在伊朗的霍尔木兹海峡两岸繁殖。

如今，这里专门为鸟类提供了饮水盘。

　　同样，在耕地区也有其他一些干旱地区的特有鸟种。例如，可爱的巨嘴沙雀，其实有点名不副实，它往往在耕地区活动，不是真正在沙漠栖息的鸟类。同样，漠鹏和沙鹏、死海麻雀和漠百灵也乐意享受这样一片沙漠绿洲提供的奢华环境，而红海栗翅椋鸟则适应了用建筑物来替代其通常用的悬崖和岩石。这些鸟在这里比在它们真正的核心栖息地更容易被看到。

　　在这个地区观鸟的乐趣之一就是你在观鸟时绝不会感到孤独。去位于城镇东侧的鸟类鸣声研究站参观非常方便，而城镇的商业中心就是国际观鸟中心所在地。这里每天下午 5~7 点开放，是该地区观鸟活动的中枢，你可以随时了解到最新的鸟类目击情况。而且，该中心还会组织一些远途观鸟活动，带观鸟者去一些著名鸟点寻找像漠鹏和努比亚夜鹰这样的目标鸟种。

■ 右图：黄头鹡鸰是一种相当常见的迁徙鸟类，与其他鹡鸰相比，它通常生活在更潮湿的地方。

迪拜

Dubai

鸟点排名 ⑦ 信息	**栖息地类型** 城市公园和花园、高尔夫球场、滩涂、沙漠、人工湿地
	重点鸟种 迁徙的鸟,灰连雀、阔嘴鹬、肉垂麦鸡、白尾麦鸡、纵纹角鸮
	观鸟时节 迁徙季节最好,每年的3~5月和9~11月

■ 上图:乳色走鸻是一种典型的沙漠鸟类,而且是在这座城市形成之前就出现在这里的为数不多的几种鸟类之一。

自信、激进、光芒四射的迪拜可能不是一个会让人立刻联想到观鸟的地方。然而,这个不断发展的商业城市和建筑中心,据说容纳了世界上15%的鹤类。这是一个可以阐述人和鸟类如何在同一环境中作为机会主义者共存的罕见例子。当人们一批一批地涌入这座城市,欣赏着那些引人注目的新建筑,或去购物,或去赚钱时,鸟儿们为了利用从沙漠景观中创造出的全新栖息地也来到这里。鸟类和人类在很大程度上都是过往旅客,城市不会给外国劳工公民身份,因此他们来来往往;同样,很大一部分鸟类也只是把城市作为它们在古北界和热带界之间迁徙的一个中转站。

迪拜位于阿拉伯湾(Arabian Gulf)的东端,离阿拉伯半岛(Arabian Peninsula)的北端不远,在那里,霍尔木兹海峡(Straits of Hormuz)将阿拉伯和伊朗分隔开来。它至少从1799年起就成为一个定居点,并在20世纪30年代之前成为了一个颇有名气的港口。然而,直到最近20年左右,在经济摆脱了对石油的依赖,实现多样化之后,迪拜才迅速发展成为一个商务和企业中心。世界上最高的酒店——著名的帆船酒店(Burj Al-Arab)见证了这里旅游业的发展,与此同时,迪拜还在计划建造世界上最大的拥有6 500间客房的酒店综合体。众多摩天大楼,包括世界第一高楼迪拜塔(Burj Dubai),以及大规模的购物中心和商业园区的建立,都塑造了迪拜经济不断向上发展的形象。

不过,随着城市面积的扩大,为了提高人们在这所大熔炉中的生活质量,绿地面积也随之扩大了。公园、花园、高尔夫球场和水源充足的地区遍布城市的各个角落。这些人造绿洲也为数量惊人、种类繁多的鸟类提供了庇护所。目前,该地区总共记录了近400种鸟。

迪拜最著名的绿地之一是萨法公园(Safa Park),它位于朱美拉(Jumeirah)地区,拥有大片的草地和林地,还有一个池塘和一个

■ 右图：姿态优雅、双腿纤细的白尾麦鸡会在迪拜一些新开垦的沼泽地中繁殖。

可泛舟的小湖。这儿是一个典型的"迁徙陷阱"，特别容易吸引和留住鸟类，在春天或秋天的任何一个早晨这里都布满了鸟儿。这个公园一共记录了 200 多种鸟，包括一些常见的门氏林莺、蓝喉歌鸲、半领姬鹟和白顶鹏等。而比较稀有的鸟有白胸苦恶鸟、黑颈鸫以及在 2004 年 4 月发现的阿联酋鸟类新记录——艾氏隼。所以，看起来似乎任何鸟都可能在这里出现。位于市中心东部核心区（Pivot Fields）的情况也差不多。这里有一片永久性水域，当然，还有大量的草地。它现在可以说是迪拜最适合鸟类栖息的地方，像云雀和鹨这些在地面活动的鸟类在这里占有重要地位。在春秋季节比较好的时候，你可以看到理氏鹨、布氏鹨、平原鹨、草地鹨、红喉鹨、林鹨、水鹨和黄腹鹨，再加上小云雀和云雀，这些鸟类让这里成为了一个极好的磨炼观鸟者识别技能的地方。在核心区的水鸟包括在欧洲大多数地方都比较常见的鹭类，还有彩鹮、绿头鸭、白眉鸭、黑翅长脚鹬、肉垂麦鸡和白尾麦鸡（两种都在这儿繁殖）以及黑水鸡。当然，这里还有一长串的珍稀鸟种，包括二斑百灵、亚洲漠地林莺和苍头鸦。另一个绝佳的鸟点是阿联酋高尔夫

球场（Emirates Golf Course），迪拜沙漠精英赛（Dubai Desert Classic）每年都在这里举行，这里有一些极具特色的沙漠鸟种，包括栗腹沙鸡、乳色走鸻和拟戴胜百灵。

在迪拜还有一个"官方"的自然保护区——拉斯奥科尔野生动物保护区（Ra's al-Khor Wildlife Sanctuary）。这是一片 0.5 平方公里的地方，拥有潮汐河口和咸水湖，位于市中心，被繁华的大都市所包围。这里有一个游客中心，2005 年开放了 3 个配有望远镜的掩体，并配有值守人员为游客提供饮用水。在该保护区最出名的是大红鹳，每天下午都有护林员来喂它们，但对于观鸟者来说，看到大量的阔嘴鹬（秋季多达 4 000 只）、蒙古沙鸻（3 000 只）和环颈鸻（3 500 只，包括一些在此繁殖的），以及少量的金斑鸻会更有趣。冬季，有大约 50 000 只鸟在保护区驻足，其中还可能有乌雕。

离主城稍远的地方有几个区域也很棒。位于迪拜机场以东 5 公里处的穆施利夫国家公园（Mushrif National Park）保留了一些原有林地，是著名的纵纹角鸮、阿拉伯鸫鹛观测点，夏季还可以在这里看到栗间石䳭。再往海岸方向靠近一点，科尔贝达（Khor al-bedah）的滩涂上常有一些沿海鸟种，比如蟹

■ 右图：迪拜的拉斯奥科尔野生动物保护区是阔嘴鹬在迁徙途中的主要停歇地。

鹬（冬季有 500 只左右）、大滨鹬和铁嘴沙鸻。而在迪拜和阿布扎比之间的海岸公路上，沙伊布湖（Seih ash Sha'ib lagoons）则有黑喉鸬鹚、桑氏白额燕鸥、白颊燕鸥和细嘴鸥等海湾高亮鸟种分布。

离这些潟湖不远的地方有一个叫作甘图特（Ghantoot）的村庄，这里的金合欢种植园是在阿联酋见到灰连雀这一当地明星鸟种最可靠的地方。曾经有一百多只这种浅灰色自带眼影像太平鸟模样的鸟在阿联酋越冬，但现在它们的出现越来越不稳定，数量也越来越少。它们的一些越冬栖息地也丧失了。这种鸟在伊拉克、伊朗和阿富汗的河岸林地繁殖后抵达阿联酋。当然，因为某些原因，它们在那里的数量不为人知。

人们对灰连雀的亲缘关系还没有研究透彻，但仅仅是这时髦的充满魅力的鸟本身就足以让许多观鸟者有充足的理由前往迪拜和其他海湾国家观鸟了。无论如何，这个地区还有很多东西值得一看，也还有很多东西有待发现。因此，蓬勃发展的迪拜很可能会越来越受观鸟者的喜爱。

■ 下图：这种奇特的蟹鸻专门以招潮蟹为食，在城市北部的海岸越冬。

科尔加尔壬

Korgalzhyn

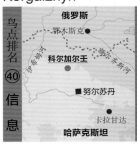

栖息地类型	草原和湿地
重点鸟种	白头硬尾鸭、草原鹬、黄颊麦鸡、蓑羽鹤、黑百灵、白翅百灵、黑翅燕鸻、稻田苇莺和靴篱莺
观鸟时节	繁殖季最好，尤其是 5~7 月

鸟点排名 ④ 信息

■ 右图：科尔加尔壬是黄颊麦鸡这一全球濒危鸟种的重要繁殖地。

人们对中亚的普遍看法是，那里是一片广袤的大草原，一眼望不到边。但是，如今的现实情况大不相同，这一地区的许多原始植被早已消失在耕犁之下。然而，在哈萨克斯坦北部，距离新兴的首都阿斯塔纳（Astana）[①] 西北部仅 160 公里的地方，有一片草原奇迹般地幸存了下来，至今几乎完好无损。科尔加尔壬国家自然保护区（Korgalzhyn State Nature Reserve）面积 2 589 平方公里，是哈萨克斯坦最大的保护区。

这片美丽的地区以平坦的针茅草平原为主。尽管人们在道路两边种植了一些树作为防护带，而且它们为红脚隼提供了好去处，但是由于缺乏降水，任何树木都无法在这自然生长。不过，在这片大草原上，许多小灌木遍地丛生，为靴篱莺等鸟类提供了栖息地。草原上还点缀着大量的湖泊和沼泽，其中田吉兹湖（Lake Tengiz）的面积为 1 590 平方公里。这些非常大的湖泊和这里奇特的地质条件确保了淡水和盐碱水系彼此共存。于是这里的鸟类也出现了一些奇怪的并存现象，黑喉潜鸟和大红鹳会同时在这里繁殖，这是在其他任何地方都不会出现的。前者是主要在苔原湖泊生活的鸟类，而后者在这里被发现的地点是它们全球分布区的最北端。

然而，对观鸟者来说，大草原是他们最感兴趣的地方。保护区内的明星鸟种是黄颊麦鸡，这是由各种错误行为导致的结果。它的濒危等级是极危（Critically Endangered，CR），在过去 20 年中，这里的种群数量锐减了 95%，可能已经下降到只有 500 对（尽管

在土耳其和叙利亚发现了至少 3 000 只越冬种群，这让人们对其他地方还有更多的繁殖种群充满了期待）。自 2004 年以来，为了了解这一情况，人们对这里的种群进行了深入的研究。初步结果表明，草原上的牛对鸟卵的

① 2019 年 3 月 20 日，哈萨克斯坦议会通过宪法修正案，将首都阿斯塔纳更名为努尔苏丹。——译者注

■ 右图：草原鹞捕捉啮齿动物时会放缓飞行速度，并在高草丛的上方飞得很低。

■ 下图：黑百灵那通体黝黑的羽色和急促的嘶嘶的鸣唱，让人很容易发现它们。

踩踏是导致种群数量下降的主要原因，因为这些鸟喜欢在被牛粪滋养的生长茂盛的蒿属植物区活动。不过，令人备受鼓舞的是，在2005年，有73对黄颊麦鸡试图在科尔加尔壬筑巢。

在大草原上很难找到黄颊麦鸡，但百灵就不一样了。这里有3种数量很多的百灵科鸟类，一种是分布广泛的云雀，再有就是白翅百灵和黑百灵这两种草原特有的数量巨大的鸟类。每到夏天，草原上便到处回荡着它们那高亢尖锐的颤音。

云雀在高空中伴随着华丽的歌声上下翻飞，而白翅百灵的飞行特点则是缓慢地拍打着翅膀在空中盘旋，每一下都很深，使得其黑白相间的翅膀在空中上下相接。然而，在这三者之中，黑百灵的表演最令人印象深刻。它经常以一种奇怪的姿势在地上唱歌，尾巴翘得高高的，翅膀张开下垂使翼尖着地，时不时地，它会飞到空中拍几下翅膀，就像一只小个儿的黑色鸽子。

在这平原上的另一种特殊鸟类是数量稀少的草原鹞。它喜欢的食物读起来就像一份数量众多的小型哺乳动物名录，比如田鼠、仓鼠、黄鼠和草原兔尾鼠。当草原鹞放缓飞行速度并且飞得很低时，那就是去抓这些动物了。如果哺乳动物供不应求，它们就会转去捕捉鸟类。草原鹞最喜欢的捕捉方法是把鸟追逼到高处，那样就可以在半空中追逐并捕捉这些鸟了。同时，草原鹞顺道还会捕食一些在草原上大量繁殖的大型昆虫，包括无处不在的蚱蜢和蜻蜓。

■ 上图：蓑羽鹤是一种在干旱地区生活的鸟类，它们避开了该地区的许多湖泊，在科尔加尔壬的大草原上繁殖。

草原湖泊本身就是重要的鸟类栖息地。这里最具特色的两种鸟都是能在飞行中追捕昆虫的群居鸟类。白翅浮鸥在高产的湖泊上繁殖，它将巢筑在漂浮在水面的植物上，而黑翅燕鸻则在盐湖边干燥的、植被稀疏的地面上筑巢。前者通常在水面上敏捷地飞行，以捕捉水生昆虫为食，如蜻蜓和豆娘；而后者则飞行在草地上方捕捉甲虫和蝗虫，它们通常都成群结队地捕食。冬天，黑翅燕鸻从这里的大草原飞往南部非洲的高地平原，在那里它可以捕捉到与这里几乎相同的食物，不过路上它可能需要经历一至两段在高海拔地区的长途飞行。

除了这些特色鸟种外，湿地上还有各种各样的鸟，可能最恰当的描述就是兼收并蓄了。这里有真正的疣鼻天鹅，一种胆小羞涩的候鸟，与欧洲和北美被驯化的那些同类相去甚远。它们通常与野生大天鹅一起繁殖。此外，欧洲全部 5 种鹛鹛都在这里繁殖（包括一定数量的赤颈鹛鹛），还有少量在咸水湖栖息的白头硬尾鸭，一种受高度保护的物种。在紧挨着富饶湖泊的芦苇丛中，生活着文须雀、大麻鳽和草原湖泊特有种——稻田苇莺。同样，在这里生活的两种鹤也非常有趣：一种是灰鹤，在湿地繁殖；另一种是小巧的蓑羽鹤，在草原上生活，主要以草籽为食。

这里有如此多的湿地，毫不意外，它也是一个不错的候鸟中转站。这儿对鸻鹬类和雁鸭类的鸟来说是一个重要地点，几乎任何鸟都可以在这里被记录到，包括像翘嘴鹬和白眉鸭这样的珍稀鸟种。事实上，在春季或秋季来到这里，首先映入你眼帘的可能是一种迁徙的鸟——红颈瓣蹼鹬。这些奇特的、游动自如的鸻鹬，经常在水面上通过打转来搅动食物。它们每年迁徙于苔原的繁殖地和阿拉伯海水域之间，成百上千只的红颈瓣蹼鹬可能会在这里停留几周，比其他任何鸟类的数量都要多。

本廷山脉
Pontic Alps

鸟点排名 ㉟ 信息

俄罗斯
黑海
格鲁吉亚
本廷山脉
■安卡拉
土耳其
地中海
叙利亚

栖息地类型 最高达 3 932 米的山脉，包括森林、草甸和高山区

重点鸟种 高加索黑琴鸡、里海雪鸡、金额丝雀、黄嘴朱顶雀、红翅沙雀、东方叽咋柳莺

观鸟时节 观察山地鸟类最好在春季（4~6月），但是观看猛禽迁徙最好的时节是秋季。冬季气候比较恶劣

■ 右上图：高加索黑琴鸡是这座山脉中非常有名的留鸟，人们甚至为它设立了一个节日。图中是一只雌鸟。

《**圣**经》中记载的洪水过后，当诺亚方舟停在亚拉腊山（Mount Ararat）时，毫无疑问，最先找到回家路的鸟类之一就是高加索黑琴鸡。往山下飞一小段，再往西飞一点，它很快就会回到位于本廷山脉的西部聚集地，那里是观赏这种魅力十足但鲜为人知的鸟类的主要地点之一。

在土耳其东北角，靠近格鲁吉亚边境，距离亚拉腊山不到 300 公里的地方，本廷山脉从黑海（Black Sea）的南部海岸屹然崛起，形成了一个由高山、山涧、碎石、杜鹃灌丛和森林组成的内陆荒野地带。这一令人生畏的山脉仿佛是欧洲边缘的喜马拉雅山，几个世纪以来，一直是人类活动的屏障，外面的

人难以进入，里面的人也难以出来，当地居民因此形成了一种独特的文化。和土耳其大部分地方的情况一样，这里鸟种的特点就是兼收并蓄，来自西欧的常见鸟种与一些来自东部的鸟种共同享用着这片地方。因此，这里有一场令人酣畅淋漓的鸟类的盛宴，欢迎着那些勇于冒险的观鸟者的到来，只有他们能够找到那条通往这个与世隔绝、基本上被人忽视的热门鸟点的道路。

似乎每个来到这里的人都不可避免地要去古色古香的西夫里卡亚（Sivrikaya）村朝拜一番，那里是最著名的高加索黑琴鸡聚集地。它位于卡奇卡尔山脉（Kackar Mountains）（更正式的说法是本廷山脉）的西侧，离黑海的

■ 右图：耐心而专注的观察者有可能在卡奇卡尔山脉比较高的斜坡上瞥见害羞的里海雪鸡。

■ 上图：在山里发现的成群的金额丝雀，在那里它们很容易被找到。

旅游胜地特拉布宗（Trabzon）有 3 小时的车程，是一个景致怡人的地方。溪流周围的灌丛中遍地的东方叽咋柳莺肆意欢唱，北面一片片的杜鹃灌丛纵情绽放，背面白雪皑皑的山峰巍然耸立，这一定可以称得上是一次经典观鸟之旅的完美景象。只有在 5 月和 6 月才能看到高加索黑琴鸡，而那时你可能仍需要在厚厚的积雪中跋涉才能到达那个地方。虽然在离西夫里卡亚村很近的地方就能看到这些鸟，但要想欣赏到最好的景色，你真的需要在日出之前爬上绿树成荫的草地。这意味着你在凌晨 3 点就得从村子出发，那时天还是黑的，并且冷得刺骨。最好找一位当地的向导，在他们的帮助下走完这段艰难的路程仍需要几个小时的时间，这一路上你心中对鸟的期待和身体的精疲力竭会一直进行着斗争。

不过，这种黑白相间的鸟确实具有某种明星气质。它们比当地向导捕获的那些个体要干净得多，而且它们在求偶场著名的"扇翅 - 跳跃"表演更是令人惊叹。这是对雄性竞争对手的宣示，也是对雌性充满爱慕的表

达。雄鸟会突然从表演场地起飞，急速抖动翅膀，张着尾巴在半空中转过 180 度，然后滑翔到最初的位置，在那里，它会骄傲而笔直地站一会儿，就像体操运动员在常规动作结束时保持的姿势一样。与这一动作相伴随的还有翅膀的急速摆动，翅膀下白色的羽毛于是频繁闪烁，就跟闪光灯似的。在凛冽清新的空气中，清晨薄雾后的山峰若隐若现，此时能够观看到这么独特的求偶表演，那辛辛苦苦爬上来的每一步都值了。

虽然西夫里卡亚村是最著名的求偶场所在地，但 2006 年的统计数据显示在土耳其至少有 42 个地方生活着多达 2 675 只的高加索黑琴鸡，现在其他地方也在吸引着游客前往参观。但是，考虑到这种鸟的受胁状况 ①（估计全世界约有 70 000 只），相关部门已经拟定了一项保护高加索黑琴鸡的行动计划，其中包括在卡奇卡尔山国家公园（Kackar Mountains National

---

① 参考 IUCN 濒危物种红色名录，高加索黑琴鸡最新的濒危等级被列为近危（near threatened，NT）。——译者注

■ 右图：在著名的猛禽迁徙观察点博尔卡村，可能会发现像白肩雕这样的稀有鸟种。图中是白肩雕幼鸟。

Park）内开发波索夫（Posof）或爱迪尔（Ayder）等生态旅游景点。最近甚至有一个一年一度的高加索黑琴鸡节在举行，他们为这种鸟开展了一系列的庆祝活动，以使人们意识到它在该地区的存在。

除了高加索黑琴鸡之外，这个地区还有很多其他的鸟类。事实上，就像是一种奖励，那些在寒冷的林缘等待的人一定会迎来那些鸟儿的光顾，比如迷人的金额丝雀，这是一种主要在地面取食的黑头精灵；东方叽咋柳莺，它的声音听起来很奇怪，很像煤山雀的叫声；普通朱雀，一直哼唱着“很高兴见到你”[①]；还有绿柳莺、环颈鸫和黄嘴朱顶雀；而在草甸上方的高山区，有一串非常令人印象深刻的山地鸟种名单，包括蓝矶鸫、白背矶鸫、角百灵、白斑翅雪雀、水鹨、红嘴山鸦、黄嘴山鸦和领岩鹨。这个高海拔地区的鸟类多样性是欧洲不可匹敌的。再努力找一下，还可能会看到非常稀少的红翅沙雀，而在一天的晚些时候，如果仔细寻找甚至可能会看到红翅旋壁雀身上反射出的红色和白色的光。如果这份鸟种名单还不够诱人，这里还有另外一种非常特别的雉类——里海雪鸡。春天的时候，这些鸟会爬到被积雪覆盖的多岩石山坡的最高处。虽然人们经常能听到它们喉部发出的声音，但想看到这些令人开心的具有灰白色斑纹的鸟是具有很大挑战性的。

① 它鸣唱的声调像英文的"pleased to meet you"，即"很高兴见到你"。——译者注

在山脉的东侧，气候变得更加潮湿，而北向的森林生长得更加繁茂，吸引来了白背啄木鸟和红喉姬鹟等鸟类。不过，山脉的这一部分仍有许多有待发现的地方，对于那些不辞辛苦地去探索的人们来说，可能会有惊喜等着他们。

然而，任何发现都无法与1976年的那一惊人事件相提并论，当时一群观鸟者决定在格鲁吉亚边界附近本廷山脉东侧的博尔卡（Borcka）村周围进行一次对猛禽的持续监测。有一篇报道曾经描述了一次令人印象深刻的猛禽迁徙活动，这次活动也是在这篇报道的驱使下进行的。他们的发现十分令人震惊：在9月和10月，有28种近400 000只猛禽飞经此地，这一数字让土耳其西部著名的博斯普鲁斯海峡（Bosporus）相形见绌。从那以后，又出现了其他几次令人震撼的监测和统计数据，并且在1979年9月，此处的凤头蜂鹰数量成为西古北界之最。这里过境数量最多的是普通鵟高加索亚种、鹃头蜂鹰和黑鸢。此外，此处还记录了许多其他种类的猛禽，比如草原鹞、小乌雕、白肩雕和猎隼。

猛禽似乎是集中在本廷山脉这里经过，避开了西边的黑海和东边的大高加索山脉（Greater Caucasus）。然而奇怪的是，尽管这里是一个潜力无限的观察猛禽迁徙的地点，但相对来说博尔卡村还是被忽视了。当然，世界上也难免会有几个如此有潜力的地方被忽视。

凯奥拉德奥·盖纳
Keoladeo Ghana

鸟点排名 ⑦

信 息

栖息地类型	低地沼泽、灌丛、林地、草地
重点鸟种	斑头雁、印度乌雕和乌雕，很多种鹭、鹳和鸭类，乌雕鸮，很多种夜鹰以及很多种迁徙的雀形目鸟类（包括红喉歌鸲和很多种鸫、鹟和莺类）
观鸟时节	冬季最好，即 10 月到来年 3 月

■ 右上图：斑头雁是巴拉特普尔的冬候鸟，为了到达这里，它们需要飞越喜马拉雅山脉。

■ 下图：在巴拉特普尔一处有名的滞水区中，大量水鸟让很多观鸟者的梦想得以实现。

如果你想让观鸟变得简单至极，那么世界上没有比印度北部的凯奥拉德奥·盖纳国家公园（Keoladeo Ghana National Park）更好的地方了。它通常被简称为巴拉特普尔（Bharatpur），是个很小的地方，面积只有 29 平方公里。这里地势平坦，交通便利，一年中的大部分时间里都有大量鸟类存在。这里记录的鸟类超过了 400 种，在一天（冬天）之内看到 150 种鸟一点都不稀奇。在洪泛平原湖（滞水区）可以很容易见到大量的鹭类、鸭子、鸬鹚和鹳类的鸟，它们就在你面前，而且常常可以靠得很近。你面临的唯一问题是要把它们都认出来。

凯奥拉德奥·盖纳位于德里（Delhi）以南 180 公里，阿格拉（Agra）以西 60 公里的

恒河平原（Gangetic Plain）上。这是一片广阔而平坦的耕地区中的一个"孤岛"，它在人口如此密集的地区能够保存下来可以说是一个历史的巧合。这一地区似乎一直都有沼泽，但在 1890 年，热衷于猎鸭的巴拉特普尔王公，通过建立运河网络和堤坝，将当地的湿地面积扩大并包围了起来。此后，他在自己新建立的保护区内开展狩猎活动，并邀请各种来宾和政要加入他对野生水鸟的定期屠杀活动。令人高兴的是，尽管受到了迫害，但鸟儿还是不断地飞来这里。到了 20 世纪 60 年代，它们开始得到印度政府的保护。后来，在伟大的印度自然保护主义者萨利姆·阿里博士（Dr Salim Ali）给予的压力下，国家公园于 1982 年宣布成立。

■ 上图：彩鹳站在位于树顶的巢中，准备把食物反哺给雏鸟。

巴拉特普尔最多的鸟类是野生水鸟，可以将它们分为留鸟和候鸟两大类。雨季从 7 月一直持续到 9 月，因此，很多在树上筑巢的鸟类会聚集在湖心岛上生长的金合欢树的树枝上。整个保护区约有 50 000 对大型水鸟在此筑巢，包括黑颈鸬鹚和印度鸬鹚、黑腹蛇鹈，还有 3 种鹭（包括中白鹭、夜鹭、苍鹭），以及彩鹳和黑颈鹳、钳嘴鹳、黑头白鹮和白琵鹭。许多不同的种群混合在一起，也便于人们对所有物种进行比较。它们很容易被看到，而且会离你很近，以至于你不得不掐自己一下，才能意识到你不是在野生动物园或者动物园里。

在周围的沼泽地里，你还可以看到许多其他色彩鲜艳或者有趣的繁殖鸟类。其中包括可爱的具有长趾的水雉和铜翅水雉，它们常在挺水植物上奋力小跑。此外，还有无处不在的印度池鹭、白胸苦恶鸟和紫水鸡。赤颈鹤则在沼泽地上闲庭信步，那挺拔的身姿俯瞰着周围的

一切，而观鸟者想看的一些其他比较隐秘的鸟也值得花点时间好好找，比如奇特的彩鹬和超级神秘的黑鸦。

从 10 月开始，会有成千上万来此越冬的古北界水鸟加入这些当地留鸟的行列。其中最常见的一种是斑头雁，它飞越了喜马拉雅山的高峰来到这里，堪称史诗般的飞行。有记录显示，它们的飞行高度达到了海拔 9 000~10 000 米。研究表明，斑头雁的血液中含有 4 种类型的血红蛋白，每种血红蛋白各自在不同的氧气分压下工作。除此之外，在冬天，大量来自欧洲或北美洲的雁鸭会轻车熟路地来到滞水区，其中包括大量的赤膀鸭、针尾鸭、绿翅鸭和琵嘴鸭。不过，在它们中间还混杂着大量更典型的亚洲鸟种，包括一些当地留鸟，比如印缅斑嘴鸭、栗树鸭和棉凫。

巴拉特普尔也以它的猛禽而闻名，同样这些猛禽也分为留鸟和冬候鸟。其中最重要

■ 右图：这里可能是世界上最容易看到乌雕的地方。图中这只幼鸟被一群乌鸦欺负，看起来这一天过得很糟糕啊。

的一种是不迁徙的印度乌雕。它现在是一种非常稀有的鸟类，在保护区里通常可以看到一对。与其他地方一样，这里的印度兀鹫也面临着危机，它们连同白背兀鹫都消失了，只留下黑兀鹫孤独地生活着。

　　冬季是观测猛禽的最佳时节，届时可能会有数十种猛禽从欧亚大陆飞到巴拉特普尔去侵扰那些水鸟。其中数量最多的猛禽之一是乌雕，这是一种在其繁殖地很难找到的鸟，但在这里通常有 30 只或更多，因此巴拉特普尔可能是世界上看到乌雕最容易的地方。这里还会有少量的白肩雕、草原雕和白腹隼雕，它们都会在树林里连续游荡数小时，让来访的观鸟者很难看清它们。此外，也有一些不那么棘手的，比如数量众多的白头鹞和以蛇为食的短趾雕，它们通常生活在保护区内的干旱地区。

　　当你看完了这些体型较大的鸟，你就会发现周围也有很多小型的雀形目鸟类。不满足于仅仅是水鸟和猛禽的梦幻之地，冬季的巴拉特普尔还是一个可以与大量来自亚洲北部和中部

的那些令人垂涎的候鸟相遇的极好地方。其中最好的一个地方被称为"苗圃"，那里离检票口很近，有零星的灌丛和树木。在那里你可以发现蓝喉歌鸲、红喉歌鸲、红胸姬鹟和红喉姬鹟这些珍稀的鸟类，还有梯氏鸫和橙头地鸫。如果你觉得这些鸟对你来说都太容易了，那么有一批在此越冬的各种各样的莺会让你的识鸟技能发挥到极致，其中包括赛氏篱莺、褐柳莺、淡眉柳莺、布氏苇莺和稻田苇莺，还有两种特色鸟种——烟柳莺和布氏柳莺。

　　简而言之，无论你的观鸟能力如何，这里都有适合每个人看的东西，而且这里的鸟类数量之多几乎让人无法招架。你会发现，为了观鸟在这个神奇的保护区待上一个月很轻松，而且直到最后你仍然可以看到新的鸟种。

　　近年来，巴拉特普尔水资源短缺的现象极其严重，主要原因是它的水源被抽取用于其他用途了，人们非常担心它会退化并失去其作为保护区的价值。希望这场危机能够得到补救，使巴拉特普尔能够继续被水和鸟类充满。

果阿
Goa

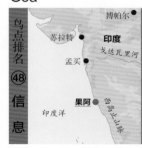

亚洲

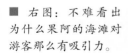

鸟点排名 ㊽ 信息		
	栖息地类型	海滩、红树林、稻田、耕地、湖泊、灌丛、低地森林
	重点鸟种	秃鹳、黑头咬鹃、印度灰犀鸟、印度冠斑犀鸟、蓝须夜蜂虎、各种鸻鹬类的鸟、燕鸥类的鸟、鸥类的鸟和翠鸟，印度八色鸫、领蟆口鸱、马拉啸鸫、黑冠啄木鸟
	观鸟时节	全年都很好，但是最好的时节是11月到来年3月

果阿以前是葡萄牙在印度西海岸的殖民地，它是印度最小的邦，夹在北部的马哈拉施特拉（Maharashtra）和东南部的卡纳塔克（Karnakata）之间。尽管这里有着悠久的历史和多元的文化，天主教和印度教的影响力使得华丽的教堂可以坐落在印度教寺庙旁边，但它实际上最著名的是包价旅游。世界各地的游客来到这里长长的沙滩上玩耍，享受着海鲜餐厅的美味和家庭旅馆的温馨，给这个地方增添了几分享乐主义的感觉。

直到旅游业发展多年之后，果阿的野生动物资源所存在的潜在利益才开始显现。这很可能始于海滩上倍感无聊的观鸟者的偶然的一次抬头，发现大量鸥类和燕鸥类的鸟在涨潮时四处漫步，而对野生动物感兴趣的度假者也开始注意到酒店内的赤胸拟啄木鸟、紫腰花蜜鸟和印缅寿带。不久之后，更热衷于观鸟的游客在稻田里发现了很多种鹨，并冒险进入旱地森林，而迅速增长的鸟类名单，鼓动着越来越多的人去那里观鸟。如今，果阿是一个重要的生态旅游地。当地的旅行社可以提供短途观鸟之旅，旅游公司则会安排专门的观鸟旅行套餐，游客可以在两周内观察到250种或更多的鸟类。

果阿的面积小，同时栖息地丰富，是观鸟的理想之地。在这个邦，从像巴加（Baga）这样的海滨胜地出发，到任何栖息地的旅行时间都不会超过两小时，实际上，它们大多数都集中在首府帕纳吉（Panaji）附近，因此可以很方便地乘坐各种便宜的公共交通工具到达。很少有其他地方能像这里一样很容易地将惬意的假期和如此丰富的观鸟机会结合起来。

印度洋的海滩，尤其是恰波拉河（Chapora River）河口以北的莫吉姆海滩（Morjem Beach），是一个适合开始观鸟的好地方。在古北界的冬天，沙质的海岸线对于鸻鹬类、鸥类和燕鸥类的鸟来说是很好的选择。届时观鸟者会陷入从一群蒙古沙鸻和环颈鸻中找

■ 右图：不难看出为什么果阿的海滩对游客那么有吸引力。

出铁嘴沙鸻的纷乱中。在沙洲上栖息的燕鸥有白嘴端凤头燕鸥、鸥嘴噪鸥、大凤头燕鸥和小凤头燕鸥，还有各种鸥，包括棕头鸥、红嘴鸥、细嘴鸥和乌灰银鸥，偶尔还有渔鸥。栗鸢和黑鸢经常在头顶盘旋，而在出海的地方，通常会看到鹗和白腹海雕。

在果阿的许多河口都有大片的红树林，退潮时，那里会出现很多鸻鹬类的鸟，尤其是捕蟹能手——翘嘴鹬。乘船沿着祖阿里河（Zuari River）上行，那里是观察翠鸟的好地方。斑鱼狗、白胸翡翠、鹳嘴翡翠和蓝翡翠都很常见，不过白领翡翠很罕见，能看到它可以说是个额外的福利吧。在这趟旅途中你还可能看到绿喉蜂虎和栗喉蜂虎，它们通常站在电线或树梢上。

除了咸水区，在海岸平原上还有几个很好的淡水区域，那里到处都是鸟，包括果阿旧城（Old Goa）附近的卡兰博利姆湖（Carambolim Lake）和帕纳吉东北方向的梅姆湖（Maem Lake）。卡兰博利姆湖里密布的浮生植被为铜翅水雉和水雉提供了生存环境，而其他鸭子，比如栗树鸭、白眉鸭、印缅斑

■ 对面图：领蟆口鸱栖息在旱地森林的下层，成对的领蟆口鸱有一个可爱的习惯，那就是依偎在一起。

■ 右图：黑头咬鹃经常跟随着鸟浪穿过森林。

■ 对面图：仔细搜寻一下巴格万马哈维尔的森林地面，可能会发现印度八色鸫。这种鸟也在果阿的海岸沿线越冬。

嘴鸭、琵嘴鸭和棉凫则躲在平静的水面上。黑颈鸬鹚，有时还有黑腹蛇鹈在水下施展着它们的本事，而大量的鹭类中包括大白鹭、白鹭和中白鹭。这里也经常有鹳出现，它们通常只是站在附近或栖息在邻近的树上。秃鹳、钳嘴鹳和白颈鹳都是通常会被记录到的。在这些栖息地还有另一种重要的鸟种，那就是可爱的灰燕鸻，一种近海岸区域的常见鸟种，经常能看到它们成群地飞来飞去。

在沿海河漫滩上的众多稻田和较干旱的草原是观赏云雀和鹨等陆生鸟种的好地方。在冬天，你可能会发现自己不得不向那些理氏鹨、布氏鹨、红喉鹨、平原鹨、林鹨和田鹨妥协，这些鸟种对你识别能力提出的挑战绝对与紫头鹦鹉和金额叶鹎带给你的那种眼花缭乱是不一样的。在这种栖息地，你还可以找到一种当地的特有种——马拉巴凤头百灵。帕纳吉以南的唐纳保拉（Dona Paula）高原是观察这种鸟的好地方，而且在那里你还可能看到小云雀和灰顶雀百灵，并有戴胜作为调剂。

尽管沿海平原很有吸引力，但内陆西高止山脉（Western Ghat）丘陵地带的大小森林是任何一个到果阿去观鸟的人都不应该忽视的地方。那里有很多具有地方特色的鸟种，为观鸟注入了新的元素。从海岸驱车一小时便可到达邦德拉保护区（Bondla Reserve）。这是一片面积仅8平方公里的干旱的落叶林和常绿林地，但却是果阿最容易看到灰原鸡、印度灰犀鸟、褐背鹟鵙、白腹仙鹟、赤红山椒鸟、灰头林鸽和橙头地鸫等高亮鸟种的地方。与此同时，位于该邦东南部边缘，通常被称为莫勒姆（Molem）的巴格万马哈维尔国家公园（Bhagwan Mahaveer National Park）的面积要大得多，有250平方公里。尽管在这里观鸟的速度通常较慢，但公园内鸟类的多样性却稍高一些。要想发现一些真正世界级的鸟种，这里通常是最可靠的地方，如印度八色鸫、黑头咬鹃、领蟆口鸱、印度冠斑犀鸟、蓝须叶蜂虎、棕腹隼雕、马拉啸鸫和黑冠啄木鸟。

亚洲

69

大汉山国家公园
Taman Negara National Park

栖息地类型	主要是热带雨林，海拔从低地到 2 000 米
重点鸟种	雉鸡类（包括大眼斑雉、冠眼斑雉和凤冠孔雀雉），八色鸫（包括榴红八色鸫、蓝尾八色鸫、大蓝八色鸫和蓝翅八色鸫），各种犀鸟，白眉长颈鸫，各种啄木鸟以及各种鹛
观鸟时节	全年都很好

■ 上图：在大汉山国家公园生活着大量的双角犀鸟等各种犀鸟，这是森林未遭破坏的显著标志。

这个位于马来西亚首都吉隆坡东北方向 300 公里处的国家公园，因为太有名了所以就叫"国家公园"[①]，它拥有东南亚大陆上

① "国家公园"的马来语音译为中文是"大汉山国家公园"。——译者注

保存最完整的低地雨林，面积达 4 343 平方公里。它的大部分地区都是一片荒野，这一点并没有什么奇怪，而且在保护区范围内远离其东南边缘公园总部的地方，没有人类定居点，也没有道路。取而代之的是，这里有一片非常好的原始低地雨林，到处都是引人注目的奇妙的野生动物。

东南亚的森林是所有热带雨林中最古老的。据估计大汉山国家公园内的雨林已有 1.3 亿年的历史了，而且至少就其植物区系而言，它也是地球上物种最丰富的雨林。这里单位面积上的树种比亚马孙地区还多，为数量惊人的鸟类提供了栖息地。在大汉山国家公园记录的鸟类已经超过了 360 种，而在这里观鸟的一大特点就是你会不断地发现新种，即使是在同一区域内。

游客们可以入住公园中心附近豪华的新度假村——瓜拉大汉（Kuala Tahan），在那里能享受到包括空调在内的一切舒适环境。这个公园曾经只能乘船前往，需要沿着淡美岭河（Sungai Tembeling）向下愉快地划行 60 公里，但为了应对公园日益增长的客流量，现在已经修建了一条道路。最近增加的另一个让人印象深刻的项目是雨林吊桥，它蜿蜒穿过森林 500 米左右，位于森林中层距地面 30 米的位置，为游客观察这个生态系统中难以接近的部分提供了一种独特的视角。当然，森林本身就在四周，从瓜拉大汉出发的路线四通八达，可以带你到各个地方。你可以在沼泽环线漫步 20 分钟，也可以在导游的带领下徒步到达公园最高点的大汉山（Gunung Tahan），那里海拔 2 179 米，需要 9 天的时间。

对观鸟者来说，这个公园最吸引人的地

■ 对面上图：淡美岭河被原始森林环绕着。

■ 右图：榴红八色鸫栖息在森林的地面处，因此人们很难看到它那亮丽的颜色。

方之一就是它那富有魅力又色彩缤纷的野生雉类。游客们一定会听到远处传来的高亢响亮的声音——"哦~喔~"，那是大眼斑雉的叫声，但是想看到这种孔雀大小却非常害羞的鸟，就完全是另一回事了。通常它们只是拖着 1.5 米长的尾羽快速地穿过小路，或者悄悄地穿过灌木丛。这些野鸡是独居的，雄鸟会花很多时间清理在森林中裸露土地上的求偶场，通过翅膀的快速拍击将树叶吹走。当雌鸟到达时，雄鸟会做出一些非凡的炫耀动作。它们面向雌鸟，尾上覆羽和翅膀高高举起，一排平时隐藏起来的橙黄色眼斑便出现了，就跟孔雀羽毛上的"眼睛"似的，精彩

夺目。交配会立刻进行，但在此后的繁殖周期中，雄性就不再扮演任何角色了。在海拔超过 600 米的地方，你可以找到罕见的冠眼斑雉，那里是它们在马来西亚的唯一分布点。它们的尾羽甚至比大眼斑雉的还要长，但其求偶炫耀的动作却只借助了头部的羽毛和羽冠，没有大眼斑雉的华丽。还有一种雉类，那就是当地特有的凤冠孔雀雉。让人惊讶的是，它们有时是一夫多妻制的，雄性也具有眼斑，不过是蓝绿色的。

在国家公园内，另一群在森林枯枝落叶层生活的与众不同的鸟类正在等待着眼光敏锐的观鸟者，那就是八色鸫啦。这些美丽的鸟儿打

破了在地面生活的森林鸟类给人留下的色彩单调的印象，它们通过极其华丽和明亮的图案来展现自己的风格。许多人最喜欢的是榴红八色鸫，它们的头顶和腹部为深红色，胸部荧光紫色，再配上蓝色的翅膀，美丽至极。蓝尾八色鸫是另一个高亮鸟种，雄鸟具有钴蓝色的胸部和橙色的眉纹，不过雌雄都很特别。八色鸫们喜欢在森林的地面上长时间地跳跃，用它们强有力的喙把落叶扔到一边。有一些种类，比如大蓝八色鸫和迁徙的蓝翅八色鸫主要以蜗牛为食，它们会在吃之前把蜗牛的壳在坚硬的物体上弄碎，比如石头上。

在这个公园里，即使是普通游客也能看到犀鸟。它们也许是这个国家公园内所有鸟类中最明显的一类，这里有很多种体型庞大令人印象深刻的犀鸟，可能比亚洲其他任何地方都要多。当它们从空中缓缓飞过时，那些翅膀扇动发出来的低沉又响亮的声音吸引了人们的目光。双角犀鸟拥有黑色、白色和黄色的羽毛以及巨大的盔状突起，是这一科鸟类中的典型一员，经常能看到它在高高的树冠上食取成熟的无花果。尽管它的喙很大，但即便是最小的果实，它也能娴熟地处理。不同种类的犀鸟占据着不同的位置，黑斑犀鸟主要在中下层觅食，因此，虽然它们数量不少，但比双角犀鸟更难找到。长相奇特的

白冠犀鸟有着雪白的尾巴和极其荒诞的浓密的白色羽冠，这使它们看起来就像戴着一顶毛茸茸的俄罗斯风格的白色帽子。它们喜欢成群结队地在浓密的低矮植物中进食，且以动物性食物为主。而令人惊诧的盔犀鸟仿佛来自地狱一般，它看起来一半是犀鸟，一半是秃鹫，有着丑陋多肉的红脸和喉咙。这种犀鸟会捕食大量的动物性食物，除了无脊椎动物，它们还擅长捕捉松鼠和蛇，甚至以捕食小型犀鸟而闻名。

这些重要的鸟类只是这里众多鸟种中的一小部分。其他有代表性的重要种群还包括鹛、啄木鸟（包括体型巨大喜欢蚂蚁的大灰啄木鸟）、咬鹃和阔嘴鸟。在雨林中穿梭觅食的鸟浪[①]里可以看到它们中的很多种。

在这个国家公园中，另一种非常受欢迎的鸟是白眉长颈鸫。这是一种在森林地面上游荡的鸟，是分类学中的谜题。它的头伴随着脚步晃动着，就像一只喙很长的小鸡。这个奇怪的家伙和啸冠鸫很像，两者曾被认为是同一科的，但是它们的其他近亲都生活在大洋洲。它的羽色不是很鲜艳，也不是特别罕见，大多数观鸟者喜欢看它，就是因为它实在是太奇怪了。

[①] 鸟浪是由多种鸟类（少数情况下为一种鸟类）组成的混合鸟类集群，在特定区域游荡，一般在冬季较常见。——译者注

■ 右图：对观鸟者来说，寻找神出鬼没的白眉长颈鸫是一个主要目标。它们非常害羞，最好先通过叫声来定位，这种叫声与榴红八色鸫的哨声很像。

哥曼东洞穴
Gomantong Caves

鸟点排名 **92** 信息

栖息地类型	洞穴、森林
重点鸟种	爪哇金丝燕、大金丝燕、苔巢金丝燕和白腹金丝燕，食蝠鸢、棕腹隼雕、游隼以及各种林鸟
观鸟时节	全年都可以

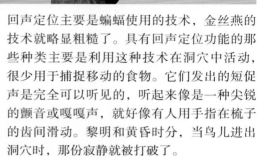

■ 右上图：这些洞穴里生活着100万只蝙蝠，为食蝠鸢提供了充足的食物。

■ 下图：采集燕窝是一项危险的工作，图中是采集者们在做准备工作。

在婆罗洲（Borneo）岛上的沙巴（Sabah）地区，很少有比哥曼东洞穴更不卫生的观鸟环境了。每天中午前后20分钟的时间里，会有几缕阳光从上方射入主洞穴，除此之外，这里一片漆黑。洞穴里的味道闻起来很可怕，那是多年来鸟粪在洞穴内的地面上堆积的结果。如果走错了路，你会发现自己陷入了齐膝深的沉积物中，在那里有成千上万的蟑螂、长腿的蜈蚣和其他长腿的无脊椎动物陪伴着你。

不过，这个地方真的很棒！这些大教堂般的巨大洞穴被寂静笼罩着，形成了一种特殊的生态系统。洞穴的顶部为大约100万只鞘尾蝠和几乎数量相同的金丝燕提供了栖息地，其中有4种金丝燕在这里繁殖。这些洞穴也是人类一项主要产业的基础，那就是收集金丝燕的巢穴来制作燕窝。

金丝燕长得并没有那么好看，一身低调的深褐色，但是它们的能力却不同寻常。一方面，它们能通过回声定位来寻找方向，仅有两类鸟进化出了这种能力（另一种是油鸱）。

回声定位主要是蝙蝠使用的技术，金丝燕的技术就略显粗糙了。具有回声定位功能的那些种类主要是利用这种技术在洞穴中活动，很少用于捕捉移动的食物。它们发出的短促声是完全可以听见的，听起来像一种尖锐的颤音或嘎嘎声，就好像有人用手指在梳子的齿间滑动。黎明和黄昏时分，当鸟儿进出洞穴时，那份寂静就被打破了。

这些鸟的另一个引人注意的方面就是它们那些著名的巢穴了。每种金丝燕的巢都有自己独特的造型，每种巢的材料也都略有不同。白腹金丝燕就是其中奇特的一种，它们的巢是用植物材料做的，通过唾液将其固定在基座上。这种金丝燕无法进行回声定位，只能将巢穴建在主洞穴外光线充足的地方。苔巢金丝燕是用一些小片的植物性材料做巢，整个结构都是被唾液粘在一起的。与哥曼东其他金丝燕的巢不同，这种金丝燕的巢不是硬的，因此不能固定在垂直的表面上。大金丝燕的巢是弧形的，由半透明的唾液和羽毛混合而成；而著名的爪哇金丝燕的巢则仅由唾液构成，在手电筒的光线照射下看起来有点发白。

燕窝的制作是一个巨大的产业，这也可能是世界上唯一一个完全依赖于野生鸟类的最具有商业价值的行业。它每年创造的价值远远超过10亿美元，而且还在不断增加。与此同时，不难想象，在有些燕窝被采集的地区，金丝燕的数量也在持续下降，而且令人震惊的是，那些燕窝被采集时通常还有卵或雏鸟在其中。不过，哥曼东洞穴的燕窝采集是受监管的。这些洞穴由政府的野生动物部门管理。每年只允许采集两次：一次是在2月

■ 右图：在白天，洞穴的入口非常安静，但是到了傍晚，这里就变成了大群忙碌的金丝燕和蝙蝠的通道。

到 4 月之间，那时鸟儿刚刚完成筑巢，还没有产卵；另一次是在 7 月到 9 月之间，在新筑的鸟巢完成繁殖功能之后。

观摩在洞穴高处采集燕窝是一种扣人心弦的体验。一群一群的人借助摇摇晃晃的藤梯、绳索和杆子到达洞穴顶部，这些东西看起来好像随时都可能折断或被绊住。采集到的燕窝会被收集在藤编的小篮子里。这些燕窝可能位于距离地面 30~90 米的任何地方，在半黑暗的环境中采集它们是需要承担很大的个人风险的。观看这种场景真是让人提心吊胆。然而，对于这些采集者来说，他们得到的回报也是很高的，因为 1 千克可食用的燕窝（大约 100 个）就可以卖到 1 000 美元甚至更多。

如果你去参观这些洞穴，一定要待到晚上。那时整个洞穴群落发生交换转移，在洞穴周围将会出现一场壮观的混战景象。蝙蝠开启了夜间进食模式，它们从洞穴中涌出，就像连绵不绝的波浪。而不久后，大量的金丝燕又会在森林的暮色中觅食归来。这一高峰时段的壮观景象必然令人印象深刻，尤其是发生在著名的石灰岩质地的哥曼东山周围。

不出所料，这些成群结队飞行的小型生物们吸引了猛禽的到来。这其中还包括一些看似不太可能的捕食者，比如棕腹隼雕，它在大群鸟类中飞得毫无技巧可言，笨拙地捕捉着猎物。同时还有一些技巧更娴熟的捕鸟者，比如游隼，它行动敏捷，出手果断。然而，这其中令人印象最深刻的猎食专家是食蝠鸢，它拥有长而尖的像隼一样的翅膀。这是一种高度特化的鸟，其每日的主要觅食时间是黄昏前后的半小时，它强有力地拍打着翅膀，悠闲地接近鸟群或蝙蝠群，在锁定捕食目标后，突然加速，必要时还会扭转身体，以便从背后和上方抓住猎物。而且猎物会被其迅速转移到喙上，整个吞下，这样食蝠鸢就可以在飞行的同时继续进食，可能只需要一分钟它就可以再次捕杀猎物。有人看到一只食蝠鸢在一次捕捉行动中连续捕杀了 17 只

■ 右图：俯视爪哇
金丝燕完全由唾液筑
成的发白的巢。

蝙蝠。这一晚的工作收获很多啊！任何时候
你都可以看到有 3~4 只食蝠鸢个体在洞穴内
捕捉猎物，共同享用这片空间。

　　值得一提的是，尽管这些洞穴令人兴奋，
但周围的森林里也绝不缺少野生动物，整个

地区值得我们花上几天的时间去探索。哥曼
东森林保护区（Gomantong Forest Reserve）
是观察红毛猩猩的好地方，而沿着附近的京
那巴当岸河（Kinabatangan River）寻找，还
可以看到长鼻猴。

里米唐路
Limithang Road

栖息地类型 从海拔 3 700 米的高山山口到海拔 650 米的低地之间的各种不同类型的森林

重点鸟种 红胸角雉、血雉、雪鸽、红腹咬鹃、火尾绿鹛，各种鹛（包括斑翅鹩鹛和红嘴钩嘴鹛），各种鸦雀

观鸟时节 春季最好，4~6 月

那些从近期才开放的不丹走出来的有经验的导游，嘴里一直念叨着"一望无际的原始森林"和"从树上溢出来的鸟"，他们讲述的是这里鸟类的异常顺从。在这里，像野生雉类这样害羞的鸟可以在人们长时间的注视下若无其事地待着，而在世界上其他地方，它们会在一瞬间消失。拜访这个喜马拉雅国度时，人们常常惊叹于它所带来的宁静体验。许多人声称不丹是他们一生中观鸟和旅行体验最好的地方。

那么，究竟是什么使得这么多资深人士如此热衷于不丹？是因为这里已经记录了近700 种的鸟类吗？可是，世界上许多其他地方也有类似的物种多样性啊！所以这并不是答案。事实上，真正的原因是不丹独特的原始状态和平和的氛围，它使人每次拜访时都能有所感悟。这不是一个寻常的国度。与其他国家传统的发展和繁荣理念不同，它仍然忠实于藏传佛教的思想，禁止狩猎，保持着广袤荒野的原样。直到 20 世纪 60 年代以前，不丹还一直保持着几乎完全与世隔绝的状态。电视节目是在 1999 年才被引进的，旅游业也是最近才被推动开始的。即使是现在，你要去那里旅游也必须通过旅行团，每天都要付很高的费用，人数也是有限额的。不丹整个国家只有一条主路，而且是 1962 年才开通的。此外，政府也依然封锁着外部对国内的影响。1987 年，面对不丹经济增长缓慢的批评，国王对外回应宣称"国民幸福总值比国民生产总值更重要"，而且不丹仍然会对官方的幸福指数进行公布。这个国家已经意识到，自己的土地才是真正的无价之宝，尤其是在其保存完好的状态下。

在北部边境附近，有片壮丽的山峦高得令人晕眩，达到了 7 700 米的高度，其中最高的山——干卡本森峰（Gangkhar Puensum）是世界上最高的未被攀登过的山峰，也是世界上第 20 高的山，但它在印度边境附近的陆地却骤降至海拔不到 100 米。在这两者之间，主宰这片土地的是高山、陡坡、峡谷、湍流和高大的森林。由

■ 右图：在喜马拉雅山脉大部分地区都难觅踪影的红胸角雉，在不丹会相对容易看到。

■ 右图：不丹几乎
没有公路，只有一条
主路。这个位于南木
林村（Namling）附
近的瀑布被称为"死
亡瀑布"。

于来自孟加拉湾的季风带来了强烈的降雨，这里的林木线处于异常高的海拔高度——4 000 米，是世界上最高的林木线之一。正因为如此，即使在如此极端的海拔，这里的物种密度依然很高。

总的来说，当你从西往东走时，喜马拉雅山脉的林地会变得更加多样化，而不丹的那些顶级观鸟点也确实位于国家的东部。里米唐路是 20 世纪 90 年代初才被观鸟者"发现"的，现在是亚洲最著名的观鸟点之一。整条公路几乎全部穿梭于茂密的原始森林之中。它始于川穆新拉（Thrumsing La），那是一个位于小镇加卡（Jakar）以东，海拔 3 720 米的山口。顺着这条路向东延伸，它在不到

■ 上图：仔细搜寻海拔 2 800 米以上位于森林下层的杜鹃花丛，可能会发现精致的火尾绿鹛。

100 公里的范围内下降到海拔 650 米，这让观鸟者可以清楚地看到，随着海拔的下降，鸟类的生活发生了怎样的变化。

那么，在这条惊险的路线上，有哪些明星鸟种呢？嗯，在山口附近的寒温带森林，生长着一些高海拔的物种，主要由铁杉和林下色彩缤纷的杜鹃灌丛组成。一般来说，像血雉这样华丽的鸟会成为大家关注的焦点，其雄鸟通体蓝灰色并夹杂着白色的细纹，而胸前和尾下羽毛的血红色深得快要渗出来了。然而，在这个迷人的地方，它的魅丽完全被更为引人瞩目的红胸角雉击败了。红胸角雉雄鸟的羽毛简直是完美的：它主体是明亮的深红色，上面布满了小小的带黑边的白点，脸颊和喉下肉裙呈蓝色。它是一种体型相当大的鸟，和雉鸡的大小差不多。众所周知，在任何地方都很难找到角雉，但在这里，角雉实际上很常见，而且被看到的概率很大。顺便说一句，从未被商业观鸟旅游公司记录过的灰腹角雉，在不丹东部也被发现了，说不定这个地方也能有。

在这个海拔，被发现的另一种非常特别的鸟是火尾绿鹛。它们通常以杜鹃属植物的花朵为食，非常精致，广受欢迎，像一种介于鹛和太阳鸟之间的杂交物种。其他在山顶被发现的鸟类还包括非常洁净的雪鸽（一种白色的岩鸽）以及栗背岩鹨和棕胸岩鹨，它们是在森林边缘分布的典型的高海拔鸟类。

沿陡坡进一步向下，植被逐渐向温带阔叶林转变，鸟类的多样性也迅速增加。这在亚洲最具特色的类群之一——鹛的身上得到了特别好的体现。简单地说，在这片区域出现的鹛有几十种，包括一些罕见的或者有特色的种类，比如漂亮的具有橙色和灰色的金

胸雀鹛，它们看起来很像山雀；还有小小的绿色的黄喉雀鹛；聪明得令人难以置信的斑胁姬鹛，它们的白色胸脯上面有着显眼的黑色条纹，行为跟鸭很像；以及仿佛懂得甜言蜜语的红嘴相思鸟和迷人的锈额斑翅鹛。此外，还有一系列五颜六色的噪鹛，它们一方面造型大胆，风格独特；另一方面却总是在偷偷摸摸地活动。这里的种类包括白冠噪鹛、栗颈噪鹛、条纹噪鹛、纯色噪鹛、灰胁噪鹛和难以见到的蓝翅噪鹛。它们每一种都各有千秋，就跟北美洲的森莺和澳洲的吸蜜鸟一样。观鸟者还会发现各种各样摇头晃脑的鹛鹛，包括非常罕见的斑翅鹛鹛，以及一些钩嘴鹛，特别是非常有当地特色的红嘴钩嘴鹛，它们的喙弯曲得很不同寻常。

除了鹛，在森林里高一点的冠层还有一些其他珍奇的鸟类，其中最主要的一种是华丽的红腹咬鹃，它身上的颜色好像是被李子和树莓染过似的，这是一种在喜马拉雅地区特有的鸟种。事实上，这种鸟第一次被发现是在 1994 年的一次商业观鸟中，足以想见这片森林中的珍宝都是近些年才被发现的啊。

再往下，在无尽的迂回曲折中，你会发现周围已经发生了微妙的变化，你已身处亚热带森林了，而那里有另一群鸟在等着你。这些较低的海拔非常适合棕颈犀鸟生活，雄性棕颈犀鸟的整个下体全都是棕色的，背部是黑色的，这种鸟非常罕见，而且除了在不丹之外，其他地方的种群数量似乎都在下降。在这片比较温暖的区域里，树上挂着兰花，一些典型的在低地生活的类群出现了，包括各种卷尾，比如小盘尾；还有一系列的鹟，比如小斑姬鹟、侏蓝仙鹟以及白眉蓝姬鹟。不过，这也只是这里众多鸟类中的一小部分。而且，这里还有另外一群与之前不一样的鹛类存在，包括一些竹林里的鸦雀，比如红头鸦雀和橙额鸦雀。此外，还有各种鹎、啄木鸟、杜鹃、山雀、猫头鹰、太阳鸟以及经常在树干上出没的各种鸸和旋木雀。这里是一片充满了野花芳香的葱郁森林，而当面对多样性如此丰富的鸟类时，即使是在这样一个异常宁静的地方，观鸟者仍会不由自主地表现出过度兴奋的迹象。在不丹，这是唯一让人感到神经有些紧绷的时候。

博加尼·纳尼·沃塔波尼
Bogani Nani Wartabone

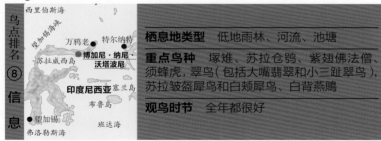

栖息地类型	低地雨林、河流、池塘
重点鸟种	塚雉、苏拉仓鸮、紫翅佛法僧、须蜂虎，翠鸟（包括大嘴翡翠和小三趾翠鸟），苏拉皱盔犀鸟和白颊犀鸟、白背燕鵙
观鸟时节	全年都很好

■ 右图：苏拉威西岛的特有种须蜂虎，它是生活在森林空地中的一种鸟。

苏拉威西岛（Sulawesi）是这样一个地方，它有时会出现在观鸟者的梦里，而当他们醒后又会叹口气说，这是个几乎不可能存在的地方。想象一个地方有70种在世界上其他地方找不到的鸟，然后把它们都涂上具有异国情调的颜色，并赋予古怪而奇特的外形，甚至是离奇的词汇。你不妨再加上一些地球上最奇特的哺乳动物、郁郁葱葱的低地以及盛产棕榈树和兰花的热带雨林，让这个幻想变得更加完整。然后你醒来，发现这个地方真的存在。

苏拉威西岛以前被称为西里伯斯岛（Celebes），它是一座造型奇特的、有些像海星形状的岛屿，被夹在西部的婆罗洲（Borneo）和东部的新几内亚（New Guinea）之间。据称，大约在4 000万年前，一个来自澳大利亚北部的构造板块漂移并撞击了一个亚洲板块，形成了东苏拉威西岛。之后2 500万年里，融合的板块向北漂移，又撞上了另一个亚洲板块，于是苏拉威西岛的西部便形成了。你可能会说，苏拉威西岛是由两个不同区域的板块碰撞造成的，一个是亚洲的，另一个是大洋洲的。确实，从岛上的动植物看来，这一点也得到了反映。对于观鸟者来说，这种混合令人愉悦，这意味着主要来自亚洲的啄花鸟与主要来自大洋洲的吸蜜鸟，可能会出现在同一鸟群中，并在一起觅食。还有一个事实也可以进一步证明苏拉威西岛处于中间位置，那就是延伸到岛屿西部的华莱士线（Wallace's Line）和它的深海海沟正好是东洋界和澳新界的分界线。

尽管苏拉威西岛的物种混合非常有趣，但实际上真正在鸟类方面的亮点与其说是来自该岛的起源，不如说是来自它相对独立的

地理位置。在融合之前相当长的时间里，苏拉威西岛的每个组成板块都是与其他大陆块完全分离的，结果就是在自然选择的作用下，产生了大量的原生物种。就是这些令人兴奋的与其他地方完全不同的特有种，让苏拉威西岛看起来很特别，而这里特有物种的数量之多令人惊叹。

如果你想去苏拉威西岛观鸟，岛上最大的国家公园是一个适合作为观鸟第一站的好地方。那就是2 871平方公里的博加尼·纳尼·沃塔波尼国家公园，其前身是杜莫加·波恩国家公园（Dumoga Bone National Park），位于苏拉威西岛的最东北端。这里是一片热带雨林，海拔从100米至1 970米，记录了195种鸟类，其中包括30种特有种。对大多数游客来说，这里是观察苏拉威西岛最迷人的特有种之一——塚雉的最佳地点。塚雉是塚雉科鸟类中奇特的一员，它们的头上有一个类似恐龙的盔状突起，背部为深色，胸部

■ 右图：博加尼·纳尼·沃塔波尼有4种当地特有的翠鸟，其中一种罕见的苏拉蓝耳翠鸟以螳螂等大型森林昆虫为食。

则是有点儿不太协调的粉红色。这些大型的、像鸡一样的生物，和其他的塚雉科鸟类一样，是世界上唯一一类不通过与成鸟接触来进行孵化的鸟类。取而代之的是，在繁殖季节，它们会在土里挖一个洞，然后在那里埋一枚卵，每隔几天就弄一个，至于这些卵的最终结果就完全听天由命了。不过，并不是任何土壤都可以成为它们的孵化器，那些土壤必须由地热活动加热到32~39摄氏度，或者是可以通过太阳持续加热。在后一种情况下，鸟类会选择黑色的土壤进行挖掘，这样可以更有效地吸收热量。无论哪种情况，大约80

■ 下图：塚雉利用外部热源——地热或太阳辐射来孵化卵。

天之后，发育良好的雏鸟会奇迹般地从土里挖一条通道钻出来。

不出所料，苏拉威西岛的环境条件是非常优越的，塚雉跟海龟一样，会从遥远的四面八方赶来，到这片温暖的土地上产卵，有的甚至来自20公里以外的地方。不过，这也使得这些卵极易受到捕食者的偷袭，包括猪、巨蜥、鳄鱼，最糟糕的是，还有人类。国家公园里的7个塚雉产卵地都有当地居民在那进行非法的耕种活动。

并不是所有生活在博加尼的鸟类都像塚雉一样有非常怪异的行为，但是在这里相当常见的蓝背鹦鹉（不是当地特有的）是它们同类鸟中的个例，因为它们是半夜行性的，有时在晚上还会去破坏庄稼。然而这种鸟的数量之多，即使算不上令人震惊，至少也是不同寻常的。让我们再来看看另外一组常常位于心愿名单前列的鸟种吧。这里有4种当地特有的翠鸟，每一种的造型都很显眼而独特。体型小巧的小三趾翠鸟呈现出令人愉悦的粉色，它们在森林地面附近的灌木丛中捕食小型无脊椎动物；绿背翡翠的背部和尾部是草绿色的，胸部红褐色，头部则是明亮的蓝绿色，它们会用那红色的巨大的喙去捕捉可怕的蜈蚣和甲虫；勇敢的大嘴翡翠则用它们那黑得出奇的喙去捕捉溪流中的螃蟹和小龙虾；而无与伦比的苏拉蓝耳翠鸟则以捕捉

■ 右图：体型巨大的大灰啄木鸟是另一种地方性特色鸟种，它们主要以白蚁为食。

亚洲

像螳螂和蝉这样大小的昆虫为食，并拥有最完美的颜色组合。它们有红色的喙，钴蓝色的翅膀，棕色的冠部和尾部以及一条华丽的蓝色过眼纹，上下还都镶了一条鲜亮又精致的紫边。

事实上，除了翠鸟，苏拉威西岛还拥有它们的亲缘物种佛法僧目的鸟类。其中两种博加尼的珍稀鸟类主要分布在林间空地上，一是紫翅佛法僧，苏拉威西岛和邻近的哈马黑拉岛（Helmahera）是世界上唯一拥有这种当地特有佛法僧的岛屿；还有传说中的须蜂虎，这是一种以深绿色为主的长尾巴的鸟，从脸颊一直延伸至喉胸部都为紫蓝色，它的羽毛很长，看起来好像长了胡子一般。与此同时，在森林中还有两种特有的犀鸟，体型较小具有黄颊的白颊犀鸟和体型巨大的苏拉皱盔犀鸟。附近的通科科-巴图安家斯山国家公园（Tangkoko-Dua Suadara National Park）是岛上犀鸟繁殖密度最高的地方。

值得一提的还有一些其他的特殊鸟种，比如红斑扇尾鹦鹉，一种活泼多话的小鹦鹉；雄姿英发的紫针尾雨燕，世界上唯一色彩艳丽的雨燕；身型巨大的具有当地特色的暗黄啄木鸟，体型上仅比大灰啄木鸟差一点；色彩明亮的红胸八色鸫，在这里比在其他任何地方都要常见；还有极其聪明的白背燕鹀，毋庸置疑它是一种大洋洲的鸟种。森林里也还有许多图案清新的鸽子和果鸠，数量惊人的大群棕鸠，其中包括长相奇特的雀嘴八哥，它们生活在枯树丛中，用那异常肿胀的喙挖出自己的鸟巢。这里还有3种猫头鹰，包括备受追捧的苏拉仓鸮，这种鸟在其他地方几乎是看不到的。

但是，这里拥有的珍稀鸟类，连同那些非比寻常的哺乳动物（包括一种迷你的水牛——倭水牛，以及一种无毛的野猪，它的獠牙向后生长）正在受到威胁。令人难以置信的是博加尼·纳尼·沃塔波尼作为整个印度尼西亚最好的且最重要的国家公园之一，所受到的保护不过是纸上谈兵。棕榈藤的种植、伐木、狩猎和偷卵等非法活动都很猖獗，甚至公园的边界也存在着争议。苏拉威西岛是世界上森林砍伐速度最快的地区之一，像博加尼这样的地方不仅会面临严重的森林资源枯竭，甚至很有可能会从地图上消失。那时，依赖于这片森林生存的动物们也会一起遭受灭顶之灾，而这对任何一个观鸟者来说无疑都将是一个噩梦般的结局。

齐唐拉得山脉
Kitatanglad Mountains

栖息地类型	高山树林、林缘
重点鸟种	菲律宾雕、菲律宾丘鹬、巨角鸮、山扇尾鹦鹉、阿波太阳鸟、阿波王椋鸟
观鸟时节	全年都可以，尽管 7~12 月的雨季会让观鸟变得有些辛苦

在本书中涉及的所有鸟点中，这个鸟点可能是你需要抓紧先去拜访的一个。作为一个仅在文件层面上受到保护，但实际上四面八方都受到威胁的国家公园，它拥有棉兰老岛（Mindanao）上最后残存的一些原始森林。棉兰老岛位于菲律宾南部，是菲律宾群岛的第二大岛。鉴于有关当地滥用自然资源的那些骇人听闻的报道，作为一个重要的鸟点，这个地方有可能很快就会消失。随着时间的推移，当地的人类活动每年都在向山里推进。新的定居点不断出现，这表明那些打猎和诱捕动物的人很快就会渗透到这片山脉中最原始的地方。我们很难对齐唐拉得山脉的鸟类状况，或者说整个菲律宾的鸟类状况持有乐观的态度。

最令人感到悲哀的是，菲律宾绝对是一个珍奇鸟类宝库。整个群岛上大约有 200 种特有鸟种，其中许多鸟类的分布范围都是有限的。在本书的写作过程中，有 66 种鸟类被认为是受胁物种，其中 12 种是面临灭绝的极危鸟种，12 种被列为濒危物种，后两个数字是世界上所有国家中最高的。被评为极危的鸟种中有 3 种鸡鸠，而菲律宾一共只有 5 种鸡鸠，这几乎说明了一切。

去齐唐拉得山并不容易。首先你需要到达位于中部高地的达尔旺岸（Dalwangan）村，然后你必须向部落长老表达你的敬意，通常需要宰杀一只鸡（这是真的！），然后才能被允许走上山路。之后，你的行李被装上马匹，于是开始漫长又艰苦，而且往往是非常潮湿的登山之旅，沿途森林被大肆砍伐，到处荒草丛生的景象，会让你倍感沮丧。最终，你到达了一个"旅店"，那里只有最基本的设施，它位于海拔 1 368 米的一片高原草甸上。每天早上，你从那里出发，徒步两个小时到达残存的森林中最好的地方。

齐唐拉得地区被认为是整个菲律宾鸟种

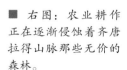

■ 右图：农业耕作正在逐渐侵蚀着齐唐拉得山脉那些无价的森林。

■ 右图：菲律宾雕巨大的喙使它能够对付中型的哺乳动物，包括偶尔出现的猴子。

最丰富的地区之一，这里至少有30种特有种生活在两种类型的山地森林中，在中段山坡上你会发现以高大的龙脑香为优势树种的森林，而位于海拔1 600米以上的则是苔藓林。在这里观鸟通常是走走停停的，你所寻找的大部分鸟类都混在鸟浪中。这些鸟群通常以黑桂扇尾鹟、山绣眼鸟和桂红绣眼鸟这3种最典型的鸟为主，但是也会有许多其他鸟类加入，比如丽色山雀（它长得就像一个背部有白色斑点的非常黄的煤山雀）、菲律宾鹎、尖尾鹃鹛、黄嘴鸭和纹胸旋木雀，最后一种提到的鸟是菲律宾特有的纹旋木雀科中的一员[①]。这些鸟可能与鹛类的关系最为密切，它们在树冠上跳来跳去，拾取或捕捉飞虫，从昆虫到小树蛙，一个都不放过。它们有很高的社会属性，通常成小群穿过森林，不过也会在栖息时聚成更大的群。在森林的较低处还有一些值得注意的鸟，包括色彩艳丽且十分稀少的蓝顶翡翠、菲律宾短尾鹦鹉、山扇

① 原纹旋木雀科的鸟类现归在了椋鸟科。——译者注

■ 上图：西蒙·哈拉普（Simon Harrap）拍摄的菲律宾丘鹬，他是 20 世纪 90 年代第一个意识到这种鸟是一个新物种的领队之一。

■ 右上图：当漂亮的蓝胸八色鸫在森林的枯枝落叶中寻找食物时，你可能会发现它。

尾鹦鹉以及菲律宾雅鹛，一种赋予了"鬼鬼祟祟"这个词全新含义的鸟。

再往上，树木变得越来越小，苔藓越来越多，鸟种类型也发生了变化。一旦你到达了这令人头晕目眩的高度，一些特殊的狭域分布的鸟类就出现了，比如白颊灰雀和两种以附近的阿波火山（Mount Apo）命名的鸟，阿波太阳鸟和阿波王椋鸟。尤其是后者，那是真正值得一看的鸟种，它的眼睛周围有一圈黄色的皮肤，羽毛以发黑的青铜色为主，头顶稀疏的冠羽有些可笑，看起来像是从另一只鸟那里借来的。

1993 年，在齐唐拉得山一处较低的山坡上，让一位鸟导可能做梦都想不到的事情发生了：他在带队时发现了一种新的鸟类。实际上，这种鸟在之前就被捕捉过，那是在 20 世纪 60 年代，但当时的标本被错误地贴上了丘鹬的标签。然而，这种鸟发出的声音与广泛分布的丘鹬的声音完全不同。它的声音不是低沉的呱呱声，而是有点急促的嗞儿嗞儿声。后来这种声音被描述为"一个幽灵在沿着一条幽灵般的通道飞驰时，通过敲击空灵的琴键而发出的声音"。2001 年，它被正式描述为科学上的新发现，并被命名为菲律宾丘鹬，后来人们发现这种鸟在菲律宾海拔 1 000 米以上的地方广泛分布。无论如何，这一事件无疑表明了人们对快速消失的菲律宾鸟类的了解是多么贫乏。

菲律宾最有名的鸟就是它们的国鸟——世界闻名的菲律宾雕。它们的全球数量可能不超过 300 只，分布在 4 个岛上，齐唐拉得山是目前最容易看到它们的地方。这种鸟的体型十分巨大，是世界上体型第二大的雕，以前人们管它叫食猴鹰，这表达了人们对它的畏惧。它那巨大的喙和仿佛因充满仇恨而放大的明亮的黄色双眼让人心生战栗。实际上，这种大型的猛禽主要捕食猫猴（也被称为鼯猴）和狸猫，而猴子被捕食的概率较低。然而，有人曾经观察到一对菲律宾雕在合作捕捉猴子，一只负责分散注意力，另一只负责捕捉。

谁也说不准菲律宾雕还能在这里坚持多久。它们的繁殖速度很慢，每两年才产一枚卵，这是在伐木工人进入菲律宾之前逐渐进化出来的繁殖速度。已经有证据表明，与之前相比，它们花在山上的时间更多了，但能找到的食物却更少了。目前，只有屈指可数的几对在这里生活，而且可能很快就会消失。可悲的是，如果这种著名的标志性鸟种都不能得到保护，那么在菲律宾生活的那些不特别突出的鸟类还有什么希望呢？

辛哈拉加森林

Sinharaja Forest

鸟点排名 ⑰ 信息

栖息地类型	低地雨林，主要是次生林
重点鸟种	白脸椋鸟、红脸地鹃、斯里兰卡蓝鹊、斯里兰卡鸡鹑、蓝喉原鸡、绿嘴鸦鹃、斯里兰卡角鸮、斑翅地鸫、斯里兰卡卷尾
观鸟时节	全年都很好

■ 右图：2001 年，伴随着一串不熟悉的叫声，人们发现了斯里兰卡角鸮。

这片 190 平方公里的辛哈拉加森林保护区保护着该国 50% 仅存的湿润带低地雨林，是斯里兰卡最适合观鸟的地方。几乎岛上所有的特有种都可以在这里找到，此外还有一些与印度南部共有的狭域分布的鸟种，例如黑头咬鹃和领蟆口鸱，以及一些分布更为广泛但可以被认为是特殊鸟种的物种，因为它们在这里特别容易被找到，例如印度八色鸫和绒额鸼。

这里不仅是可以观察到多种斯里兰卡特有种的地方，它还有一个非同一般的奇特之处。与世界上许多其他热带雨林的鸟一样，这里鸟类的一个生物学特点是许多鸟类会形成鸟浪一起四处觅食。然而，在辛哈拉加的鸟浪中所含的鸟种是世界上变化最大的。每拨鸟浪平均有 42 种鸟，这一数量是无可比拟的，还有些鸟浪中的鸟类种数甚至多达 48 种，超过了岛上全部鸟类记录的 10%！因此，在这个鸟点享受观鸟乐趣的关键就是能遇到一个像这样的鸟浪。在这之前，这里可能是异常安静的，然而一旦有鸟儿经过，它们就会出现在森林的各层，而且往往是令人崩溃的高处。这时你需要

■ 右图：辛哈拉加保护着 50% 斯里兰卡现存的低地雨林。

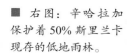

使出浑身解数，把那些不同的鸟辨认出来。

通常在早上 8 点左右，当鸟儿们听到斯里兰卡卷尾（从大盘尾中分离出来的鸟种）召唤的哨声和咔咔声时，便会集结在一起。这些中等大小带有金属光泽，并且长着长长的外尾羽的黑色雀形目鸟类，很快就会被一群橙嘴鸫鹛尾随。那是一种全身棕褐色的、尾羽很长的鹛，它们有着黄色的眼睛和以之命名的橙色的喙。这两种鸟便是辛哈拉加鸟

■ 下图：作为斯里兰卡特有物种的热点分布地区，辛哈拉加是岛上能够看到极具魅力的斯里兰卡蓝鹊的最佳地点。

浪中最主要的组成部分。几分钟内，几十种鸟被吸引了过来。它们聚集在一起，之后飞离，但显然没有任何目的地。它们穿越森林，每一种鸟都以它们自己独特的方式在它们喜欢的高度进食。因此，在低处的灌木丛中，橙嘴鸫鹛会和少量机敏的拥有白色眼圈的黑头鹛一起觅食；在树冠上，一群火红的赤红山椒鸟会在树与树之间玩"跟领袖学"的游戏[①]，而黑翅雀鹎和金额叶鹎则疯狂地躲藏在冠层的树叶中。与此同时，啄木鸟们，比如小金背啄木鸟也加入了绒额鸫的行列，开始在树干和树枝的表面检查起来。一群罕见的红脸地鹛会在树木高处的树枝间跳跃着寻找果实和浆果。它们每一个都有亮黄色的喙，脸部红色，身体上部蓝绿色，腹部白色。经过一番仔细的搜寻，我们还会发现辛哈拉加最稀有的鸟类之一——白脸椋鸟。它们有着深灰色的背部和斑驳的白色下腹，这并不是森林中最华丽的鸟，但它们的种群数量最多仅有 10 000 只，而且还在下降，被国际鸟盟（BirdLife International）列为易危（vulnerable）鸟种。

在辛哈拉加的许多其他鸟类中，有一些并不会混入那些鸟浪中，而是在森林中的地面觅食。这其中有两种野禽非常值得注意，羽毛华丽、像家鸡一样的蓝喉原鸡很容易看到，它们经常在公园总部附近游荡，就好像在值勤收票一样；而狡猾机警的斯里兰卡鸡鹧，可能是最不容易找到的一种特有种。此外还有两种地鸫共同享用着公园里的废弃物，一种是斯里兰卡地鸫，它们有时会发出短促的口哨般的鸣唱声，这主要发生在黎明时分；另一种是非常聪明的斑翅地鸫，它长得与欧歌鸫和棕林鸫类似，并有着同样美妙但略带忧郁的歌曲风格，这也是那两种鸫的显著特点。

辛哈拉加的其他高亮鸟种还包括斯里兰卡最具吸引力的鸟——斯里兰卡蓝鹊。它们的身躯呈现耀眼的热带海洋般的蓝色，配上干净温暖的棕色头部和翅膀，令人惊艳。它们的尾羽很长，并且有白色的色块像刻度一般点缀在上面。在辛哈拉加看到它们很容易，尤其是在保护区边缘的宾馆附近。另一

① 指玩家必须重复领队动作的一种游戏。——译者注

种是比较罕见的绿嘴鸦鹃，它有着黄绿色的喙，这与它的黑栗色身体形成了鲜明的对比。这是一种掠食性的鸟，从地面到树冠的各层都有它们的食物。此外，在这里记录到的其他不常见的鸟种包括斯里兰卡灰犀鸟和灵动的紫头林鸽。紫头林鸽是一种深紫色的鸽子，在它的枕部有一块耀眼的黑白条纹相间的区域。紫头林鸽通常被认为是一种高地鸟种，但是在6~7月，它会季节性地向下迁徙到辛哈拉加（森林保护区的海拔范围为300～800米）。

2001年，一位当地专业的鸟导迪帕尔·沃拉卡戈达（Deepal Warakagoda）终于看到了传说中的那种小型猫头鹰。在过去的6年里，他曾在辛哈拉加和基图尔格勒（Kitulgala）保护区潮湿的森林地带听到过这种小猫头鹰发出的令人费解的陌生叫声。他立刻意识到自己发现了一种特别的鸟。果然，一年后科学

家们向学术界第一次描述了这种在灌木丛中觅食的红褐色的小型猫头鹰——斯里兰卡角鸮。这是自1868年以来在斯里兰卡发现的第一个新物种。这种高度濒危的小东西以昆虫为食，仅在230平方公里的区域内活动，2004年的种群数量估计只有45只。如今，它已经成为了观鸟者目标清单上的一个固定项目。

2000年，科学家对在这里发现的两个蜥蜴新种进行了科学描述，斯里兰卡角鸮的发现紧随其后，这说明人们对斯里兰卡野生动物的认识是多么浅显。事实上，近年来，基于最新的研究结果，很多鸟类的物种地位都被重新进行了定义，而斯里兰卡特有鸟种的数量也已经从26种上升到了33种。因此，来到辛哈拉加的游客不仅能看到壮观的鸟浪和各种各样的特有种，还会发现自己正行走在一个处于科学前沿的优越地带。

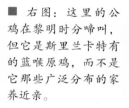

■ 右图：这里的公鸡在黎明时分啼叫，但它是斯里兰卡特有的蓝喉原鸡，而不是它那些广泛分布的家养近亲。

米埔

Mai Po

鸟点排名 ㉙ 信息	中国 广州 米埔 香港 南海

栖息地类型　滩涂、鱼塘和虾塘、红树林、芦苇地

重点鸟种　鸻鹬类的鸟，包括一些通常比较罕见的（比如勺嘴鹬、小青脚鹬和半蹼鹬）黑脸琵鹭、黑嘴鸥、东亚蝗莺

观鸟时节　4~5 月是观察鸻鹬类鸟的高峰期，秋冬季节也很不错

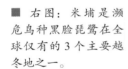

■　右上图：米埔的一个虾塘——香港繁华都市里的一个宁静角落。

■　右图：米埔是濒危鸟种黑脸琵鹭在全球仅有的 3 个主要越冬地之一。

乍一看，在香港这个不断向外扩张的城市里，野生动物的生存空间似乎很小。然而在西北角，靠近内陆的地方，是举世闻名的米埔自然保护区。米埔坐落在一个被称为后海湾（Deep Bay）的大型潮汐通道旁，生境复杂多样，包括泥滩、红树林、芦苇地以及密布的旧鱼塘和虾塘。在香港不断增长的

人口压力和发展的推动下，人们早已认识到它对越冬鸟类以及候鸟的重要性，但正式的保护措施却进展缓慢。1985 年，该地区终于被指定为自然保护区，1995 年被列为国际重要湿地。15 平方公里的湿地 ① 现在由香港世

---

① 米埔自然保护区面积 3.8 平方公里，1995 年米埔及后海湾内湾共 15 平方公里的湿地正式根据《拉姆萨尔公约》被列为国际重要湿地。——译者注

界自然基金会进行管理。

米埔最出名的是那些迁徙途中在此停留的鸻鹬类的鸟，它们主要分布在后海湾的滩涂上，但在涨潮时也会在池塘的浅水或泥泞地带活动。在春秋两季，总共有大约 20 000 只多达 30 种鸻鹬类的鸟在此经过，主要是为了短暂的休息和补充体力。春天是鸟类数量和种类都最多的季节，那时如果潮汐合适，人们就可以从鸟点周围的掩体中看到亚洲密度最高的鸻鹬群之一，而且通常距离都很近。直到最近，最好的掩体还是位于木板路沿途的那些，但这个地区现在已经淤塞了，鸟类数量也少了很多。

在米埔，一年当中最常见的鸻鹬有反嘴鹬、弯嘴滨鹬、红脚鹬、泽鹬、红颈滨鹬、青脚鹬和鹤鹬，共有 2 000 多只。然而，在旧大陆迁徙的几乎每一种鸻鹬都会在这里出现，其中有一些鸟种受到了观鸟者的高度追捧。这包括一些非常罕见的鸟种，例如在 2006 年春季，一共记录了 23 只小青脚鹬和 25 只半蹼鹬。这两种都是全球受胁鸟种，在其他地方很难看到。在米埔的乐趣之一就是从众多的鸻鹬中挑选出不太常见的那些鸟。

多年来，令米埔声名鹊起的鸟类，恐怕非勺嘴鹬莫属了。一提到它，那些久经沙场的鸻鹬爱好者的心都要化了。这种奇特的小精灵长着一个奇怪的喙，喙尖膨胀如勺子一样，觅食时它会像琵鹭一样用喙在水里扫来扫去。它们经常在滩涂上走来走去，喙部就跟粘了一块淤泥似的。勺嘴鹬只在西伯利亚远东地区繁殖，它们的全球种群数量可能还不到 2 000 只 [1]。2006 年春天，人们在米埔只发现了一只勺嘴鹬个体，但 2005 年有 16 只，不过大多数年份都只有少数几只。每一次观

---

[1] 研究数据显示，1976 年全球勺嘴鹬约有 2 500 繁殖对，2000 年下降到约 1 000 对，2009 年只剩下 120~200 对，加上非繁殖的个体一共 360~600 只。
——译者注

■ 右下图：非常罕见的黑嘴鸥在中国东北部、俄罗斯东北部和朝鲜半岛繁殖，每年冬天都有少量来米埔越冬。

■ 右图：一只小青脚鹬（右一）与其他鹬属的鸟类混在一起。

察到勺嘴鹬都能让挤满了观鸟者的掩体内充满了激动人心的气氛，每个人都欣喜若狂。

虽然米埔因过境的鸻鹬类鸟而出名，但这绝不是它唯一吸引人的地方。每年大约有 60 000 只不同种类的水鸟在这个地方越冬，包括各种鸻鹬、鹭类、鸻鹬、鸥类和野鸭。其中许多鸟类被吸引到了当地的池塘中，而且它们对近海的田地尤其感兴趣，因为这些地点也被用于虾和鱼类的养殖，是农业产业化可持续发展的一个显著例子。在春夏两季，基围养虾，但从 11 月开始，它们一个接一个地被排干，以保证每年鱼的收获。之后，池塘就会被打开，直接从后海湾补充虾和营养物质，从而完成整个循环。在排水阶段，可能会有超过 1 000 只苍鹭、白鹭、鸻鹬和其他食鱼的鸟类聚集在一起，捕捉那些水坑里

遗留的不断减少的野生鱼虾为食。自然保护区的管理部门通常会于排水期间在个别的基围对面设置一些掩护装置，以让公众欣赏成群的鸟。

在此越冬的众多水鸟中，有一些是非常罕见的。其中最重要的是濒危的黑脸琵鹭。2006 年 1 月，在米埔记录了 350 只黑脸琵鹭，约占琵鹭属中这一小种群成员全球总量的 1/4。这种在韩国繁殖的鸟，在全球的主要越冬地通常仅在米埔和另外的两个地区。它以米埔丰富的螃蟹和虾类为食，经常栖息在鱼塘边上，有时似乎一整天都没什么动静。

另一种非常罕见的鸟是黑嘴鸥，它们通常出现在后海湾的滩涂上。这种小巧优雅的鸥有一种独特的捕食习惯，它们会飞着冲向食物，在水面上低空掠过，然后在接触水面的同时迅速抓取食物。黑嘴鸥仅在东亚地区繁殖，全球种群数量不足 10 000 只。2006 年，在米埔共记录了 50 只，在数量上经历了几年的低谷后略有增加。

近年来，人们在进行鸟类环志时还发现了另外一种非常稀有的鸟——东亚蝗莺。这种鲜为人知的鸟类只在俄罗斯、韩国和日本附近的岛屿上繁殖，而米埔是仅有的两个被证实的越冬地之一。这一发现证明了这个神奇的保护区多么重要，尤其是对生活在压力巨大的亚洲东海岸的鸟类来说。

■ 右图：尽管 2008 年在韩国又发现了一个新的越冬地，但勺嘴鹬的数量变得越来越少，似乎面临着灭绝的危险，在米埔也不能保证肯定能见到了。

辽宁
Liaoning

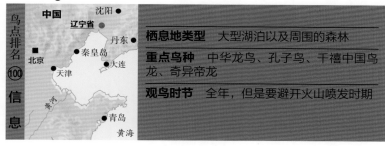

鸟点排名 ⑩ 信息

中国
辽宁省
沈阳 ●
丹东 ●
北京 ●
秦皇岛 ●
天津 ●
大连 ●
渤海
青岛 ●
黄海

栖息地类型 大型湖泊以及周围的森林

重点鸟种 中华龙鸟、孔子鸟、千禧中国鸟龙、奇异帝龙

观鸟时节 全年，但是要避开火山喷发时期

辽宁的鸟类种数不多。事实上，这个位于中国东北部的省份并不是一个观鸟的好地方。它距离北京一天的车程，那里有被农田覆盖的低矮山丘，还有城市和工厂，风景没什么特别的。

那它为什么会出现在这本书里呢？答案就在它的岩石中，特别是在1.3亿年到1.1亿年前的页岩沉积物中。自20世纪90年代以来，在辽宁发现并修复了一些非常重要的化石，这些化石可以用来解释鸟类的进化过程。该地区被称为中生代的庞贝古城。在辽宁出名的短短几年里，一个又一个的化石被发掘出来，可以说辽宁比其他任何地方都更能揭示鸟类早期的进化过程。很显然，虽然辽宁现在是一个相对冷清的地方，但它曾经是地球上鸟类资源最丰富的地区之一。

辽宁的神奇之处就在于它那些化石中保存的细节。这里曾经有一个浅湖，新近死亡的尸体很快就会被泥浆和火山灰覆盖，由于火山的反复喷发，这里被覆盖了一层又一层，同时这也阻断了尸体分解时所需要的氧气。这些细小的沉积物颗粒让化石中的很多细节都保留了下来，比如说它们内脏器官的柔软部分，而这是世界上其他地方大多数化石所缺少的。有些动物最后一餐的残羹剩饭仍完好无损地留在肠道内，而其他一些动物的皮肤上还留有一些颜色的痕迹。不过，对古生物学家来说最重要的是，这里的很多化石还都留有羽毛。

1996年的一项发现尤其引发了轰动。那是一种小型两足恐龙的化石，被命名为中华龙鸟（*Sinosauropteryx prima*），它属于兽脚亚目，每个孩子都喜欢的雷克斯霸王龙也是其成员之一。这一发现的特别之处在于它有羽毛，或者至少有类似于羽毛的原始结构。不管怎样，它的身体上覆盖着细细的中空的纤维状结构，但它没有翅膀，显然是一种爬行动物，而不是鸟类。

没过多久，另一项发现为中华龙鸟所暗示的内容添加了证据。1999年发现了一种被称为"带毛迅猛龙"的千禧中国鸟龙（*Sinornithosaurus millenii*），它显然也是一种爬行动物，但其羽毛的形态要好得多。其中一些丝状物聚合成一丛，很像现代鸟类的绒毛，还有另外一些则连接在一个中央的轴上，或称为羽轴，这与如今大多数羽毛的结构相同。在大多数古生物学家看来，在爬行动物化石上的这一发现为证明羽毛并不是鸟类独有的观点提供了确凿的证据，而此前人们的

■ 右图：孔子鸟生活在大约1.3亿年前，是已知的最早拥有无齿角质喙的鸟类化石。

■ 上图：请注意千禧中国鸟龙化石尾巴底部周围的羽毛状结构。

认知一直与此相反。

这些发现所蕴含的意义在古生物学界引起了巨大反响。如果兽脚亚目的恐龙有羽毛的话，那就为证明鸟类和恐龙有非常密切的关系提供了强有力的证据。事实上，鸟类可能仅仅是稍微改良的爬行动物。而且，如果不会飞行的爬行动物都有羽毛，那么羽毛的进化是出于飞行或滑翔的需求这一观点肯定会被驳倒。相反，羽毛最初主要是用于保持温度的理论将会得到更多支持。另外，奇异帝龙（*Dilong paradoxus*）这一具有原始羽毛的霸王龙在辽宁被发现。这让一些人半开玩笑地说，也许强大的雷克斯霸王龙本身就有羽毛，或者说它的幼崽实际上是毛茸茸的小鸡。

在辽宁的发现不仅限于爬行动物，毋庸置疑，这里也有鸟类。其中最常见的是孔子鸟（*Confuciusornis sanctus*），它于 1994 年首次被发现。这是一种羽毛与现代鸟类几乎没有什么区别的物种，它也是第一种被发现的不仅身上具有羽毛，同时也具有飞羽和尾羽的鸟类化石。孔子鸟生活在大约 1.3 亿年前，也是已知最早的拥有无齿角质喙的鸟类，是所有现存鸟类的祖先。孔子鸟翅膀的细节显示它能飞。现如今人们已经发现了很多孔子鸟的化石，雌鸟和雄鸟的都有。其中一个化

石，虽然还不知道是雌鸟还是雄鸟，具有长长的尾羽，除了炫耀外，似乎没有什么作用。

以前人们认为最古老的鸟类化石是来自德国的始祖鸟（*Archaeopteryx lithographica*）化石，它不仅具有羽毛，还具有鸟类所没有的牙齿。但是孔子鸟和其他辽宁出土的鸟类化石在某种程度上让人产生了困惑。始祖鸟的标本可以追溯到大约 1.5 亿年前，但它们的解剖结构并没有显示出与兽脚亚目有任何密切的联系。因此，鸟类的起源仍是一个尚未解决的问题。

这些举世闻名的化石的发现从很多方面影响了这个曾经不为西方人熟知的辽宁省。首先这让它在世界地图上占据了一席之地，而且也催生了一种地方产业。鸟类化石是非常罕见的，如果一个农民能挖出一块，那将是一笔巨大的财富。不过，现在挖掘化石进行非法交易的行为很猖獗。乍一看，这似乎是无害的，但问题是，如果不了解化石出土的环境，并由此确定它的年代及其与其他化石的关联，从科学意义上讲，它的价值就降低了。辽宁页岩中的宝藏可能会连同它们蕴藏的秘密一起消失。早已灭绝的鸟类现在也受到了人类的威胁，就像它们现存的许多近亲一样，真是太讽刺了。

北戴河
Beidaihe

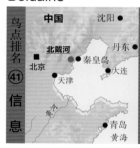

栖息地类型 沿海水域、公园、林地、沙滩

重点鸟种 白鹤、遗鸥、迁徙的雀形目鸟类（比如红喉歌鸲和蓝歌鸲、厚嘴苇莺、苇鹀、达乌里寒鸦），鹊鹞、东方白鹳

观鸟时节 春秋季节最好

■ 右上图：绿背姬鹟是最近从黄眉姬鹟中分出来的鸟种，它的羽毛比同属的其他鸟类色彩更低调一些。这是一种北戴河非常具有特色的鸟种，也是在春天为这片海岸上的树木和灌丛增添色彩的几种鹟类之一。

北戴河是中国东部沿海地区一个不起眼的海滨小城，距离人口呈爆发式增长的首都北京约280公里。在夏季的几个月里，有大群的度假者来到这里，而在春季和秋季，到这儿来的游客只有各种各样的鸟类，而且数量很多。它们在俄罗斯或中国北部的繁殖地与东南亚和大洋洲的越冬地之间迁徙时，会在这里停留。北戴河是一条狭长的平坦地带，西面是山区，东面是黄海北缘，鸟类以此作为迁徙通道。它位于一个伸入渤海湾的小半岛上，这意味着大多数迁徙的鸟都会从这里经过。因此，这里不仅是见证鸟类迁徙

的绝佳地点，而且对于来自欧洲或北美的观鸟者来说，这里也是一个发现大量稀有鸟类或是寻找一些只存在于想象中但从未见过的鸟种的地方。

这是一个绝对可以称为迁徙点的地方。据估计，在这里记录的400多个鸟种中，只有15种鸟类是当地的留鸟。从3月棕眉山岩鹨、云雀和海鸭等最后一批冬候鸟离开该地区开始，迁徙大幕就揭开了，这里将迎来第一批春季迁徙的鸟类。其中最引人注目的是雁类和鹤类，以豆雁和灰鹤为主，它们排着整齐的队形，或呈V状，或呈W状，用响亮

■ 右图：长相惊艳的红喉歌鸲雄鸟是出了名的躲藏高手，尽管它是一种常见的迁徙鸟类，但是通常很难看清它的真面目。

93

的叫声宣告着它们的到来。雁声低沉似喇叭，鹤鸣高亢如军号。每一个鹤群都值得仔细看一看，因为其他几种鹤都可能加入到灰鹤群中，或者自己成群。稀有的丹顶鹤和白头鹤可能会经过这里，而北戴河的特色鸟种白鹤，差不多在每一个迁徙季节都会经过这里。当这些美丽的白色鸟类飞过时，可能联峰山上的雪还没有融化。联峰山位于小城南边，是最好的鸟类观测点。

　　每年 4~5 月，主要是小型鸟类一拨一拨地向北方迁徙，在 5 月中旬达到高峰。这时，观鸟者的注意力就转移到了城里覆有植被的区域，比如花园和小树林。在那里，下雨后成百上千疲惫的小精灵可能会集中在一小片灌木丛中。那时，人们可以同时观测到很多种刚刚换上鲜艳繁殖羽的漂亮鸟类。这里面可能有几十只红胁蓝尾鸲、蓝歌鸲、红喉歌鸲和红胁绣眼鸟，每一种都有自己独特的色

彩。同时被发现的还有一些珍稀的鸟类，比如聪明且羽色精致的白眉地鸫、斑鸫、白眉鸫和灰背鸫。色彩最强烈的鸟类包括绿背姬鹟和白眉姬鹟，而冷色调的各种莺类，给来这里辨识鸟类的人提出很大的挑战。这其中包括黄腰柳莺、黄眉柳莺、冕柳莺、极北柳莺、淡脚柳莺、褐柳莺、巨嘴柳莺、小蝗莺和厚嘴苇莺。北戴河是一个极好的可以让你梳理出这些鸟类识别特点的地方，但也有可能让你变得更加困惑。

　　秋季迁徙从 8 月中旬开始，那时鸻鹬类的鸟可能会出现在城北的沙滩上，或是南部的一个入海口处。这些鸟类中包括铁嘴沙鸻、蒙古沙鸻、红颈滨鹬、长趾滨鹬以及灰尾漂鹬。在鸻鹬群中的鸥类也值得看一看，灰林银鸥很常见，如果你足够幸运的话，还有可能会看到遗鸥，这是一种主要生活在蒙古草原上的稀有鸟类。从 9 月中旬开始，这里则

■ 下图：白眉地鸫是北戴河春季相当常见的迁徙鸟类。它的雄鸟（如图）黑色并具有白色的眉毛，而雌鸟则具有精致的棕色和浅黄色的鳞状纹。

■ 右图：秋天是观察
鸦科鸟类活动的最佳
时节，在秃鼻乌鸦群
中可以好好找一下，
看有没有醒目的黑白
色的达乌里寒鸦。

成为各种鹨的好去处，包括理氏鹨、树鹨、红喉鹨和北鹨。

北戴河的秋天是观察猛禽迁徙的最佳时节，与鹤类一样，观察鸟类活动的最佳地点是联峰山。在伴随着西北风的晴朗天气里，可以看到数量众多的各种猛禽，包括雀鹰、日本松雀鹰、阿穆尔隼、大鵟（迁徙季末期）和凤头蜂鹰。其中的一种明星鸟种就是漂亮的鹊鹞。据统计，在1986年一个迁徙季节就有多达14 000只狭域分布的猛禽经过此地。

与在欧亚大陆的其他地方观察到的结果一样，秋季的北戴河比春季更适合观测鸟类迁徙，那时在清晨你就可以看到成群的小鸟从头顶飞过，因此不需要费力去辨识那些在黎明时分钻入灌丛中的身影是谁。这些成群飞行的鸟通常包括各种鹨、朱雀、云雀和鹀。事实上，在两个主要的迁徙时期，对各种鹨来说北戴河都是一个很好的落脚点。你可以在一天之内看到10种或更多种类的鹨，尽管在秋天它们的羽毛不如春天那么靓丽。灰头

鹀和苇鹀在每年的这个时候都是最常见的。秋天也是观察乌鸦活动的好时节，在小嘴乌鸦和秃鼻乌鸦群中还可能会混着大群灰白色的达乌里寒鸦。小型鸟类的数量和种类会在10月达到高峰，在北方冷空气到达前的一两天是鸟类数量下降最显著的时期。

到了10月下旬和11月，鹤类又重新出现了，而与此同时，其他陆地鸟类的迁徙活动也开始减少。与鹤类共享这片天空的还有一些其他鸟类，它们往往只在这个季节易见，在春天就很少能见到了。比如，此时就是观察非常罕见的东方白鹳的最佳时机。它离开了俄罗斯东部和中国北部的繁殖地，悠闲地飞到了北戴河以南不远处的平原上。同时，这也是一个观看雄壮的大鸨成群飞过的好时机。这些高贵的鸟儿，威严缓慢地拍打着翅膀，它们是这些日子中的亮点，也是冬季来临的标志。最后一批迁徙的鸟出现在11月中旬，然后这个海滨小城又会沉寂几个月，只是个海滨小城而已。

卧龙
Wolong

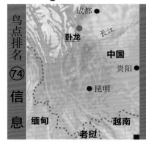

栖息地类型	山地、森林、竹林、高山草甸
重点鸟种	林沙锥、绿尾虹雉、红腹锦鸡、白马鸡、雪鹑、高原山鹑、雉鹑、藏雪鸡、蓝大翅鸲、金胸歌鸲、棕背黑头鸫和 5 种朱雀
观鸟时节	5~7 月

世界观鸟圣地 动人心魄的 100 处鸟类生活秘境

■ 右上图：华丽的角雉是亚洲雉类中最受观鸟者喜爱的。图中是一只处于求偶期的红腹角雉雄鸟在展示它那颜色令人惊叹的肉裙。

卧龙国家级自然保护区之所以有名，那是因为它是世界自然基金会对举世无双的大熊猫进行人工繁殖和研究的场所。这个保护区里保存着 1 700 平方公里的山林和草地，那些以竹子为食的黑白相间的熊仍有一些野生个体生活在其中，但对于普通游客来说，看到它们很难。尽管如此，也还是值得一试的，而且即使看不到，保护区里还有大量引人入胜、令人兴奋的鸟类呢！

事实上，有些纯粹的观鸟者在听到"中国"这个名字时，可能会先想到"雉鸡"这个词，而不是"熊猫"。当然，在中国，尤其是在四

川的山区中，拥有的野生雉类比其他任何地方都要多，而卧龙就是一个绝佳的观测地，在那里你可以看到 10 种或者更多的雉类。那些神秘的、害羞的鸟通常很难被看到，但是当你看到它们时，那令人惊艳的羽毛会让你觉得任何艰难的搜寻都变得很有价值，而这正是最吸引人的一点。对大多雉类来说，对它们的搜寻都是在地球上最美丽的景色中展开的。

来这儿的大多数游客都住在保护区低海拔处位于沙湾的新酒店里。在那里，陡峭山坡上的树林和灌木丛是红腹锦鸡的家。这种

■ 右图：雪鹑漂亮的网纹状上身为其在多岩石的栖息地生活提供了很好的伪装。

■ 上图：绿尾虹雉在中国中部地区呈狭域分布，它主要生活在海拔 3 000~4 500 米的地方，种群数量低至 10 000 只。

鸟通常会被圈养，因此很多观鸟者都很熟悉，但在这里，野生状态下的红腹锦鸡却难觅踪影。它是一种瘦小而纤细的雉类，常常潜伏在灌木丛中，脖子像被卡住一般发出轻微的叫声。与在卧龙生活的几种野生雉类和大熊猫一样，它喜欢在竹林中活动。此外，这里也可以看到雉鸡。

从沙湾长途跋涉到五一棚大熊猫研究站后，观鸟者们会到达海拔 3 000 米以上真正茂盛的森林。在那里，高大的、长满苔藓的树木高耸于杜鹃灌丛和竹林之上。这里是其他几种野生雉类的栖息地，最常见的是威武的勺鸡，黎明时分常常能听到它们的叫声。它们头部深色，颈部有一块白斑，长而尖的冠羽呈水平状，雄鸟在冲进灌木丛之前很少露面。相对来说，血雉通常更大方一些，它灰色的羽毛上布满了窄窄的白色条纹，就像挑染的一样。不过，最吸引人的还是长相奇特的红腹角雉，那是一种雄性全身为血红色的雉类，上面点缀着白色的斑点，就像亮片一样。它们偶尔会在森林的小路上漫步，通常

是在黎明时分。这些在森林中生活的鸟类有些会以苔藓为食。在这样的环境中，这是一个明智的举动。

要想看到其他的雉类，观鸟者需要沿着蜿蜒曲折的道路爬到海拔 4 500 米的巴郎山山口。这是一片荒凉的开阔地带，那里有零星的灌木丛、裸露的岩石和雪原，5 500 米的山峰俯瞰着这里，6 000 米的四姑娘山则在远处闪闪发光。森林在近 4 000 米的地方变得稀疏起来，不过在这里可以看到两种非常棒的于高海拔分布的野生雉类。从各个方面来看，它们都很令人震惊。白马鸡像雪一样白，它拥有长而浓密、端部呈黑色的尾羽，脸上红色的裸皮下面有一撮白色的耳羽簇。罕见的绿尾虹稚是中国的特有种，它色彩艳丽，面部呈绿色，颈部具有红色、黄色和青铜色，而背部、翅膀和尾部则呈现出不同层次的蓝色和紫色。这两种奇特的鸟类以植物为食，经常刨食百合、洋葱和其他彩色高山花卉植物的鳞茎。它们经常突然出现，不知道是从哪里冒出来的。

■ 右图：成群的蓝大翅鸲在卧龙的草地和山坡上觅食。这是一只色彩艳丽的雄鸟。

在这些海拔很高的地方还栖息着其他几种雉类，包括雄壮的藏雪鸡，它将脏脏的白色、灰色和棕色完美地结合在一起，像石头一般。雪鹑比藏雪鸡体型要小一点，整体颜色更深一点，胸部有浓重的褐色条纹。正如

它的名字所示，它基本上都是在有雪的地方被发现的，主要以地衣、苔藓和草为食。在它出没的多岩石的山坡上，也没有多少其他的东西可以找到。此外，在零星的灌木丛中，还有带颜色的高原山鹑分布。它颈部为栗色，胸部布满条纹，而有时在多岩石的斜坡上还能找到雉鹑。如果你在这里观鸟的期间看到了所有这些雉类，那么要么你是极其幸运，要么就是在撒谎！

很显然，这片青翠的森林和草甸还是许多其他重要鸟种的栖息地。比如，卧龙国家级自然保护区被认为是世界上观看金胸歌鸲（不是大熊猫，而是一种鸣声响亮的鸟）的最佳地点。它是一种喉部呈鲜艳橙色的小型鸣禽，经常出没在较低海拔的竹林中。在去巴郎山山口的路上，早起的人们还可能看到数量越来越少的林沙锥（目前全世界有大约 2 000 只成熟个体，雄性会在求偶场聚集）。当爬到这样的海拔高度上时，人们还可以看到棕背黑头鸫和一组美丽的朱雀，包括红胸朱雀、红眉朱雀、暗胸朱雀、棕朱雀和白眉朱雀。在山口最高处，还会有一大群令人叹为观止的蓝大翅鸲在雪地附近觅食，而这里其他值得一看的鸟还包括雪鸽、高山岭雀、林岭雀、胡兀鹫和高山兀鹫。

■ 右图：习性隐蔽的白须黑胸歌鸲在高山灌丛中繁殖，它们是垂直迁徙的鸟类，冬天会下到低海拔处越冬。

勒拿河三角洲

Lena Delta

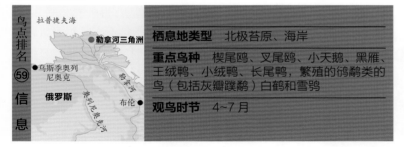

鸟点排名 (59) 信息

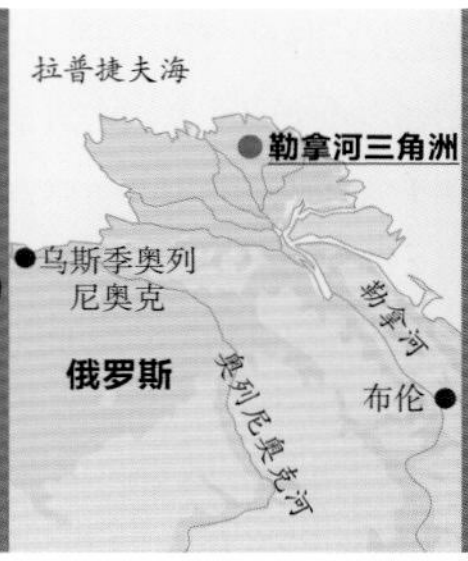

拉普捷夫海
勒拿河三角洲
乌斯季奥列尼奥克
俄罗斯
奥列尼奥克河
勒拿河
布伦

栖息地类型 北极苔原、海岸

重点鸟种 楔尾鸥、叉尾鸥、小天鹅、黑雁、王绒鸭、小绒鸭、长尾鸭，繁殖的鸻鹬类的鸟（包括灰瓣蹼鹬）白鹤和雪鸮

观鸟时节 4~7月

在北纬72度，隐藏在广袤的西伯利亚苔原下的勒拿河流入拉普捷夫海（Laptev Sea），形成了世界上第二大的三角洲。勒拿河发源于贝加尔湖以西约15公里处，是世界上的第十大河流，全程流经4 400公里，先向东北方向，之后向北，在最终到达入海口之前扩宽到几公里。勒拿河在32 000平方公里的土地上呈扇形分布，那里包含了苔原、众多河道、1 500个岛屿和至少30 000个千姿百态、大大小小的湖泊。这条河每年会带来1 200万吨的冲积物，并最终全部堆积在入海口附近，对三角洲进行填充。令人高兴的是，为了子孙后代，该地区的很大一部分都是受保护的。

成千上万只苔原鸟类在这里筑巢，无论从鸟类密度（每平方公里641只）还是鸟种数量来看，这里都是北极物种最丰富的地方之一。这里目前总共记录了不少于122种鸟类，而且已发现其中67种鸟类在此繁殖，这数量在如此遥远的北方是前所未有的。同时，个别一些鸟种也呈现出了惊人的数量，这里至少有15 000对白额雁、10 000对豆雁、6 000对小天鹅、5 000对黑雁、7 000对红喉潜鸟和25 000对黑喉潜鸟。此外，至少有200 000对鸭子在此繁殖，尤其是针尾鸭和长尾鸭。因此，在短暂的繁殖季节，苔原会随着鸟儿筑巢的节奏显示出生机勃勃的景象。

勒拿河三角洲位于泰梅尔半岛（Tamyr Peninsula）的东部，它的地理位置使得西部和东部的代表鸟种都可能在这里汇合。例如，在此繁殖的鸻鹬中，有欧洲观鸟者所熟知的小滨鹬和青脚滨鹬，也有北美观鸟者更熟悉的斑胸滨鹬。这里的黑雁（Brent Goose）也

■ 右图：在湿润的苔原上有大量的灰瓣蹼鹬分布。当它换上繁殖羽时，它的美国名字（红色瓣蹼鹬）会显得更为贴切。图左的雌鸟比雄鸟体型更大，羽色更鲜艳，它们在求偶过程中更具有主动权，而且会让雄鸟独自照管卵和雏鸟。

有两个亚种，其中主要的是北美亚种，通常被称为黑雁（Black Brant）。而近期白眶绒鸭、尖尾滨鹬和长嘴鹬在此繁殖的记录表明，这些鸟种的活动范围在向西扩展。尽管如此，这里的核心鸟种还是欧亚大陆的鸟类。

生态学家认为在这个三角洲地区有 4 种主要的栖息地类型。其中最主要的生态群落是湿润的北极苔原（又称为"冻原"），之所以这样命名是因为这种生态类型多形成于冰冻层之上（该地区每年只有 120 天的不冻期）。此外，在

■ 右图：冬季以在远洋生活而著称的叉尾鸥，在勒拿河三角洲进行繁殖，它们在离水边不远的地面上筑巢。

■ 右图：王绒鸭一般在苔原上的小水塘里繁殖，通常离大海很远。

三角洲西南部的索科尔（Sokol）地区，在大陆坡上形成的干燥苔原海拔高达 450 米，使得仙女木和四棱岩须等植物得以生长，而在东北部的一些海岸上则出现了一种中间类型的栖息地，既不是平原也不是多边形苔原，而是呈丘陵状的潮湿的大陆坡。最后，在三角洲南部大陆上那些隐蔽的小山谷里存在着一些赤杨和柳树群落，那里是斑鸫和柳莺的家园。

湿润的北极苔原是许多鸻鹬类和雁鸭类鸟的主要栖息地。其中最常见的鸟种是灰瓣蹼鹬，这是一种真正美丽的鸟，那鲜艳的橙红色的繁殖羽与它的英文名字——红色瓣蹼鹬（Red Phalarope）很相称。在三角洲中部，它的种群密度可以达到每平方公里近 50 繁殖对。在同一区域内，数量紧跟其后的是黑腹滨鹬（每平方公里 11 对）和斑胸滨鹬（每平方公里 6 对）。在该区域繁殖的其他常见鸻鹬

还包括灰斑鸻、剑鸻、小滨鹬、青脚滨鹬和流苏鹬，而典型的非鸻鹬类的鸟种包括各种雁、黑喉潜鸟、王绒鸭和长尾鸭。然而，在数量上让所有这些鸟类都相形见绌的是一种雀形目的鸟——铁爪鹀，它的种群密度可以达到每平方公里 270 只个体。这种鸟是这个多风栖息地的优势鸟种，它的雄鸟具有漂亮的黑色和栗色繁殖羽以及甜美但略显紧张的鸣叫声。

出现在大陆架上的鸟类则稍微有些不同。虽然那里的黑腹滨鹬比北极苔原上的数量更为丰富，但灰瓣蹼鹬的数量要少得多，而其他鸟种，比如翻石鹬和金斑鸻反而成为优势鸟种。近年来，通常在沿海离岛上较为常见的弯嘴滨鹬也出现在了这里，并可能聚居于此。不出所料，随着这里拥有越来越多的干燥地面，陆生鸟类也越来越多地出现在了这片栖息地上，尤其是柳雷鸟、岩雷鸟、白鹡鸰、角百灵和雪鹀。当然，在这一地区还有另一种有趣的繁殖鸟类，那就是粉红腹岭雀。

尽管上述鸟类可能是在三角洲地区分布的主要鸟种，但能激发起观鸟者来此观鸟兴致的却是一些较为稀少的鸟种。这其中包括雪鸮和毛脚鵟，它们的数量取决于西伯利亚旅鼠和环颈旅鼠的多少。这里还有主要在更东部生活的白鹤，以及两种极好的在北极地区生活的鸥类——叉尾鸥和楔尾鸥。这两种鸟在欧洲和北美洲都很难见到，但它们都是勒拿河三角洲的繁殖鸟，不是特别常见，主要分布在沿海的北部地区。实际上，它们经常和北极燕鸥混为一群。

勒拿河三角洲的繁殖季节很短。一年中有 7 个月的时间，该地区是处于冰冻状态的（这里的永久冻土层厚达 1 000 米）。这里的白天可能一片漆黑，气温经常降至零下 30 摄氏度，还有过零下 53 摄氏度的低温记录。这里的冰冻期于 10 月开始，一直持续到来年 4 月底结束。很少有鸟类在 6 月之前繁殖，而雏鸟往往在 7 月孵化，因为那段时间气温会持续在一个比较温暖的状态，植物和昆虫的数量也是最丰富的。这些丰富的食物，虽然可能是短暂的，但却是三角洲鸟类得以生存的关键。如果没有它们，这片苔原地带会出奇地安静。

乌苏里兰
Ussuriland

鸟点排名 **62** 信息

| 栖息地类型 | 拥有近海岛屿和滩涂的海岸、拥有沼泽和草地的浅水型淡水湖泊、拥有湍急河流的山地以及混交林 |

| 重点鸟种 | 东方白鹳、丹顶鹤、白枕鹤、中华秋沙鸭、鸳鸯、白眶海鸽、东亚蝗莺、灰蓝山雀、北鹨 |

| 观鸟时节 | 4~7 月最好 |

　　乌苏里兰位于俄罗斯的最东南端，那里的海岸线俯瞰着东海，腹地则与中国东部边缘接壤。它是整个俄罗斯鸟类资源最丰富的地区，有超过 250 种鸟类在此繁殖，而这里记录到的鸟种总数则超过了 400 种。这里的鸟类如此之多，一部分原因是这里有一片范围广阔且未被破坏的极佳栖息地，还有一部分原因是这里汇集了来自南北两边的鸟类。许多来自北边西伯利亚的常见繁殖鸟类在这里生活，与此同时，对于另外一些鸟类来说，乌苏里兰是它们全球分布范围的最北端。春天，当树木刚刚长出嫩叶，草地上开满野花时，很少能有比这里更优美的赏鸟之地了。

　　来这里观鸟几乎都是从枯燥的海参崴（Vladivostok）开始的，尽管从历史上来看这座城市很有趣。令人高兴的是，你可以从这里乘船进入彼得大帝湾（Peter the Great Bay），参观俄罗斯在波波夫岛（Popov Island）唯一的海洋保护区，那里有数量可观的白眶海鸽、黑尾鸥、海鸬鹚和暗绿背鸬鹚，此外还有非常少的扁嘴海雀和角嘴海雀。在这片区域航行时还有可能遇到白额鹱和黑叉尾海燕（这里是它们在俄罗斯唯一的繁殖地），尽管这些鸟儿只在晚上才来到岸边，在黑暗的掩护下探访它们的洞穴。这里还有一种非常罕见的鸟类，那就是东亚蝗莺，它似乎只出现在近海岛屿上。唯一能看到它的方法就是在众多的小岛中选择一个登陆，然后在那里等待着鸟儿鸣唱。

　　从海参崴向北，一直延伸到中国边境，这片陆地扩展成一片宽阔的、没有树木的平原，在那里有一个巨大的浅水型淡水湖——兴凯湖（Lake Khanka），宽 100 多公里。这片避风水域，加上巨大的边缘沼泽和广阔的草地，为大量鸟类提供了栖息环境，其中一些鸟类还非常罕见。芦苇丛里分布着两种鹤，这里的数量占了它们俄罗斯种群的大部分：一种是丹顶鹤，主体羽毛为白色，浓密的三级飞羽和颈部为黑色，冠部红色；另一种为白枕鹤，它是一种整体灰色，枕部呈白色的鸟。路边的树木为濒危的东方白鹳提供了筑巢场所，水面上则游曳着罗纹鸭和斑嘴鸭，偶尔还有数量稀少的青头潜鸭和鸿雁。草本类沼泽里驻扎着漂亮的鹊鹞，而震旦鸦雀、小蝗莺、东方大苇莺、黑眉苇莺和厚嘴苇莺则在林木类沼泽灌丛中繁殖。浓密的树林是寻找天使般的灰蓝山雀的好地方，而草地则适合寻找黄胸鹀和苇鹀。在春天，湖泊周围的稀疏树林是迁徙鸟类的绝佳停歇地，因为这里是方圆数公里内唯一的一片植被，所以吸引了成千上万向北迁徙的雀形目鸟类在此停留。

　　开阔的草原也不容忽视，那里有树木生长，值得一看的有北椋鸟、秃鼻乌鸦、达乌里寒鸦以及威风的阿穆尔隼。难以置信的是它们在非洲热带地区越冬，夏季则迁徙至东亚地区。在这个栖息地生活的另一种有趣的鸟是北鹨，在兴凯湖附近发现的这个独立种

■ 下图：来自世界各地的水禽爱好者可以在这个天然的栖息地找到他们熟悉的鸳鸯。

■ 上图：威猛的虎头海雕是海岸冬季罕见的鸟类。

群与分布在更北边的种群相比，其鸣叫和鸣唱声都不一样，而且可能很快就会被分出去成为一个独立的鸟种。

乌苏里兰的中部主要是锡霍特山脉（Sikhote-Alin Mountains），这些山脉大致由东北向西南方向延伸，山中有许多大型并且湍急的江河，如乌苏里江（Ussuri）、伊曼河（Iman）和比金河（Bikin），它们奔腾不息地

鹟等。

像比金河和伊曼河这些河流的沿岸都生长着原始的长廊林，柳树和赤杨紧挨着榆树、杨树和胡桃楸。这些树木为在树上筑巢的鸳鸯以及一些传统的林地鸟种，比如灰山椒鸟、冕柳莺、灰背鸫、白眉姬鹟和黑头蜡嘴雀提供了栖息地。此外，在这些河谷里还生活着几对毛脚渔鸮，而且河流之内也分布着大量稀有的中华秋沙鸭，鹅卵石堤岸还为长嘴剑鸻提供了栖息环境。通常需要乘船才能看到这些美丽的鸟，那可能是一段颠簸的旅程。

往西南部，位于兴凯湖以南的一小块俄罗斯的土地上，还有另一个生态区。在那里，橡树覆盖的低矮山麓被白桦树环绕着，鲜花点缀的草地星罗棋布。位于这个区域的巴拉克尼山（Barachny Hills）使一些重要的南部鸟种得以在俄罗斯立足。其中包括小杜鹃、远东树莺、紫背苇鹀、黄脚三趾鹑和棕头鸦雀。这里也是罕见的斑胁田鸡的好去处，虽然想看到它和黄脚三趾鹑都不是一件容易的事情。不过，当你看到和听到这些亚热带的亚洲鸟种时，你会自然而然地感觉到东方国度并不遥远。

穿过了一座座高低不同的美丽山林。其中一些森林是亚热带的，而另一些则更像是针叶林地带。前者生长着辽东栎，并混杂着雪松和松树，那里的高亮鸟种有山鹡鸰、红胁绣眼鸟、白喉矶鸫、白腹鸫和三宝鸟，而后者则有巨嘴柳莺和淡脚柳莺、鸲姬鹟和白眉地

荒崎
Arasaki

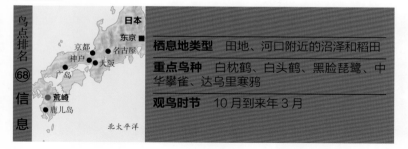

鸟点排名 ⑥⑧ 信 息

栖息地类型　田地、河口附近的沼泽和稻田

重点鸟种　白枕鹤、白头鹤、黑脸琵鹭、中华攀雀、达乌里寒鸦

观鸟时节　10 月到来年 3 月

英文中的 cranes 无论是指鸟类（丹顶鹤）还是机器（起重机）都有改变景观地貌的能力。当这些庄重的充满活力的生物踏上这片潮湿的草地时，它们或闲庭信步地寻找食物，或不由自主地翩翩起舞。这优美的身型和舞姿点亮了大地，即使是最沉寂的荒野也焕发出勃勃生机，而这种转变在日本的一个小角落里展现得尤为充分。荒崎地区位于九州岛最南端，是 17 世纪填海再造的一片平坦农业区。它与和泉市（Izumi）距离不远，紧靠高野川（Takano River）的入海口，是一片由稻田和沼泽地组合而成的区域。出于某种原因，这里栖息着可以说是世界上最令人印象深刻的鹤群。从 10 月到来年 3 月，大约有 10 000 只鹤从西伯利亚和中国北部一路迁徙到此地越冬。

早在 1695 年，也就是第一个海防工事建成后不久，鹤类就来到这片区域活动了。当然，从那以后这里的情况发生了很大的变化，尤其是因为大规模的破坏和开发，这些鹤类丧失了岛上几乎所有其他的停歇地，使得荒崎成为它们仅存的落脚点。随着人们对鸟类欣赏和重视程度的不断提高，1921 年这里被划定为国家级自然宝藏（National Natural Treasure），1952 年又被定为特殊自然宝藏（Special Natural Treasure）。不久之后，一位农民开始定期给这些鸟投喂食物。现在，这里建立了一个特殊的鹤类观察中心（Crane Observation Centre），设有两层配备了望远镜的观景台和餐厅，白天可以在这里观鸟。此外，这里还建有一个鹤类博物馆（Crane Museum）和一个鹤类公园（Crane Park）。每年都有成千上万的人来到这里，在现代舒适的环境中欣赏这一古老的景观。

对于观鸟者来说，这里最大的乐趣在于鹤类的绝对数量和种类，以及人们可以看到

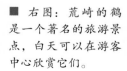

■ 右图：荒崎的鹤是一个著名的旅游景点，白天可以在游客中心欣赏它们。

■ 右图：在荒崎分布的两种最主要的鹤：体型较小、颜色较深的白头鹤（图中间）低头站立在由两只白枕鹤搭成的拱门中间。

它们的轻松程度。这些鹤群主要由两种鹤构成，即白头鹤和白枕鹤。对于鹤类来说，这两种鸟的羽毛颜色都很深，尤其是白头鹤，灰色的羽毛覆盖了它的整个身体，直到脖颈上部才变成了纯白色。体型较大、脖子较长的白枕鹤也具有类似深灰色的胸部和背部，不过它的翅膀和尾上覆羽为柔和的白色，而且它从枕部沿颈部向下直到上背有一片白色的区块。白头鹤的头顶上有一小块红色，而白枕鹤则是在眼睛周围有一大块圆形的像面具一样的猩红色区域，因此区分这两种鹤很容易。在 2005 年到 2006 年的那个冬季，大约有 10 000 只白头鹤和 1 200 只白枕鹤出现在了荒崎这片土地上，这两种鹤每年的平均种群数量大概就是这么多。它们自由地在一起混群生活，尽管白枕鹤比它的同类喜欢更湿一点的地面。

每年都有一些鹤以跟随者的姿态来到这里，给观鸟者带来一些意外的惊喜。例如，在 2005 年到 2006 年的冬天，有两只沙丘鹤和一只灰鹤出现在了鹤群中。其实这两种鹤在大多数年份都会出现，沙丘鹤很容易通过它身上的羽毛识别出来，与其他鹤类相比，它身上的灰色更浅一些；而灰鹤则可以通过它黑白分明的头部来识别。还有一些比较少

见的鹤，每隔几年来这里一次，包括体型小巧的蓑羽鹤、看起来像白色羽毛版灰鹤的丹顶鹤，有时还会有通体白色的白鹤作为额外的奖赏。仔细耐心地观察鹤群有时还会发现一些长相奇怪的个体和杂交个体。因此，如果运气好的话，在荒崎一天可以看到 7 种鹤，这几乎是世界上鹤类种数的一半。

除了鹤以外，这里各种各样的栖息地，包括芦苇地、海岸和林地，也吸引了很多其他鸟类在冬天来到日本。人们可以看到许多鸭子，有时还包括一些不同寻常的种类，比如罗纹鸭或者绿眉鸭，它们与许多琵嘴鸭、针尾鸭、赤颈鸭和斑嘴鸭混在一起。溪流中还生活着几种鹭类，包括中白鹭和夜鹭。有时还有一小群黑脸琵鹭在鹤类保护区周围越冬。此外还可以留意找一下鸻鹬类的鸟，这里可能有环颈鸻和凤头麦鸡。而且这里的林地里有绿雉，河流里有褐河乌和长相奇特的冠鱼狗，而在农田和灌丛中，你需要好好找找各种鹀，三道眉草鹀、灰头鹀和田鹀一般都会有，尽管它们的冬羽不会像春天华丽的繁殖羽那样令人赏心悦目。

这里还有两种特别的鸟也值得注意一下，可能会有意外之喜。鹤类保护区内的一片芦苇中经常会有中华攀雀出现，这是攀雀中迁徙最频繁的一种。它最近刚从欧亚攀雀中独

■ 右图：痴迷的观鸟者会在鹤群中寻找那些数量稀少的鸟类。目前在荒崎共发现了7种鹤。

立出来，其雄性的黑色面罩比它们更有名的近缘种要更细一点。还有，在观景台能看到的那片田地里，可以从大群的秃鼻乌鸦中仔细寻找到在其中觅食的体型较小的达乌里寒鸦，它们也是从中国迁徙到这儿越冬的。请注意，虽然不是全部，但会有一些个体是全黑色型的。

一天的观鸟活动总是从这里开始，又在这里结束，当然，还要与鹤相随。与世界上其他地方的鹤群一样，这些鹤在荒崎的每一天都在进行着有节律的活动。它们栖息的地方正对着一个由鹤舍管理员经营的宾馆，在黎明前的黑暗中，你会被越来越激昂的叫声吵醒。然后，这些鹤通常会一起飞到天文台附近的田地里，那里每天都有人给它们投喂鱼和大米。毫不夸张地说，鹤群往返两地时群起而飞的景象和高亢激昂的声音是观鸟世界中最美妙的体验之一。

非洲

Africa

作为鸟类丰富度在全球排名第二的大陆，非洲约有 2 400 种鸟类，仅次于南美洲。这里拥有如此多的鸟类也不足为奇，因为它也横跨赤道，为鸟类提供了各种各样的栖息地。

我们从北到南来说，地中海周围灌木丛生的植被带被称为"马基群落"，这里与南欧的关系比与撒哈拉以南的非洲更为密切。该地区以南是广阔的撒哈拉沙漠，这是地球上最大的沙漠。它的南部是被称为"萨赫勒"（Sahel）的干旱草原和热带稀树草原地带，被尼日尔河（Niger）这样的大河一分为二。东部是一片高山地带，包括许多拥有当地独特鸟类的山脉。东非大裂谷（The Great Rift Valley）地区拥有著名的碱性湖泊和遍布哺乳动物的大草原。它从红海向南一直延伸到坦桑尼亚，而在它的西部，则是一大片低海拔的热带森林，那是地球上仅次于亚马孙的第二大热带雨林，从尼日利亚一直延伸到刚果民主共和国。森林的边缘是一片富饶的大草原。草原西部，从安哥拉到南非的海岸沿线，则被沙漠景观所取代。南非的开普地区有许多特色鸟种，那里的海鸟种类也异常丰富。与此同时，非洲还有许多远离海岸的有趣岛屿，不过没有一个能比拥有 100 多种特有鸟种和 5 个特有鸟科的马达加斯加更引人入胜的了。

非洲特有的鸟科包括鼠鸟科、蕉鹃科、林戴胜科和鸵鸟科，还有鲸头鹳科和蛇鹫科，而马达加斯加则补充了一些当地著名的钩嘴䴗科、地三宝鸟科、鹃三宝鸟科、裸眉鸫科和拟鹑科。除此之外，非洲还拥有大量太阳鸟科、织雀科、伯劳科、鹟科和百灵科的鸟类。

■ 右图：冈比亚的赤喉蜂虎。

梅尔祖卡

Merzouga

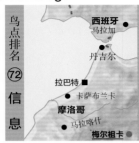

栖息地类型	石质沙漠和沙质沙漠、盐湖（季节性的）
重点鸟种	荒漠麻雀、非洲漠地林莺、埃及夜鹰、翎颌鸨，各种百灵（包括漠角百灵、厚嘴百灵和斑尾漠百灵），各种䳭（包括漠䳭、红腰䳭、悲䳭和黑䳭）
观鸟时节	春季 3~5 月最好

■ 右上图：羽色浅淡的荒漠麻雀是梅尔祖卡的明星鸟种，它们生活在沙丘周围的小绿洲里。

在这个位于摩洛哥东南部靠近阿尔及利亚边境的小镇上，人们可以在壮美的沙漠风光中开展丰富的观鸟活动。从各个角度来说，这里都是个边疆地区。当游客们胆战心惊地靠近阿尔及利亚的边境时，会有一种身临其境的感觉，仿佛置身于南部那片偏远而荒凉的撒哈拉沙漠。

在很多人的印象中，沙漠就是一片空旷、死寂的荒野，但这个地区打破了人们对沙漠的固有认知。首先，这里的景观多姿多彩，有石质平原、石质沙漠（长有草丛的沙漠）、干涸河道、悬崖峭壁、定居点，还有切比沙丘（Erg Chebbi）那如明信片般美丽的红色沙丘和棕榈树。它也远未消亡。你所到之处，几乎都会有鸟儿突然出现，即使是在那些看起来似乎没有生物可以生存的最荒凉的地方。

如果要选一种鸟类作为这些干旱栖息地的代表，很少能有比百灵更合适的了。该地区有 9 种百灵，每种都有自己喜欢的生态位。

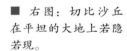

■ 右图：切比沙丘在平坦的大地上若隐若现。

■ 上图：过度的捕猎使翎颔鸨变得越来越稀少，但是在这片区域依然存在着它们的身影。

理状态和行为。例如，百灵这个类群，它们的新陈代谢率比其他同等体型的鸟类要低得多，这使得它们能够减少体内水分的流失。此外，与以种子为食的百灵不同的是，以昆虫为食的百灵不需要饮水。它们可以从猎物的体液中获取所需的全部水分，而且可能在一生中都不需要喝水。百灵通常在黎明后和黄昏前的两个小时最活跃，它们会在白天天气炎热的时候休息。漠角百灵和斑尾漠百灵这两种沙漠鸟种，通常都栖息在草垫上以保持凉爽，而短嘴凤头百灵则栖息在灌木丛中，享受着空气中微风带来的丝丝凉爽。

这些当地的百灵在取食时也别出心裁：众所周知，凤头百灵和短嘴凤头百灵会在岩石上敲打蜗牛和其他的无脊椎动物，以磨碎蜗牛的外壳或制服那些无脊椎动物；而拟戴胜百灵则会携带着蜗牛飞到高空中，随后抛出，使其砸向地面，希望借此打破猎物那坚硬的外壳。这最后一种拟戴胜百灵的食性也是非同寻常的，它捕食了大量的小型脊椎动物，其中主要是蜥蜴。

在梅尔祖卡地区，另一个很有代表性的群体是鵖，它们属于鸣禽。它们和百灵一样常见且引人注目，且有过之而无不及，因为它们的羽色更加艳丽而且有在高处栖息的习惯。其中一种最常见的鵖是机灵的黑鵖，这是一种体型较大且十分勇敢的鸟，它们能够对付得了蝎子，有时还会到柏柏尔人[①]的帐篷前索要食物。还有一种是悲鵖，它们是捕食蚂蚁的专家。

对观鸟者来说，梅尔祖卡与摩洛哥南部其他地区的不同之处在于，这里有来自沙漠深处的稀有鸟种。其中最受大家追捧的是那羽色浅淡、神情呆滞的荒漠麻雀。受近几年种群数量下降的影响，现在这里的个体也非常少。它们主要以沙漠中的草籽为食，但也不吝于吃一些残羹冷炙，如果有的话。多年来，位于小镇边缘的雅斯米娜咖啡馆（Café Yasmina）一直是它们最爱光顾的地方。

非洲漠地林莺是一种更难被找到的鸟，它们的出现飘忽不定。虽然它们在具有零星

例如，斑尾漠百灵可以在平坦的沙地或砾石地区找到，而与之亲缘关系较近的漠百灵则更喜欢斜坡上露出岩石的地方，不喜欢沙地。短嘴凤头百灵出现的地方至少要有一些灌木丛，而漠角百灵和厚嘴百灵主要是在石质沙漠地区分布的鸟类。所有这些百灵都以种子和无脊椎动物为食来勉强维持生计，但是像小短趾百灵这种喙部又短又厚的种类，会倾向于以种子为食；而喙部较长的百灵，比如拟戴胜百灵，则会捕食更高比例的无脊椎动物。

在这种极端的环境中，鸟类通常表现出高度的适应性，它们会展现出一些奇特的生

① 柏柏尔人是非洲北部民族，在历史发展过程中，他们形成了以农业为主的定居民和以畜牧业为主的游牧民及半游牧民。——译者注

低矮灌木的沙质地区栖息，但从生态学角度来看，它们似乎非常挑剔，在许多合适的栖息地都难觅其踪影。这种善于躲藏的鸟有一种习惯，它们经常在地面上从一片植被处飞奔移动到另一片植被处，然后藏在人们看不到的地方。它们经常跟在鸭和其他鸟类的后面，因为那些鸟会栖息在它们觅食的灌木丛上，可以给它们当哨兵。

虽然这里处于撒哈拉沙漠的边缘，但该地区却时不时会下点雨（平均每年 200 毫米），而且小镇最吸引人的景点之一是一个季节性的湖泊，位于镇外 2 公里处的达耶特斯里吉湖（Dayet Srij）。这个湖通常在 11 月到来年 5 月间有水，当有水的时候，经常会有成群的大红鹳出现于此，使这里成为一个著名的旅游景点。在迁徙季节，这个咸水湖也会出现许多鸻鹬类的鸟以及很多野鸭，包括云石斑鸭和赤麻鸭。在这个奇迹般出现的沙漠湖泊上寻找那些在湖上漂着的、看似与环境不太协调的水鸟绝对是一种超现实的体验。

当然，由于地处沙漠边缘，在春秋两季，这个地区可以吸引大量的候鸟前来。状况比较好的时候，有很多鸟类会在河道附近的绿色植被区域生活，包括各种莺和鹟，以及一种当地的特色鸟种——蓝颊蜂虎。此外，这里的酒店和小旅馆的花园通常也会为那些疲惫的迁徙鸟类提供良好的生活环境，在那里人们总是会有所发现。被记录到的鸟类也已经将近 150 种了。

在过去的几年里，切比沙丘旁边的沙漠是寻找翎颌鸨这一珍稀濒危鸟种的可靠地点。这种鸟现在仍然会在该地区出现，但其中至少有一些是特意引进的，以供来自沙特阿拉伯的驯鹰者猎杀。观鸟者可以租一辆吉普车，到阿尔及利亚边境附近去寻找这种鸟，而这趟旅行可能会是一次真正的冒险之旅。只要能让当地人相信，让这种害羞的鸟儿活下来，不再受人为干扰是值得的，就有可能最终拯救这个全球濒危的物种免于灭绝，它们不能成为富人"游戏"的牺牲品。

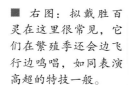
■ 右图：拟戴胜百灵在这里很常见，它们在繁殖季还会边飞行边鸣唱，如同表演高超的特技一般。

阿尔金岩石礁国家公园
Banc D'Arguin National Park

栖息地类型	浅海、海草场、潮间带、岛屿、沙漠
重点鸟种	大量鸻鹬类的鸟，白胸鸬鹚和长尾鸬鹚，苍鹭和白琵鹭在毛里塔尼亚的亚种，各种鸥和燕鸥，金麻雀
观鸟时节	全年都很好，但是冬季（10月到来年3月）的场面更壮观

如果欧洲、格陵兰和西伯利亚的观鸟者想知道他们那里的鸻鹬在秋天告别了繁殖地或集结地之后发生了什么，他们会在这里找到答案。这里有广阔的滩涂和众多的小岛，这片人迹罕至的野性荒野就是阿尔金岩石礁国家公园。这个国家公园是世界上鸻鹬种群密度最高的地方，每年至少有200万只鸻鹬类的鸟在非繁殖季来到这里的海岸寻求庇护。令人难以置信的是，有1/3在大西洋东岸迁徙路线上飞行的鸟类的目的地都是这里。

"叹为观止"是一个被过度使用的词汇，但是在阿尔金岩石礁国家公园能看到的鸟类数量之多，绝对可以用这个词来形容。在整个公园290公里海岸线的海滩和沙洲上经常挤满了各种各样的鸟类，它们混杂在一起，不仅仅有鸻鹬类的鸟，还有各种鸥、燕鸥、鸬鹚、鹈鹕和红鹳。对于许多我们熟悉的鸟种来说，它们在这里越冬的种群数量简直令人难以置信：900 000只黑腹滨鹬、540 000只斑尾塍鹬、133 000只剑鸻、226 000只弯嘴滨鹬、360 000只红腹滨鹬、102 000只红脚鹬和43 000只小滨鹬。在欧洲，如果每隔几公里就有大量的鸟类聚集在一起，是会成为观鸟界的头条新闻的。但在这里，这种场景已经是家常便饭了。而且这些鸟类每天往返栖息地的飞行场面也很壮观，尤其是你还可以乘着帆船到达其中的一个岛屿，伴随着这戏剧表演般的场面和声音再畅饮一番。这里真是一个非同寻常的地方。

在这里，并非所有的鸟都是候鸟。有大约40 000对以鱼类为食的鸟在这里繁殖，而且全年都能看到它们的身影。这可能是西非最大的水鸟群落。这其中包括大约25 000对白胸鸬鹚、近7 000对长尾鸬鹚、1 600对白鹈鹕和3 300

■ 下图：斑尾塍鹬将喙探入淤泥深处，通过触感寻觅食物。每年有超过50万只斑尾塍鹬在阿尔金岩石礁国家公园越冬。

■ 右图：这里有足够的鱼来养活 1 600 对在此繁殖的白鹈鹕。

对苍鹭。苍鹭之所以特别受人关注，是因为这里的苍鹭种群是一个非常独特的类群，它们是阿尔金岩石礁国家公园特有的一个亚种，有时也被称为毛里塔尼亚鹭（Mauritanian Heron）。这个亚种的苍鹭比其他亚种的颜色要苍白得多，曾经它被认为是一个独立的物种。与之相伴出现的还有另一种迷人的特色鸟种，也是当地特有亚种的白琵鹭（7 000 对）。这个亚种的喙部没有它那些北方近亲喙端的黄色，颈的底部也没有任何杏黄色的标记。它们是白琵鹭中繁殖地最靠南的类群，在冬季会与大量自北方迁徙来的其他亚种混在一起。

阿尔金岩石礁国家公园位于动物区系中古北界和非洲界的交叉处，这一特性在这里的野生动植物身上也得到了反映。例如，这片非洲海岸是欧洲海岸米草这种盐沼草分布的最南端。而一些广泛分布的非洲界鸟类在这里有它们唯一的西部古北界种群，包括灰头鸥、长尾鸬鹚和橙嘴凤头燕鸥。四处游荡的金麻雀在布朗角（Cap Blanc）也有分布，在公园西北部延伸出来的一部分，位于努瓦迪布（Nouadhibou）镇附近，这里已经是它正常分布范围的最北端了。其他在此记录到的

非洲界鸟种还包括黄嘴鹮鹳、黑背鸥、小红鹳、冠兀鹫和斑鸠。

阿尔金岩石礁国家公园同时也跨越了撒哈拉沙漠和大西洋之间的过渡地带。实际的公园区域包括海外 60 公里以及内陆部分 35 公里的范围。在它的东部边界处生活着一系列的沙漠鸟类，其中包括一些珍稀鸟种，比如斑尾漠百灵、图氏沙百灵、拟戴胜百灵、褐颈渡鸦、乳色走鸻和可爱的荒漠麻雀。就在最近，这里也有一些关于阿拉伯鸨的记录，但这个物种在该地区的现状尚不清楚。的确，关于毛里塔尼亚的沙漠鸟类，还有许多需要了解的地方。

这里近海区域的生产力十分惊人。温暖的几内亚海流（Guinea Current）与来自北方的寒冷的加那利海流（Canaries Current）在阿尔金岩石礁国家公园相遇，因此形成的强烈上升流将海床处的有机物质带了上来。这滋养了大面积生长的大叶藻属海草，为鱼类和无脊椎动物提供了食物。这里的海非常浅，即使是在离岸 60 公里的地方，在低潮时也只有 5 米深，这使得整个海域都非常适合那些以捕鱼为生的鸟类。这片海域同时也为人

类的生活提供了支持，近海渔场吸引了一支国际拖网渔船队。在公园的边界内，当地居民伊姆拉根人（Imraguen）仍然靠捕鱼为生。他们要么拖着网在水中跋涉（主要是捕鲻鱼），要么驾驶着小型帆船去捕捉鲨鱼和鳐鱼。如果有更多的观鸟者来访，他们可能也能从生态旅游中赚点小钱。

在这些浅水区的鸟类中，最引人注目的是那些鸥和燕鸥。除了上面提到的那些鸟种，这里还有大量的小黑背鸥、红嘴鸥和细嘴鸥，后者在这里既有繁殖鸟也有冬候鸟，此外还有少量的地中海鸥。这里更令人印象深刻的是燕鸥，至少有 1 000 对鸥嘴噪鸥、2 500 对红嘴巨鸥和 5 000 对橙嘴凤头燕鸥在此繁殖。当成千上万的黑浮鸥在近海越冬时，这里甚至还能看到一些普通燕鸥的巢，可谓是完成了从淡水环境到海水环境的非凡转变[1]。而且

这里还有一些非常罕见的候鸟，包括小凤头燕鸥和褐翅燕鸥，后者之前有少量在此繁殖，但现在几乎看不到了。

前面提到的上升流也会吸引一些在远洋生活的鸟类前来，包括贼鸥、叉尾鸥和鹱。然而，最近最有趣的记录是关于海燕的。2003 年 5 月，人们在一系列的远洋航行中记录了大量的暴风海燕和斑腰叉尾海燕；之后，2005 年 7 月，在一次巡航考察报告中提到，他们看到了大约 10 000 只黄蹼洋海燕，其中还包括由 700 只或更多个体组成的大群。显然，在这里可以发现大量的海鸟，谁知道如果全年都能进行定期的远洋航行又会有什么新鸟况出现呢？

总之很明显，已经是一个绝佳鸟点的阿尔金岩石礁国家公园仍然可以给人们带来更多惊喜。

■ 下图：大约有 360 000 只红腹滨鹬会在此地越冬。

---

[1] 普通燕鸥通常营巢于湖泊、河流和岛屿岸边以及沼泽地与草地上，常规来讲非洲是普通燕鸥的越冬地，并非繁殖地。——译者注

朱贾国家鸟类保护区
Djoudj National Bird Sanctuary

鸟点排名 ⑥⑤ 信息	
栖息地类型	河漫滩上季节性淹没的湖泊和池塘；热带稀树草原、灌丛
重点鸟种	白鹈鹕、水栖苇莺、阿拉伯鸨、流苏鹬、黄爪隼、金夜鹰和斑额攀雀
观鸟时节	河水淹没期从7月到来年2月，干涸期是3~6月。12月到来年1月水域逐渐消退时的观赏效果较好

■ 下图：大量的水鸟，包括各种鹭类在这片三角洲的避风水域捕食。

对数百万从欧洲向南前往非洲进行跨大陆迁徙的候鸟来说，看到塞内加尔河（Senegal River）一定是一种解脱，因为这条大河实际上标志着它们飞越撒哈拉沙漠的漫长之旅终于结束了。这里是北部的撒哈拉沙漠和南部的萨赫勒半干旱地区之间形成的生态边界。曾经为了避免天气过热而选择在夜间迁徙的家燕，现在又可以在白天飞行了，而其他迁徙的鸟类也可以在河流附近供水相对充足的乡村得到一些补给。对一些鸟类来说，这个地区甚至标志着它们旅程的结束，它们将在这里过冬。

塞内加尔河是西非的第二大河流，它在塞内加尔和毛里塔尼亚的交界处形成了一个巨大的三角洲。在每年7月到来年2月之间，距圣路易斯区（St Louis）（塞内加尔的河流城市）东北约60公里处的那片土地会被季节性的洪水淹没，而这里就是面积160平方公

■ 右图：白鹈鹕经常会一起合作捕鱼，它们会成群游动将猎物赶到浅水区。

■ 下图：娇小的蟋蟀鹪莺是撒哈拉沙漠以南萨赫勒生物群落的一种特色鸟种。它因其尖锐的鸣唱像一只鸣叫的昆虫而得名。

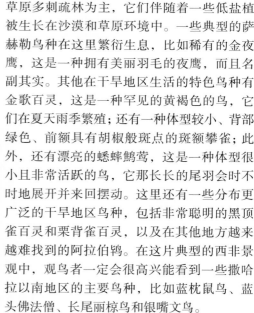

里的朱贾国家鸟类保护区的所在地。多达 300 万只的水鸟可能会将这里作为停歇地或越冬地，这也使其成为非洲大陆上最重要的湿地之一。近年来，这里也一直有一些惊人的发现。

除了湖泊和沼泽，该地区还有许多典型的萨赫勒植被，以金合欢属和柽柳属的热带草原多刺疏林为主，它们伴随着一些低盐植被生长在沙漠和草原环境中。一些典型的萨赫勒鸟种在这里繁衍生息，比如稀有的金夜鹰，这是一种拥有美丽羽毛的夜鹰，而且名副其实。其他在干旱地区生活的特色鸟种有金歌百灵，这是一种罕见的黄褐色的鸟，它们在夏天雨季繁殖；还有一种体型较小、背部绿色、前额具有胡椒般斑点的斑额攀雀；此外，还有漂亮的蟋蟀鹪莺，这是一种体型很小且非常活跃的鸟，它那长长的尾羽会时不时地展开并来回摆动。这里还有一些分布更广泛的干旱地区鸟种，包括非常聪明的黑顶雀百灵和栗背雀百灵，以及在其他地方越来越难找到的阿拉伯鸨。在这片典型的西非景观中，观鸟者一定会很高兴能看到一些撒哈拉以南地区的主要鸟种，比如蓝枕鼠鸟、蓝头佛法僧、长尾丽椋鸟和银嘴文鸟。

然而，朱贾国家鸟类保护区最出名的无疑是那些湿地鸟类，它们会在雨季大量涌入公园。对于大多数普通游客来说，在这里最精彩的行程可能是乘着独木舟去一个海岛，在那里至少有 10 000 只参与繁殖的白鹈鹕等着他们，这是这种广布鸟种在世界上的最大种群。其他在这里大量繁殖的鸟类还有红蛇鹈、普通鸬鹚、白胸鸬鹚、夜鹭、白翅黄池鹭、黄嘴鹮鹳、白脸树鸭和茶色树鸭。此外，还

■ 右图：大量古北界的野鸭，比如白眉鸭，会在朱贾国家鸟类保护区越冬。

有山河鸒莺，这是一种不太引人注意但非常罕见的萨赫勒地区特有种，它也会出现在河边的植被中，但是大多数人很难注意到它。

尽管在朱贾国家鸟类保护区的湖泊、沼泽和平原上繁殖的鸟类数量和密度都很大，但与来这里越冬的鸟类数量相比，这些数量还是相形见绌。500 000 只野鸭的数量在这里都是正常的，其中包括不少于 180 000 只的白眉鸭、240 000 只针尾鸭和 33 000 只琵嘴鸭。鸻鹬类鸟的数量也令人惊叹，这里曾记录过 250 000 只鸻鹬，其中大部分是流苏鹬，但也有大量的黑尾塍鹬和反嘴鹬。当如此多的鸟与每年都来此越冬的 20 000 只大红鹳和数量越来越多的小红鹳（多达 12 000 只）放到一起来看的时候，你会发现，对于一个只有 160 平方公里的公园来说，这里有太多的鸟可看了。当然，大红鹳和小红鹳是一群体型更大的鸟。此外，据统计，雀形目鸟类中有 2 000 000 只崖沙燕在迁徙途中经过此地，还有 250 000 只西黄鹡鸰。

事实上，尽管大红鹳和小红鹳的数量惊人，多年来它们的存在也引起了朱贾国家鸟类保护区的注意，但实际上，它们并不能凸显这

个公园近年来在物种保护方面的重要性。2006年，人们发现朱贾国家鸟类保护区是高度受胁鸟种水栖苇莺在世界上最重要的越冬地，其茂密的沼泽为全球大约 25% 的水栖苇莺提供了生存空间。这种种群数量直线下降的鸟类在东欧和俄罗斯繁殖，直到在朱贾国家鸟类保护区发现它们之前，它们的越冬地一直是个谜。现在，在一个已经被保护的地区发现了它们，那这种水栖苇莺的未来似乎不像几年前那么黯淡了。

2007年，大概还是在这一区域，人们又有一个惊喜的发现，不过确切的发现地点一直未被公布。那年 1 月，几位来自国际鸟盟（BirdLife International）当地分部，位于塞内加尔的鸟类保护联盟（Ligue pour la Protection des Oiseaux，LPO）的鸟类学家发现了一个位于干旱地区的巨大的猛禽栖息地，这是有史以来记录到的最大的猛禽聚集群。这里面包括 16 000 只剪尾鸢和 28 600 只黄爪隼，后者在欧洲也有分布。这是一幅多么令人震惊的景象啊！如果需要证明这个地方对欧洲越冬鸟类的重要性，这绝对是最好的证据。

冈比亚河
Gambia River

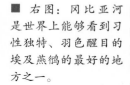

鸟点排名 ⑤0 信息

毛里塔尼亚
努瓦克肖特 ■
塞内加尔河
达喀尔 ■ 塞内加尔
冈比亚河
冈比亚 ■
班珠尔
比绍
几内亚比绍

栖息地类型 红树林、淡水沼泽、荆棘灌丛以及大河两岸的森林和耕地

重点鸟种 埃及燕鸻、赤喉蜂虎、红蜂虎、非洲鳍趾䴘

观鸟时节 全年都可以，不过大多数观鸟者是在 11 月到来年 3 月来这里，那时会有大量古北界的鸟来此越冬。7~9 月是这里的雨季，届时气候会非常炎热潮湿

冈比亚现在已经成为一个重要的观鸟之地了，它是一个很小的国家，边界紧挨着庞大的冈比亚河的两岸，领土完全被邻国塞内加尔包围在内。位于海边的班珠尔半岛（Banjul Peninsula）上的海滩、湿地、花园和一片片森林，让许多人领略了撒哈拉以南非洲的乐趣，而酒店花园里色彩缤纷的三宝鸟、织布鸟、丽椋鸟和太阳鸟也会时不时地飞来打断人们就餐。确实，带着海岸边如此多彩的观鸟回忆回到家的人们，很多都感到心满意足。然而，对于更热衷于观鸟的人来说，冈比亚的内陆有一些更特别的东西吸引着他们。也许是为了将奢华抛在身后，也许是为了去看看"真正的"非洲，或者也许只是考

虑换一种完全不同的观光方式，不管是什么原因，实际上对许多人来说，这次沿着宽阔的冈比亚河的旅行，标志着他们假期中真正冒险的开始。

曾经，到上游去旅行的最佳方式是乘坐渡船，但现在横贯冈比亚的高速公路已经通到了内陆，大大缩短了旅行时间。这条公路从河的南岸开始，向内陆延伸到约 100 公里处的法拉芬尼（Farafenni）时向北跨过河流，继续往内陆走，然后经由詹江布尔（Janjangbureh）回到南岸。这是位于冈比亚河一个江心岛上的大城镇，以前被称为乔治敦（Georgetown），公路最后到达距离首都班珠尔（Banjul）374 公里处的巴塞（Basse）结束。在这条高速公路沿线有很多好的观鸟点，而两个渡口更是给这趟旅程注入了活力，游客们可以在这里观察到西非人民一些穿梭来往的生活。

距离班珠尔大约 50 公里的宾唐河（Bintang Bolon）可能是观鸟第一站的不错选择。此处的冈比亚河仍然主要是海水而且具有潮汐，这也有利于红树林沿着河岸生长。

■ 右图：冈比亚河是世界上能够看到习性独特、羽色醒目的埃及燕鸻的最好的地方之一。

■ 右图：在巴塞有一大群红蜂虎。除了蜜蜂外，它们还喜欢捕食蝗虫。

在这条小河稍作停留，就会发现一些与游客在海岸边欣赏的鸟类相似的鸟种，例如各种鸻鹬类的鸟，以及红嘴巨鸥、小凤头燕鸥、大红鹳、巨鹭。甚至还有黄喉岩鹭。不过，再往前走 50 公里，整个地区的感觉就完全不同了。在南面腾达巴营地（Tendaba Camp）

处的河流很窄，仅能容一艘小船载着观鸟者通过，那里有两条长着红树林的小溪——东姑河（Tunku Bolon）和基西河（Kisi Bolon）。在那里可以看到很多有特色的鸟种，比如高雅的蓝凤头鹟和离高雅相去甚远的灰褐食蜜鸟。在那个令人眼花缭乱的太阳鸟科的世界

■ 右图：令人十分惊艳的长尾维达雀是巢寄生鸟类，斑腹雀属中的很多鸟种都是它们的寄主。

中，它显然是非常不起眼的一员。这里是沿河观看害羞的白背夜鹭的最佳地点之一，如果你同时也看到了非洲鳍趾鹛或者横斑渔鸮，那你真的是非常幸运了，这两种都是偶尔才会记录到的鸟类。不过要想看到绿鹭、距翅雁、黄嘴鹮鹳、白颈鹳、蓝胸翡翠和红蛇鹈这些鸟则靠谱得多。

在腾达巴营地远离河流的机场还有一些干旱地区的鸟类，特别是在飞机跑道周围。在这里，你可以看到当地的地犀鸟，也可以看到机敏的白额蚁鹛和长冠盔鹛。在这个地区的西边是冈比亚最大的保护区，即110平方公里的西康国家公园（Kiang West National Park）。这里主要是干燥的森林草原环境。在这里记录到的鸟类不少于300种，占全国鸟类总数的一半以上。但是，这里并不是一个观鸟很容易的地方，像黄绣眼鸟、白肩黑山雀、褐短趾雕和瑞氏灰头鹦鹉这些比较受欢迎的鸟种都很难被找到。

号声扇尾莺一般会出现在法拉芬尼的渡口。事实上，像这样的淡水湿地鸟类正是大多数观鸟者在穿越冈比亚河到詹江布尔的旅途中想要寻找的。在潘昌村（Panchang）的不远处是一片小沼泽，那里在旱季仍有一些有水的区域，吸引着厚嘴棉凫、小黑水鸡、橙腹梅花雀和神奇的长尾维达雀等鸟种前来。离这不远处就是著名的考乌尔湿地（Kauur Wetland），它比潘昌村还要大，也更能吸引来一些令人兴奋的鸟种。

在这里经常能够看到彩鹮，还有像白脸树鸭、基氏沙鸻这些讨人喜欢的鸟，在冬天还有很多领燕鸻。然而，在考乌尔和这一地区的其他湿地，最吸引人的是美丽的埃及燕

鸻[①]。这是一种颜色鲜艳的鸟类，由黑、白、灰和腹部的赭色形成了非常诱人的配色组合。它实际上不是鸻，而是一种走鸻。它有一种不同寻常的习性，就是会用沙子把卵甚至幼鸟覆盖住，以躲避捕食者对它们的威胁。

许多观鸟者至少要在詹江布尔待上一夜。这样做的主要原因是他们需要乘着独木舟沿河顺流而下几个小时去寻找冈比亚最受欢迎的鸟类之一——非洲鳍趾鹛。在平静的死水中，这种鸟相对容易看到一些，有时还可能会顺便看到闪蓝翠鸟和黑胸鸦鹛。

每一个观鸟者在去巴塞的途中都会在班桑采石场（Bansang Quarry）停留一下。那里大约有200对繁殖的赤喉蜂虎，它们是令人惊叹的蜂虎科鸟类中最具吸引力的一种。那鲜红的喉部和鲜亮的紫蓝色尾下覆羽，看起来似乎没有其他鸟类能抢了它们的风头。然而，当旅行者最终到达巴塞时，那就说不准了。那里是冈比亚最适合观赏令人啧啧称奇的红蜂虎的地方。这种鸟的身型较长，还有一对向外突出的十分狭长的中央尾羽，让它看起来比同类的鸟更显优雅。这种令人惊艳的鸟全身布满了浓郁又多样的粉红色，头顶为幻彩绿色，可以在河岸边看到。所以，当你在这些深入非洲腹地的乡村，看着那些外形奇特的鸟时，冈比亚海岸的度假胜地似乎真的很遥远。

■ 下图：在平静的死水中可能会看到害羞的非洲鳍趾鹛。

① 又叫埃及鸻，英文名为 Egyptian Plover，是埃及燕鸻科埃及燕鸻属的鸟类。Plover 在英文中通常表示鸻科鸟类的"鸻"。——译者注

伊温多国家公园
Ivindo National Park

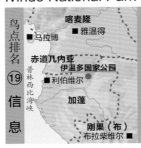

栖息地类型	潮湿的热带雨林及河流
重点鸟种	这里有一份超过 450 种的鸟种清单，其中包括非洲河燕、斑胸鹦、棕胁阔嘴鸟、沼泽短翅莺、灰颈岩鹛
观鸟时节	全年都可以

鸟点排名 ⑲ 信息

■ 右上图：尽管棕胁阔嘴鸟平时比较懒惰，但是它在每天的黎明时分都会进行一段飞行表演。

非洲很少有地方能与南美洲丰富的物种资源相竞争，但广袤的几内亚 - 刚果森林（Guinea-Congo Forest）的这一角却可以与之媲美。仅在这座新建成的国家公园的北端人们发现的鸟种就超过了 430 种，这使得一些欣赏此地的生物学家将其称为"非洲的亚马孙"。在这里生活的很多鸟种都是羽色华丽且稀有的，而且分布范围有限。

不过，在深入了解这个地方的细节之前，我们有必要好好回顾一下加蓬这一现代奇迹的历史。在 21 世纪初，这个西非国家仍保留有80% 的自然植被覆盖率（主要是原始森林），这与全球趋势背道而驰。不出意料，这自然会吸引很多伐木业的贪婪者欣喜地前往那些几乎没有保护的荒野。不过，在 2002 年 8 月，

加蓬总统哈吉·奥马尔·邦戈先生（El Hadj Omar Bongo）让这一切发生了改变。他那杆总统之笔画出了大胆而富有启发意义的浓重一笔，将加蓬国家公园的数量从 0 个增加到了 13 个。从此以后，超过 28 500 平方公里的土地，主要是原始森林，得到了保护，其面积占比超过了国土总面积的 11%。而伊温多地区就是这顶闪闪发光的新王冠上的一颗宝石。

这些壮丽的森林在结构上与其他热带地区的森林相似。高大的雨林树木竞相争夺着生存空间，在光线充足的树冠下形成了一片浓密、黑暗的林下环境。这里植被茂密，从地面到 20 米甚至更高的地方几乎连续不断，为鸟类构建了丰富的微型栖息地。在伊温多，一些研究人员注意到，与典型的热带雨林相

■ 右图：伊温多河流经的地方是全非洲最美丽最广阔的森林。

比，在这里利用靠近地面的森林最低层植被生活的鸟种比例略高，这意味着在这里进行丛林观鸟比平常要更加困难，因为大量善于躲藏的鸟儿会隐藏在灌木丛中。种类繁多的绿鹎（在这记录过的有 20 种）和各种莺也给观鸟者的识别带来了巨大的挑战，但在这里的收获也会很大，像非洲绿胸八色鸫、加蓬鸦鹃、黑耳地鸫和灰色地鸫等这类耀眼的鸟种也在这些低处灌丛活动。如果你非常幸运的话，当黑珠鸡和西非冠珠鸡这两种罕见又害羞的鸟在黑暗中急速奔走时，你可能可以瞥到一眼。

这片森林还滋养了许多其他的鸟类。在伊温多，最令人难忘的声音之一是棕胁阔嘴鸟的翅膀发出来的有些奇怪的嗡嗡声，如同时钟运行时发出的持续不断的声音，这通常发生在它回到栖息的地方之前，那时它会在

一个恒定的高度飞出一个严密圆圈。这是一种和领域相关的信号，不分性别，全年都有，而且即将起飞的鸟常常在起飞前会垂直跳跃几下。这里也有灰头阔嘴鸟分布。这两种鸟都会一动不动地栖息在绿树丛中，然后在昆虫经过时迅速出击，捕食它们。

在国家公园北部的伊帕萨·马科库研究站（Ipassa-Makokou Research Station）位于马科库（Makokou）附近，观鸟者可以从那里寻求一些森林探索方面的帮助。这一地区有着杰出的鸟类探索史，在 1984 年之前的20 年里，它是整个非洲被研究得最深入的森林。研究人员在树林中开辟出了很多条小路，交织成网状，其中许多至今还在使用。这样游客们就可以用望远镜观看正在进食的鸟群在树冠上飞来飞去，并有希望看到像金胸精织雀这样瑰宝般的鸟类。长果子的树木吸引

■ 下图：奇特的灰颈岩鹛把泥巴粘在森林洞穴的岩壁上做巢。

■ 右图：非洲河燕在伊温多河的数量并不稳定。在非繁殖期，它们在河流上游一些迄今都不为人所知的地方生活。

了各种各样的物种前来取食，比如鳞斑灰鸽和非洲灰鹦鹉，以及许多灵长类动物。这里也是寻找令人难以捉摸的刚果蛇雕的好地方。它是一种专门捕食蛇和蜥蜴的大型猛禽，能把自己隐藏得很好。这种猛禽有时会用脚在地上袭击猎物，就像蛇鹫那样。

如今研究站刚刚翻新过，现在又可以在那里观鸟了。除了紧挨着森林，在研究站还可以俯瞰伊温多河。在大多数日子里，斑胸鹦和橄榄绿鹦都会在河上飞过，往返于它们的栖息地和觅食地之间。那些有时间又有耐心的人可以在河岸的灌木丛中找一下白冠虎鹭，而到了晚上还可以听到噪大秧鸡发出的奇怪的隆隆声。在一年中的某些时候，你甚至可以瞥见那精巧奇特的非洲河燕。这些蓝黑色的精灵长着蜡红色的喙和一双深红色的眼睛，它们一般成大群聚集在加蓬的沿海地区繁殖。在 2 月繁殖结束后，它们会向上游迁徙，于非繁殖期消失在河流上游一些位于广阔的几内亚雨林深处的未知的地方。有时它们也会大量出现在伊温多河沿岸，比如 1997 年在马科库就发现了一个有 15 000 只非洲河燕的大群。

河流和湿地是这座 3 000 平方公里的公园内唯一没有森林覆盖的地方。然而，在南部也有几处河流经过的天然开阔地，那里的矿物沉积和潮湿的土地阻碍了森林树木的生长。其中最著名的一个是朗古埃（Langoue Bai），距离伊温多镇有几个小时的车程（然后是长途的徒步旅行）。这个天然空地是 2000 年才被发现的，经常有大型哺乳动物出没此地，包括丛林象、西部低地大猩猩和非洲水牛。它们是这里的主要景观，并且可能在不久的将来成为一种生态旅游项目。不过，在这里观鸟也很棒。除了有像黑头鹮这样的湿地鸟种外，在朗古埃还有机会看到一些大型的森林鸟类，如黑盔噪犀鸟、笛声噪犀鸟、斑尾弯嘴犀鸟以及在空地上拍打着巨大翅膀的蓝蕉鹃。对于那些兴趣更浓厚的人来说，鲜为人知的沼泽短翅莺在这里很常见，有 30~40 对在此繁殖。它是西非众多"正在消失的"物种之一，1914 年首次在喀麦隆被发现，然后便难觅其踪，直到 1997 年再次被发现。而且，它一般只出现在有茂密的莎草生长的森林空地上。

在伊温多国家公园还存在另一种备受追捧的鸟类——灰颈岩鹛。这不仅是非洲最奇怪的鸟类之一，也是世界上最奇怪的鸟类之一，没有人能完全搞清楚岩鹛到底是什么。它看起来像是秧鸡和鸫杂交的个体，迈着慵懒的、超凡脱俗的脚步四处游荡。它仅出没于森林冠层下面突出的岩石附近，通常是在崎岖的丘陵地区。就像寻找这个神奇地区的许多物种一样，想要看到这种鸟，是一项艰难但又非常值得的挑战。

巴莱山国家公园
Bale Mountains National Park

鸟点排名 ㉑ 信息

栖息地类型	山区的荒野、沼泽和湖泊
重点鸟种	斑胸麦鸡、蓝翅雁、鲁氏秧鸡、猫鹛、厚嘴渡鸦、肉垂鹤、金背啄木鸟、白颊蕉鹃
观鸟时节	全年都可以，但是可能在6~9月的雨季是最好的

巴莱山国家公园是整个非洲地区海拔3 000米以上的最大的连续区域。这里有着迷人的景色，你可以看到云雾缭绕的开阔林地，高海拔湖泊和点缀着狄氏半边莲的广袤荒原。这座山脉高耸于周围的高原之上，如同一座垂直的孤岛。它拥有众多的山地特色鸟种，包括埃塞俄比亚境内30种特有鸟种中的至少14种，甚至拥有像斑胸麦鸡这种仅在这一地区才有的特有鸟种。

大多数游客都会从北部来到这里，因为

■ 下图：厚嘴渡鸦那巨大的喙让巴莱山大量的啮齿动物胆战心惊。

国家公园的总部靠近丁索（Dinsho）的北部边界，这是一个在埃塞俄比亚首都亚的斯亚贝巴（Addis Ababa）以南400公里的小的定居点。公园总部是园内为数不多的拥有开阔草地的地方，这也使它成为一个可以观察黄颈长爪鹡鸰的好地方。你可以看到它们像草地鹨一样在地上行走，四处寻找食物。与此同时，与它同为特有鸟种的猫鹛（Abyssinian Catbird）在附近的开阔森林中也可以看到。正如它的名字所暗示的那样，它看起来出奇的像北美一种与之不相关的鸟。这种鸟叫作灰嘲鸫（Grey Catbird），全身蓝灰色，并有着栗色的尾下覆羽。猫鹛和它的同名者一样是灌木丛中的躲藏高手，但是当它们集小群时人们通常可以找到它们，而且那时它们的鸣唱更加震撼、更加悦耳。它们似乎主要以浆果为生。

公园北侧的这些开阔林地以刺柏属植物和高大的苦苏为主，其间点缀着浓密的灌木丛。狭域分布的栗枕鹛鸫是在这里生活的鸟种之一，它性情温顺而且很容易被看到，这在它那

■ 上图：当地特有的斑胸麦鸡通常可以在家畜群附近找到。

些亲缘关系较近的鸟种中是非同寻常的。此外，它也没有采取其他鹧鸪那种典型的在黎明和黄昏取食的模式，可能是为了避免羽毛被植被上的晨露弄湿吧。

位于公园南面的森林则有不同的特点。那片森林中的植物种类更多，其中包括大型的罗汉松，它们的树枝上布满了匍匐植物、苔藓和地衣。在这里，这片哈莱纳森林（Harenna Forest）是寻找小小的金背啄木鸟和可爱的白背黑山雀的最佳地点。那可爱的山雀确实是乌黑色的，不过在后颈和上背有一块纯白色的鞍状斑块。

在 3 300 米处林木线的上方，开阔的林地被另外不同的植被类型所取代了。这里是一片荒原，低矮的石楠属植物灌丛高度在 0.5~1 米之间，其间土地裸露。在这里分布着另外一种鹧鸪，它的名字也很贴切，叫作高地鹧鸪（Moorland Francolin）。它那害羞和难以被发现的习性让鹧鸪这一类群的声誉得到了"挽回"。这里最具特色的植物是著名的火炬花（火把莲属），它们能够为偶尔出现的塔卡花蜜鸟提供花蜜。在这些地区观鸟还可能会见到成群出现的活泼的橙胸金翅雀，它们经常出现在贯叶连翘那开满黄色花朵的灌木丛中，而且还会利用狄氏半边莲的顶部作为瞭望台。

尽管这些荒原充满了乐趣，但对观鸟者来说，巴莱山国家公园最令人兴奋的部分仍然是位于更高海拔的那些地区。从地区首府戈巴（Goba）出发，有条公路向南延伸，一直爬升到海拔 3 800~4 200 米的萨内蒂高原（Sanetti Plateau），并因此成为整个非洲海拔最高的全天候公路。这里的高原本身就是一片拥有多种景观的区域，包括欧石楠丛生的荒野、荒凉的火山山顶和高海拔冰斗湖①，并且这里拥有它们自己当地与众不同的鸟类。这里的明星鸟种可能是斑胸麦鸡，它是一种有点暴躁的涉禽，尽管它非常罕见，而且无疑是一种对这里的栖息地高度特化的鸟种，但它似乎很喜欢在家畜周围闲逛。鲁氏秧鸡是另外一种让人大感不解的鸟，这种华丽的鸟是一种体型较大的红棕色的鸟，胆子非常大。众所周知，它会在观鸟者的脚边绕着跑，并对此毫不在意。

肉垂鹤如同所有的鹤科鸟类一样优雅，它的脖子是白色的，眼睛后面挂着红色的肉垂，灰色的"长尾礼服"几乎一直垂到了地面，至少看起来非常狂野。它是这里的季节性候鸟，每年在 6~9 月的雨季来到这里，几乎完

---

① 冰川湖的一种类型，指在山地冰川侵蚀成的冰斗中积水而成的湖泊。——译者注

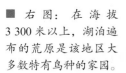

■ 右图：哈莱纳森林是寻找体型较小的金背啄木鸟的最佳地点。

全以莎草为食。

与肉垂鹤一样喜欢以莎草为食的还有蓝翅雁，这是一种几乎从不游泳的体型肥硕的雁。想要看到它是很难的。想象一下，在灰褐色的沼泽里，有一团灰褐色的东西在觅食。不过，当它飞行时，它翅前的那一大片灰蓝色就会露出来。与之相伴的是一群主要生活在古北界的赤麻鸭，这里的种群是赤麻鸭分布最靠南的种群，与种内其他的种群完全隔离。

奇怪的是，还有另外两种古北界的鸟类在这里也有孤立的种群存在。一个是红嘴山鸦，最近在非洲的记录是在摩洛哥和阿尔及利亚发现的；还有一个金雕的小种群，是在20世纪90年代初才发现的，而且是撒哈拉以南非洲地区唯一的一个种群。有趣的是，这里的一些植物也与古北界的植物具有亲缘关系。在巴莱山欧石楠丛生的荒野上生长着非洲唯一的一种野生蔷薇——埃塞俄比亚蔷薇（ *Rosa abyssinica* ）。

金雕，以及白肩雕、草原雕和乌雕都在这里越冬，高原上啮齿动物的密度和多样性十分惊人，为它们提供了充足的食物。当地特有的大东非鼹鼠在这里的种群密度为每平方公里 2 600 只，而且这里还有很多其他拥有奇特名字的小鼠（例如大攀鼠）和家鼠（白尾狭颅鼠）。这些啮齿动物在生态系统中扮演着重要的角色，它们翻动着土壤，挖出无数洞穴，同时也为威武的埃塞俄比亚狼提供了食物，巴莱山国家公园当初就是因为那些狼

而创建的。人们常常可以看到这些食肉动物捕食，它们只是在这些啮齿动物的洞穴入口处埋伏着，一旦有白天活动的啮齿动物把头伸出到地面之上，它们就会发动攻击。

一些鼹鼠还会成为另一种非常奇怪的鸟类——厚嘴渡鸦的猎物。这是一种在埃塞俄比亚的高原地带很常见的体型巨大的渡鸦，有着巨大的喙和华丽的喉羽。它的喙的两侧被挤扁，但是在上方和下方形成了巨大的突起，因此它的上下颌都是弯曲的。这种奇特的怪物抓着一只奇怪的鼹鼠的场景，就能简单展示出非洲这个非凡地区的独特性了。

■ 右图：在海拔 3 300 米以上，湖泊遍布的荒原是该地区大多数特有鸟种的家园。

东非大裂谷湖泊

Rift Valley Lakes

鸟点排名 ⑫ 信息	
栖息地类型	淡水湖、咸水湖、海岸线、灌丛和林地
重点鸟种	大红鹳和小红鹳、白鹈鹕、非洲琵鹭，各种鸻鹬类的鸟，各种野鸭，吼海雕，各种犀鸟（包括黄弯嘴犀鸟、杰氏弯嘴犀鸟和亨氏弯嘴犀鸟）
观鸟时节	全年都很好

■ **右上图**：在旅行观光时看到的众多色彩斑斓的鸟类，让很多人成为了观鸟爱好者——图中是一只丽色花蜜鸟。

■ **下图**：在非洲的东非大裂谷湖泊地区生活着大量的吼海雕。它们以鱼和红鹳为食。

除了狮子和大象，很难想象还有什么场面能比数百万只火烈鸟在一起的景象更能唤起人们对野性非洲的记忆了，它们都长着细长的腿，伸着纤细的脖颈，像一朵朵巨大的粉红色花朵一样覆盖在浅湖之上。许多著名的摄影作品和故事片的场景让火烈鸟湖第一次引起了全世界的注意，现在在肯尼亚我们仍然可以欣赏到这一令人惊叹的景象，而且还可以听到火烈鸟那"低声的咆哮"。然而，尽管这里呈现出了一片欣欣向荣的景象，但支撑着火烈鸟的脆弱的生态系统却面临着失衡和在记忆中消失的危险。肯尼亚的环境正在发生变化，而与此同时，即使是它最具标志性的野生动物也面临着危险。

在肯尼亚东非大裂谷 3 个相互连接的浅水湖中有两个比较著名的湖泊——纳库鲁湖（Lake Nakuru）和博戈里亚湖（Lake Bogoria），在那里仍然可以看到大量的火烈鸟。纳库鲁湖更出名一些，它自 1960 年以来一直是世界著名的鸟类保护区，但现在博戈里亚湖是能观赏到大群火烈鸟的更可靠的地方。这两个湖的火烈鸟数量都可能会有极端的波动，但博戈里亚湖的种群数量几乎总是维持在几十万只，而纳库鲁湖的数量有时可能只有几千只。在情况最好的时候，这两个地方都最多可以容纳大约 200 万只鸟。尽管看起来那些鸟好像一直在那生活，但实际上它们不会在这两个湖中的任何一个地方繁殖。相反，有一个游荡的东非大裂谷种群，它们中的很多个体会在肯尼亚最南部的马加迪湖（Lake Magadi）和坦桑尼亚的纳特龙湖（Lake Natron）繁殖。

尽管如此，这两个湖的碱度和有限的深度为饥饿的火烈鸟创造了理想的条件。而且湖水蕴含的营养保证了处于食物链底端的蓝绿色钝顶螺旋藻的旺盛生长，使其几乎没有竞争者。这种藻类为这些火烈鸟中数量较多的小红鹳提供了主要食物，而在每个湖中还有几千只通常与小红鹳结群的大红鹳，它们吃的是种类更多且稍微大一点的东西，包括摇蚊、桡足类动物和其他水生无脊椎动物，而这些生物又依赖于藻类生存。火烈鸟是滤食性动物，它利用舌头作为活塞，通过上下颌之间的裂缝吸收水分。这两种红鹳的喙部结构反映了它们不同的饮食习惯，大红鹳的喙通过附着在其两侧的锯齿状薄片过滤食物，允许通过的食物颗粒直径可以达到 4~6 毫米；

■ 上图：拥有成千
上万只小红鹳的博戈
里亚湖有时显得有点
拥挤。

而小红鹳的上颌隆起较深，其上排列着板状锯齿，只允许直径为 0.5 毫米那么小的食物通过。这也避免了这两种红鹳在取食方面产生竞争。此外，大红鹳吃的东西通常存在于湖底的淤泥中，所以它们通常会把头浸入水中觅食；而小红鹳只需将喙浸入水中，去寻找那些漂浮的食物。

博戈里亚湖是一个壮观的湖泊，面积可达 42 平方公里，四周围绕着火山山脉，湖岸有温泉、间歇泉和巨大的火山岩。除了火烈鸟外，这里还存在许多其他的水鸟，比如黑颈鹳鹳和绿翅灰斑鸭，而在周围的灌木丛中还有许多索马里–马赛生物群落的典型物种，包括名字奇特的白腹灰蕉鹃①、黄弯嘴犀鸟和东非拟啄木。

纳库鲁湖则是一个完全不同的地方，它坐落在重要的新兴城镇纳库鲁镇附近，那里

① 白腹灰蕉鹃英文名为 White-bellied Go-away-bird，其中 "go away" 直译是 "走开" 的意思。——译者注

是一个农业和工业中心。多年来，在这个 33 平方公里的湖泊及其周边地区栖息的鸟类不少于 450 种，而且它还吸引了诸如黄嘴鹳鹳、非洲琵鹭、白鹈鹕和灰头鸥等鸟种前来。同时在特定时节，这里还会出现一批令人印象深刻的来自古北界的鸻鹬类的鸟。在这些鸟中，有很多都是以捕鱼为生的，这在碱性湖泊中是很难想象的。但是在 1960 年，为了抑制蚊子，人们从马加迪湖引入了一种适应性很强的格雷汉米罗非鱼，结果它对蚊子的影响微乎其微，却靠藻类存活了下来，现在为许多食鱼的大型鸟类提供了食物。

需要指出的是，这两个湖泊并不是东非大裂谷唯一吸引水鸟的湖泊。离纳库鲁湖不远的是同样著名的奈瓦沙湖（Lake Naivasha），那里曾经是一个淡水天堂，湖面上铺满了五颜六色的睡莲，到处鸟语花香，但现在大量入侵的水葫芦对它的生态环境造成了极大的破坏。不过，这里仍然是一个极

好的观鸟点，在奈瓦沙湖及其周围区域共记录了 450 种鸟类，而且每次鸟类调查都能记录到 80 种或者更多的水鸟。但是睡莲被入侵的河狸鼠（现在已被根除）和小龙虾破坏了，这导致了许多鸟种数量的下降，比如红瘤白骨顶。不过威武雄壮的吼海雕在这里的密度仍然超高，它们的叫声是非洲最野性的呼唤。在纳库鲁湖，这些凶猛的食肉动物通常专注于捕食火烈鸟而不是鱼类。

在所有湖泊的北面是另一个非常好的地方——巴林戈湖（Lake Baringo），那是一个淡水湿地，在它的鸟种名单上有 500 种鸟，成功超越了其他所有的湖泊。巴林戈湖的面积与奈瓦沙湖差不多大，有 168 平方公里。它的西侧为悬崖峭壁，上面栖息着几种非常稀有的鸟类，包括杰氏弯嘴犀鸟和亨氏弯嘴犀鸟以及须冠栗翅椋鸟。在提及到的几个湖泊中，只有在这片水域中仍生活着一些白背鸭和红蛇鹈，而在湖中的一个岛屿上还分布着一个有大约 20 对巨鹭的种群，非常引人瞩目。

令人悲哀的是，这些湖泊中的每一个都面临着一个或多个潜在的严重生态问题。在巴里戈湖，逐渐深入的牲畜侵占并破坏了部分水域，使土壤填入了水中；在博戈里亚湖，人类和他们饲养的动物数量大量增加；而在奈瓦沙湖，那里的海岸主要为私人所有，那些丰富的边缘植被和当地肥沃的土壤被用在了商业性农业和花卉栽培上。后者一直在为欧洲市场提供鲜切花，不幸的是，他们使用的农用化学品污染了湖泊。

然而，没有一个地方的未来会像纳库鲁湖那样黯淡。事实上，这个地方最近因为火烈鸟的大量死亡而在国际上备受瞩目。尽管人们认为它们的死亡可能是由与应激相关的传染病引起的，但对这种现象仍然没有可靠的解释。现在仍有企业将工业废料中的重金属倾倒入湖中，这很可能是问题的根源。而且纳库鲁镇和周边农村的人口都在增加，这也导致了湖泊流域的森林遭到灾难性的砍伐。如果对这些行为和进程不加以禁止，那很可能意味着这个湖泊作为鸟类生存之地的角色将不复存在。火烈鸟可能很快就会消失。

■ 右图：东非大裂谷的火烈鸟作为一个吸引游客的景点已经有 50 年了。

塞伦盖蒂国家公园
Serengeti National Park

<table>
<tr><td colspan="2">

鸟点排名 ③① 信息
</td></tr>
</table>

栖息地类型	草原、热带稀树草原林地、金合欢属植物林地、湖泊、山坡
重点鸟种	非洲鸵鸟、蛇鹫，各种兀鹫，灰颈鹭鸨、褐黑腹鸨、软冠鸨
观鸟时节	全年都可以

■ 下图：广阔的天空下有一群壮硕的动物——在一年中的大部分时间都有 200 只角马在塞伦盖蒂平原生活。

塞伦盖蒂囊括了大多数人对非洲的看法：广阔的平原上点缀着金合欢属的植物；成群的食草动物纵情奔跑，蹄下尘土飞扬；为生存而进行的激烈争斗永无休止，时而发生在食肉动物和食草动物之间，时而发生在猎人和猎物之间；此外还有一些非洲的标志性物种四处游荡，比如大象、长颈鹿和犀牛。在非洲的这个角落拍摄的野生动物的镜头可能比地球上其他任何地方都要多。

塞伦盖蒂的神奇绝非夸张。这个国家公园本身就很大（面积 14 763 平方公里），而且东邻恩戈罗恩戈罗火山口（Ngorongoro Crater）地区，北接肯尼亚的马赛马拉（Masai Mara），因此这里哺乳动物和鸟类的数量相当可观，你完全有可能在国家公园的某个角落找到自己想看的东西。除了平原和稀树草原之外，这里还有咸水湖和河流，公园四周也与丘陵和山脉接壤。在这些地区，你可以尽情享受专业观鸟的乐趣，去寻找像灰冠盔鵙、红喉山雀和棕尾织雀那样不同寻常的鸟类。

几乎没有人不会被那里动物成群结队的景象所震撼。这一地区尤其以成群的白须角马而闻名，这些角马连同白其尔斑马和汤氏瞪羚每年都要从塞伦盖蒂平原到马赛马拉进行一次壮观的季节性迁徙，然后再返回。在雨季（1~4 月），有大约 200 万头角马在塞伦盖蒂东南部的矮草平原上吃草，对它们的幼崽置之不理。当气候变干燥时，它们会向西边较湿润的维多利亚湖（Lake Victoria）迁徙，然后大部分旱季都会在马拉（Mara）度过。奇怪的是，当雨季再次来临，到处的牧草情况都有所改善时，它们仍然坚持回到南方，没人知道这是为什么。

■ 上图：非洲鸵鸟高达 2.2 米，它奔跑的速度变化惊人，在逃脱大多数食肉动物的追捕方面和羚羊一样有效。

当这些体型庞大的动物四处迁徙时，其中有一些不可避免的会成为生态系统中那 3 000 头狮子和 9 000 只斑鬣狗的食物，更不用说还有猎豹和非洲豹了。确切地说，捕食者面对这么多的猎物，如果还不能填饱肚子的话，那它真的是非常懒了。其实，许多食草动物都面临着死亡的威胁，这也给生态系统中的食腐动物提供了很多机会。这里是一个可以让游客把注意力从哺乳动物身上转移开的地方，因为他们可以看到很多兀鹫和秃鹫围着动物残骸争抢食物的壮观景象，这也是非洲标志性的景象之一。

对观鸟者来说，识别出不同种类的兀鹫和秃鹫之间的差异尤其有趣。这些食腐鸟类发现动物尸体有两种方式。非洲白背兀鹫和黑白兀鹫都是群体活动的动物，每天天亮后的几个小时，这些兀鹫就会借助热气流飞到离地面 200~500 米的高空。它们会四处散开，一旦发现了尸体，许多鸟就会通过盘旋着向地面飞行这一特殊的动作传达消息，一群鸟很快就聚集起来了。其他种类的鸟，比如皱脸秃鹫和白头秃鹫，都是独来独往的。它们

基本上都只是满足自己的需要即可，经常靠其他食腐鸟类的残羹冷炙和被路杀的动物过活，有时甚至会自己动手杀死一些体型较小的猎物，不过那些猎物基本上是已经生病或者受伤的个体。

然而，无论是非洲白背兀鹫还是黑白兀鹫的喙似乎都无法刺穿大型有蹄类动物的皮肤，因此有时直到长着巨大喙部的皱脸秃鹫出现时，真正的自由竞争才得以开始。一旦出现这种情况，不得体的血淋淋的混战可能就会开始了。群体活动的兀鹫会冲着尸体蜂拥而上，主要吞食柔软的肉和肠子，而皱脸秃鹫、白头秃鹫或者冠兀鹫则主要待在外围。对皱脸秃鹫和白头秃鹫而言，这是因为它们更喜欢吃那些动物较硬的身体部位，比如皮肤、肌腱和其他粗糙组织，因此它们乐意等着轮到自己的时候再吃。而对于体型较小的冠兀鹫，它们在混战中竞争不过其他个体，只能等待轮到自己的时候才吃。

在专注于观察哺乳动物的时候，人们也会注意到另一群鸟类，它们是那些以大型哺乳动物皮毛上或皮毛内的东西为食的鸟。两

■ 上图：两只红脸地犀鸟之间的温情时刻。俗话说，情人眼里出西施。

■ 下图：一只非洲白背兀鹫在一群清道夫的混战中暴露了自己的身份。

种牛椋鸟就是很好的例子，它们是牛椋鸟科的两个成员，专门清除大型哺乳动物皮毛上的扁虱和其他无脊椎动物。红嘴牛椋鸟是这两种中更常见的一种（另一种是黄嘴牛椋鸟），它喜欢的宿主有水牛、长颈鹿和犀牛，人们几乎很难看到它们分开。它甚至会栖息在那些动物的背上。唯一能让它捕食寄生虫的小型有蹄类动物是黑斑羚。奇怪的是，尽管在大象的皮毛上存在大量的捕食机会，但红嘴牛椋鸟总是会避开它们。显然，大象的皮肤很敏感，它们无法忍受牛椋鸟那锋利的爪子。

当然，食草动物并不是唯一在草原上奔跑的动物。世界上最大的鸟——非洲鸵鸟也可以。这种体型巨大的鸟是所有鸟类中眼睛最大的（比一只小型蜂鸟的个头还大）。它足够大，足够高，足够快，不需要飞翔就能在草原上的混战中所向披靡。一只成年鸵鸟的身高可达 2.2 米，在躲避捕食者时，它们能以每小时 70 公里的速度奔跑，身体还不停地左右摇摆。

在体型上紧随其后的是灰颈鹭鸨，根据大多数测量结果显示，它是世界上体重最大的会飞的鸟类。它站着有 1 米高，比较大的雄性个体的体重可达 19 千克。像非洲鸵鸟一样，它基本上是杂食性的，并以其抓蛇和吃蛇的本事而闻名。它是在这些草原上分布的几种鸨之一，其他的种类还包括褐黑腹鸨、软冠鸨和灰黑腹鸨。

这里还有另外两种非常可怕的陆生食肉鸟类在旁边盘旋。一种是蛇鹫，它是一种改进型的猛禽，腿很长，喙很锋利。而当它在追逐小型哺乳动物、爬行动物甚至地面上的鸟类时，它的加速度同样也非常快。像灰颈鹭鸨一样，它也经常捕食蛇类，甚至是致命的种类，比如曼巴蛇和鼓腹咝蝰。还有一种是红脸地犀鸟，这是一种体型巨大的红黑色的怪物，可能只有它们的妈妈才会真正爱它们，它们通常喜欢吃一些体型较小的东西。

因此，塞伦盖蒂著名的巨型动物并不仅限于有皮毛的哺乳动物。这里的大型鸟类可以与体型庞大的哺乳动物相媲美。事实上，许多从未对鸟类感兴趣的人最终在观光旅游时注意到了它们，并从此将其作为一生的爱好。毕竟，当他们回到家的时候，除了在花园中给鸟喂食的平台上还可以看到生死之战外，并没有多少可以观赏的景象了。

西卡普里维地带
Western Caprivi Strip

栖息地类型	平原河、河漫滩、河岸林地、灌丛
重点鸟种	蓝灰鹭、白背夜鹭、厚嘴棉凫、白背鸭、猛雕、横斑渔鸮、铜尾鸦鹃、非洲剪嘴鸥、乌燕鸻
观鸟时节	全年都很好

地图标注：安哥拉、卡普里维地带、纳米比亚、埃托沙盐沼、纳米布沙漠、奥卡万戈三角洲、赫鲁特方丹、温得和克、鲸湾港、博茨瓦纳

鸟点排名 ⑤④ 信息

世界观鸟圣地 动人心魄的 100 处鸟类生活秘境

卡普里维地带是一个连接纳米比亚和赞比西河（Zambezi River）的狭长地带，在1890年被英国殖民者割让给了德国。这里地势平坦，由毫无特色的河漫滩、沼泽、落叶林地和灌木丛组成，景观与纳米比亚其他干旱地区的特点完全不同。这里的鸟类也丰富得多，迄今被记录的鸟种已经超过了450种，而对于热衷于观鸟的人来说，在一天之内看到300种鸟并不罕见。如果你想在观鸟行程中体验探索非洲一个鲜为人知的野生地区的刺激，在那里你可以离开车，四处游荡（当然，如果你不小心的话，可能会有生命危险），那么你就很容易明白为什么这个地区正迅速成为眼光敏锐的观鸟者最喜爱的非洲地区之一。

卡普里维地带的西部正好位于奥卡万戈三角洲（Okavango Delta）的北部，让人们有机会可以看到那片广阔的内陆荒野中的特殊鸟类，同时也为人们能额外看到一些林地和干旱地区鸟类提供了更好的机会。首先，西卡普里维最受人们欢迎的景点之一是波帕瀑布（Popa Falls），这是奥卡万戈河（Okavango River）河段附近的一个小旅游区，湍急的水流从5米高的地方倾泻而下。这里是观看可爱的乌燕鸻的稳定鸟点。在非洲，有很多鸟分布广泛，但是很难看到，乌燕鸻就是其中之一。乌燕鸻一天的大部分时间都在露出水面的岩石上休息，只有在黎明或黄昏时它们才会在水面上捕食蝇类和其他昆虫。3~7月，这里水位的升高可能会迫使它们飞去别的地方。同样的问题可能也会发生在另一种在这条河栖息的重要鸟种身上，那就是非洲剪嘴鸥。这种鸟在沙洲上栖息，而不是岩石上，就像乌燕鸻一样，它在白天有点懒散，在黄昏和月圆之夜时以独特的方式捕食鱼类。如

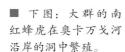

■ 下图：大群的南红蜂虎在奥卡万戈河沿岸的洞中繁殖。

■ 右图：在该地区的一些地方有几对常驻的横斑渔鸮。

果没有栖息地，鸟类就无法生存，当水位过高时，它们就会去别的地方。

在波帕瀑布的南面是马汉戈野生动物保护区（Mahango Game Reserve），或者现在更准确地说，是奥卡万戈国家公园（Okavango National Park）的马汉戈区（Mahango Section）。这个公园的栖息地类型包括草原河漫滩、湿地、稀树草原和河流疏林，在250平方公里的土地上共发现了400种物种。在公园的东部，有一条非常棒的环线车道，这个环线覆盖了所有的栖息地类型，可以方便地观鸟，甚至可以下车（要非常小心）。在环线刚开始的地方，你可以在铺满睡莲的池塘和一些死水中寻找一下体型特别小的厚嘴棉凫、神秘的白背鸭以及两种雉鸻（非常常见的非洲雉鸻和罕见的小雉鸻）。如果你有耐心的话，你也许还可以找到像辉青水鸡和蓝苇鳽这些隐藏比较好的鸟。与此同时，在一丛丛的纸莎草中，你可以找一找大沼泽苇莺和细嘴苇莺，以及唧鸣扇尾莺和号声扇尾莺。

如果你运气好的话，可能还会看到在这里栖息的白背夜鹭，它是一种夜行性鸟类，在卡普里维地区广泛分布，但在哪里都不容易看到。与普通的夜鹭相比，这种鸟不喜欢群体活动，也不集群繁殖。

这条环线的东段会经过一个野餐点，旁边有一棵巨大的猴面包树，在那里你可以悠闲地观赏奥卡万戈的河漫滩。就在这里，在这片开阔的沼泽地上，你可能还会看到公园里仅有的三对肉垂鹤中的一对，以及各种各样腿部修长的涉禽。除了那些常见的非洲钳嘴鹳、彩鹮和巨鹭外，人们还经常能看到黑鹭将翅膀弯曲成著名的伞形姿态，在鸟的下方形成一个阴影区，既可以吸引鱼前来也可以帮助鸟儿看清楚它们。比较稀有的蓝灰鹭有时也会出现在这里，它们长着与黑鹭类似的羽毛，经常在较高的草丛中捕食，所以偶尔才能看到它们。在这里存在的其他鸟种还包括长趾麦鸡、黑喉麦鸡和领燕鸻。在这一带发现的小型鸟类有卢阿普拉扇尾莺、漂亮

■ 上图：乌燕鸻的成鸟和幼鸟。这种可爱的鸟白天停歇在岩石上，黄昏时去捕食昆虫。

的红胸长爪鹡鸰和几种燕子（包括线尾燕、华丽的小纹燕和灰腰燕）。

马汉戈的林地对猛禽来说是个很好的地方。例如，大门入口附近的灌丛和林地里可以看到非洲鹃隼、猛雕、褐短趾雕、短尾雕、茶色雕、红隼、灰头隼和非洲隼。清晨，你会发现这其中的很多猛禽都站在树梢上，而非洲泽鹞和鹗则会在沼泽和池塘中捕食。

在马汉戈以南约 30 公里处，是另外一片非常棒的河漫滩和湿地，它实际上在博茨瓦纳境内，位于奥卡万戈河沿岸，靠近沙卡韦镇（Shakawe）。如果你想看到这个地区最受欢迎的鸟类之一——横斑渔鸮，那么这个地方你是一定要去的。在该地区有几窝常驻的

横斑渔鸮繁殖对，白天你可以看到它们栖息在茂密的树叶中，晚上也可以看到它们捕鱼。它们一般就停歇在水面上的树枝处，时不时地向下飞去抓鱼，爪子会先伸出来，真不愧叫作渔鸮。这些不同寻常的猫头鹰有着漂亮的粉红褐色羽毛，它们有时也会到沙洲上捕食，不断地向水中发动出击，但不知怎么回事，它们似乎从来没把腹部弄湿过。

除了这种魅力四射的鸟以外，这里还有许多其他吸引人的地方。例如，从 9 月开始，你就可以在奥卡万戈河上欣赏到大群南红蜂虎和非洲剪嘴鸥繁殖的壮观景象，而你在河漫滩上看到蓝灰鹭和白背夜鹭的机会可能比在马汉戈还要多。此外，你也许还能在长满草的沼泽地里找到华丽的棕腹池鹭，它们通常离掩体不远。对于那些喜欢小型鸟类的观鸟者来说，这个地区拥有的鸟种和稍远的北方一样丰富，这里有那些在纸莎草中常见的鸟种，也有许多在森林中分布的鸟种，包括褐背火雀这样可爱的鸟，也包括雷氏盔鵙这样有趣的鸟。在大多数地方，像这样的鸟肯定会是一天中的高亮鸟种，但是在一个拥有如此丰富鸟类的地方，它们不过是一顿丰盛宴席上的几碟小菜。

■ 右图：马汉戈区汇集了好几种鸟类丰富的栖息地，其中包括林地和河漫滩。

布温迪不可穿越的森林国家公园
Bwindi Impenetrable Forest National Park

鸟点排名 ㉔ 信息

栖息地类型	海拔 1 160 米到海拔 2 607 米的森林，湿地和灌丛
重点鸟种	非洲绿阔嘴鸟、白头林戴胜、黑蜂虎、纽氏丛莺、谷氏短翅莺、帝王花蜜鸟、紫胸花蜜鸟、红喉鸲鹟、杰氏阿卡拉鸲、白点鸲、詹氏啄花雀
观鸟时节	全年都可以

在乌干达西南部有个地方叫布温迪不可穿越的森林国家公园（以下简称布温迪国家公园）。这个令人难忘的名字给人的直观印象是，你将面对一堵厚厚的难以通过的植被墙。但事实上，这个名字并不是指其森林的属性，它的森林并不比东非其他地方的森林更坚不可摧，在这里主要是指其异常复杂的地形。这片区域由险峻的山脉和陡峭的山谷组成，所有的地方都覆盖着壮阔的原始森林，由于湿度过大加上路径湿滑，使得这里更加难以穿行。这是东非地区为数不多的在一个国家公园内就完成从低海拔原始森林向山地森林过渡的地方之一，它们保持着完好的原生状态，过渡得天衣无缝。

尽管布温迪国家公园很小，面积只有 331 平方公里，但它却是观鸟者心目中的传奇之地。不仅是因为这里鸟种异常丰富，迄今已经记录了 347 种鸟类，而且这里还栖息着大量（23 种）狭域分布的鸟类，这些鸟类都是东非大裂谷西坡，也就是所谓的艾伯丁裂谷（Albertine Rift）特有的鸟种。由于这些鸟的其他分布区都在政治不稳定的刚果民主共和国境内，布温迪几乎是唯一一个能看到和欣赏它们的地方。

这个地区曾经是一片巨大森林的一部分，那片森林曾经覆盖了乌干达西部的大部分地区，以及卢旺达、布隆迪和附近的刚果民主共和国。这片古老的巨大区域有 25 000 年的历史，人们认为它是在最后一个冰河时代幸存下来的更新世物种的避难所之一。这一点，连同它的海拔范围，对这里丰富的生物多样性进行了解释。除了鸟类，森林里还有 200 多种蝴蝶（包括传说中的非洲长翅凤蝶）和令人难以置信的 120 种哺乳动物。其中，黑猩猩和山地大猩猩使布温迪成为一个主要的生态旅游地。森林里有几群大猩猩已经习惯了人类，每天可以有一个小时让人们参观，每组参观人数最多 8 人。即使是最痴迷的观

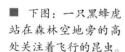

■ 下图：一只黑蜂虎站在森林空地旁的高处关注着飞行的昆虫。

■ 右图：这片森林不可穿越的特性更多的是指它那复杂的、起伏的地形，而不是指树木本身。

■ 右图：极具特色的白头林戴胜是布温迪分布较广的森林鸟类之一。

鸟者也会身不由己地参与到这种无可比拟的追踪大猩猩的探险活动中。

　　不过，一旦你看过了大猩猩，你就可以专注于观鸟了。大多数独立旅行者和旅游团至少都会留 3~4 天的时间观鸟，从布霍马（Buhoma）附近的低地开始（这里靠近观看大猩猩的营地，是徒步旅行开始的地方），到鲁希亚（Ruhija）附近的高地结束。大多数的

艾伯丁裂谷特有种分布在高海拔地区，但是较低处的生物多样性最高。

　　布霍马周围的森林有着不同寻常的树冠，它们的可见度非常好，因此在其他地方类似栖息地很难看到的鸟类，在这里有时候可以自在地欣赏。这些鸟包括暗色长尾鹃、绿长尾鹃、铜颈鸠、斑尾咬鹃、各种啄木鸟和华丽的白头林戴胜，人们经常会遇到 10 只或 10 只以上的白头林戴胜成群待在一起，一片嘈杂。这也是仔细观察一种在森林中普遍存在的现象的好时候，即混合觅食的鸟群，也就是我们前面提到过的鸟浪。在那些小型的食虫鸟类中你可能会发现塞氏绿鹎、红尾须冠鹎、黄眼黑鹎，还有那可爱的、光鲜亮丽的、脸红的柳莺——红脸柳莺。与此同时，这里还有一系列的花蜜鸟被开花的树所吸引，包括北非双领花蜜鸟、绿喉花蜜鸟和蓝头花蜜鸟。还有 6 种森林椋鸟在寻找果实，这其中包括罕见的有蓝色金属光泽的斯氏狭尾椋鸟、胸部橙色的黄腹紫椋鸟，以及狭尾椋鸟和紫头辉椋鸟，这里是它们分布范围的最东端。

　　在森林的下层生活着一群更隐蔽的鸟类。这其中有一类鸟，它们习惯于跟随成群的矛蚁或行军蚁，经常很长时间待在地面上一动不动。这些鸟类包括不显眼的唱着删减版单

非
洲

声道歌曲的杰氏阿卡拉鸲，还有白点鸲和两种狭域分布的鸟种，一种是当地特有种红喉鸲鹛，它在这些蚂蚁追随者中占主导地位，另一种是由两种颜色构成的灰胸雅鹛。此外还有一些在蚁巢中觅食的鸟类，包括詹氏啄花雀，这是一种在林下灌丛生活的奇特雀类。

在布温迪，通过鸟浪中鸟种的组成你就能判断出自己身处什么海拔。例如，如果你在海拔 1 600 米以下，你可以看到跟欧亚鸲很像的白腹歌鸲在收集树叶。然而，在更高一点的地方，一种类似的与之相关的鸟种就占据了上风，那就是当地特有鸟种阿氏歌鸲，与上面那种歌鸲不同的是它有一条细长的白眉纹。同样，在雾蒙蒙的高地森林里，缀满了附生植物、覆盖着苔藓的开花树木吸引着两种美丽的花蜜鸟，一种是胸部为鲜艳的黄红两色的帝王花蜜鸟，一种是紫胸花蜜鸟，其身上彩虹般的紫色和青铜色光彩夺目。在这个海拔分布的一些其他特有鸟种包括纹胸山雀、聪明的暗腹朱翅雀，还有名字古怪的奇织雀（Strange Weaver），这种鸟无疑是罕见的，但它的样子看起来也没有什么不寻常。

如果没有经过 3 小时长途跋涉到达公园东边著名的穆布温迪沼泽（Mubwindi Swamp），那这趟鲁希亚之旅，甚至布温迪

之旅都是不完整的。人们可以在沿途看到许多高海拔地区的特色鸟种，而湿地本身也吸引了许多罕见的鸟种。其中最受欢迎的可能就是近乎神话般的非洲绿阔嘴鸟，这是一种身上带有蓝色和绿色的小鸟，它最吸引人的地方就在于几乎没有人见过它。然而，近年来，研究人员成功地发现了这种艾伯丁裂谷特有鸟种的几处巢穴。对于这样一种体型小巧、非常安静又令人难以捉摸的鸟来说，这是一项相当了不起的壮举。在这里另外一种吸引人的鸟是谷氏短翅莺，这是一种尾羽较长的棕色小鸟，喉咙和胸部带有斑点，善于躲藏，常见于沼泽植物中。还有一种能在这里和森林中其他地方看到的善于躲藏的鸟是漂亮的纽氏丛莺。这是一种数量稀少的特有鸟种，而且很难看到它，但对痴迷的观鸟者来说，这却是两个不可抗拒的诱人属性。而且它的长相看起来也不同寻常，尾羽非常短，看起来就像尾部遭受了什么意外似的。

当你在寻找这些难以对付的鸟时，黑蜂虎常常会出现在一些枯死的树桩上捕食昆虫，向你展现出迷人的魅力。在布温迪，你永远不知道接下来会有什么能吸引你的目光，而这恰是这片神奇森林的魅力之处。

达扎兰亚马森林保护区
Dzalanyama Forest Reserve

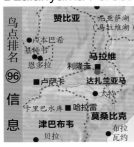

鸟点排名 ⑯

信息	
栖息地类型	米扬博林地、一些草地和岩石区域
重点鸟种	斯氏啄木鸟、绿头金织雀、非洲斑旋木雀、翎翅夜鹰、暗色鹎、安氏食蜜鸟、双领花蜜鸟、雪氏花蜜鸟
观鸟时节	全年都可以

米扬博林地（Miombo woodland）是非洲最广泛的热带季节性林地和旱地林区，东非和南部非洲的主要生物群落之一，覆盖了从坦桑尼亚到莫桑比克约 270 万平方公里的土地。这是一种非常开阔的林地类型，下层为草地或稀疏的灌丛，树木主要由近缘的短苞豆属和兔风檀属植物组成。它们为阔叶半落叶树，在 4~10 月的旱季，其部分或全部树叶会在 2~4 周内脱落。米扬博林地生长在贫瘠的土壤中，生物多样性并不是特别丰富，但确实有一群鸟类只分布于这种栖息地，在其他地方找不到。

如果要在米扬博林地观鸟，在非洲很少能有与距马拉维首都利隆圭（Lilongwe）西南仅 58 公里的达扎兰亚马森林保护区相比的地方了。该保护区包含了 1 000 平方公里的林地，大部分都是原始森林，是非洲最大的森林之一。在这里栖息着各种各样的米扬博林地鸟类，也包括一些非常稀有的鸟种。这其中最受欢迎的可能是分布范围极其有限的斯氏啄木鸟，在其他地方很难找到它们。而罕见的绿头金织雀就在不远处，它主要依附

于一类植物生活，那些植物上面长着一种名叫松萝的地衣，呈须状，像老人的胡子。这种不起眼的织雀腹部为黄色，背部是橄榄绿色，它们除了主要在松萝丛中寻找昆虫觅食外，还会用这种地衣搭建精致的巢穴，并把它放在树枝下的松萝丛中。世界上几乎没有巢穴可以比它伪装得更好了。

然而，在米扬博林地观鸟的真正乐趣在于发现和跟踪那些鸟浪，这是这个栖息地鸟类的一个主要特征，也是这个地方所拥有的一种壮观景象。奇怪的是，除非你找到一个鸟群，否则你可能会认为这里根本就没有鸟，因为可能有很长一段时间什么鸟你都看不到。然后，突然间，你会遇到一群鸟，它们在树林中穿梭，速度不快，比不上人走路的速度。于是，你就会在试图找出所有鸟种的过程中，很享受地度过非常令人兴奋的半小时。有些鸟群中可能有 30 种鸟类，不过通常看到的只有 10 种左右。

这些鸟浪与在热带雨林中发现的鸟浪并没有太大的区别，它们每天在黎明时分聚集，组成鸟浪的个体通常都有很强的领地意识，它们会在自己的领地范围内成群结队地生活。有时，当鸟浪在不同的领地间穿梭而过进行转换时，你会听到一片嘈杂的声音。南丛莺就是这样，它是组成鸟浪的固定成员，这种鸟是一种像鹪一样的莺，腹部呈黄色，背部深色，并有一条非常明显的白色翅斑。

这些鸟浪最令人兴奋的地方就是这里包含了很多不同种类的鸟，而且每一种都有其不同的生态位。在同一个鸟群中，你会发现在树冠层取食的鸟类，比如红顶森莺；也能看到在地面居住的鸟类，比如安哥拉矶鸫，它会通过不停地搜寻林地中的落叶来打发时间（但是，对于一种矶鸫来说有点奇怪的是，它也经常栖息在树枝上）。还有一些鸟在生态位上的差异可能是很微妙的，例如北灰山雀喜欢在位于中等高度的树干和粗枝上活动，而棕腹山雀更喜欢在树冠层的小树杈和细枝上活动。与此同时，神秘的非洲斑旋木雀会沿着树干一颠一颠地往上爬，每换一棵树都要先飞到树的根部，然后开始，如此反复。

■ 下图：娇小的安氏食蜜鸟是米扬博林地的特色鸟种，它是非洲中南部的特有鸟种。

■ 右图：当雄性翎翅夜鹰飞行时，跟在它身后的"翎翅"是其内侧的初级飞羽特化形成的。

令人着迷的是，我们注意到鸟浪中不同鸟类的觅食技巧也不尽相同。例如，黄腹丛莺和南丛莺，它们总是在树冠中蹦来蹦去，像柳莺一样在树叶中撷取无脊椎动物为食，移动迅速，一点也不安分；而另一边，不常见的南非伯劳（长得像一只处于幼鸟向成鸟过渡时期的伯劳）是一种典型的坐等猎物上门的捕食者，一动不动地待在次冠层观察着下面猎物的动静。而可爱的白尾蓝凤头鹟是一种浅蓝色的鸟类，长长的尾羽还带着白边。它的行为与澳大利亚地区的一种扇尾鹟很像，当它停歇在树上时，总是不停地鞠躬行礼，并快速地张开它那长长的尾羽。伯氏鹟与之则截然不同，这是一种迟钝的棕色的鹟，胸部有许多颜色很重的斑点。大部分时间它都一动不动地停歇在树枝上，偶尔在树冠层突袭一下猎物，它的主要食物似乎是黑色的织叶蚁。然而，所有这些不相干的鸟种都选择聚集在一起四处游荡，当然部分原因是这样可以有更多的眼睛来发现捕食者。

在鸟浪中每个物种的社会构成也各不相同。米奥斑拟鹀通常是成对或以家庭为单位出现，而南非伯劳通常是三个一组，中非拟鹀则是成对生活的，它们都会加入鸟浪中，在树枝上寻找食物。

并不是所有在米扬博林地的鸟都是完全群居的鸟种。该地区以花蜜鸟而闻名，其中的一些似乎会避开鸟浪。这里面的特色鸟种包括双领花蜜鸟和狭域分布的雪氏花蜜鸟，它们会寻找开花的攀援植物和其他花朵取食。这两种花蜜鸟都不是特别引人注目，它们身体上部都是绿莹莹的颜色，胸部有一条红带。然而，对于华丽的安氏食蜜鸟就不能这么说了，它是一种美得令人眩晕的小鸟，有着鲜亮的深红色和黄色的胸脯以及闪光的蓝色喉部，这种小范围分布的鸟种有时也会加入到鸟浪中。

达扎兰亚马森林保护区内并非全都是米扬博林地，在这里茁壮生长的 290 种植物也有些来自河岸森林、坦泊（dambos）（树林之间的小块草地）和露出地面的岩石区域。如果你幸运的话，你可以在那里找到神秘的暗色鹛。当你在夏天走过草丛的时候，你甚至可以遇到非洲最奇特的鸟类之一——翎翅夜鹰。然而，尽管有这些神奇的鸟类存在，但你对达扎兰亚马森林保护区的持久记忆可能还是来自在米扬博林地看到的那些鸟浪。

班韦乌卢沼泽
Bangweulu Swamps

栖息地类型 大型的纸莎草沼泽、多草的河漫滩、米扬博林地

重点鸟种 鲸头鹳、肉垂鹤、黑冠鹤、泽鹞、红胸长爪鹡鸰、黑领鹑雀

观鸟时节 对鲸头鹳来说，最佳观赏时节是5~7月，但是这里全年都很有趣

■ 下图：高度狭域分布的红胸长爪鹡鸰在潮湿地区的边缘觅食。

有时候，一个地方的自然环境真的是非常适合它那里的明星鸟种，从这个角度来说，赞比亚北部的班韦乌卢沼泽是寻找鲸头鹳的最佳地点。在这些偏僻且人迹罕至的水道里，潜伏着一种神秘而又善变的鸟类。这似乎没什么问题，因为在这里，在这片人烟稀少的大陆上，人们会期待一些罕见而奇特的东西从纸莎草丛中探出头来。

纵观全世界，很少有比鲸头鹳长相更奇特的鸟了。它高高地站在水边的草木上，灰色的羽毛看起来有些粗糙，而在这只鸟的整体轮廓中占据着主要地位的要算它那引人注目的喙，即使是最迅速的一瞥也无法被忽视。它的喙像一只荷兰木鞋，容量非常大，边缘

锋利，前端还有一个可怕的钩。很明显，它有一项非常特殊的任务要完成——捕获和钩住那些大大小小的鱼，它们可是鲸头鹳食谱中的重要组成部分。鲸头鹳喙部前端的钩子会将鱼固定住，而锋利的边缘可以使鱼失去活动能力，并在必要时将它们斩首。通过对上述工作任务的描述，可以看出它的喙部效率还是很高的，而且能为其行动迟缓的主人提供足够的大餐，让它的生活过得优哉游哉。

鲸头鹳是耐心猎者的典范，它可以一动不动地站上 30 多分钟，这时候人们几乎都忍不住想去戳戳它，看它是否还活着。但对于捕捉鲸头鹳最喜欢的食物——肺鱼来说，这是一种非常有效的策略。那些体型很大又原始的鱼类需要周期性地浮出水面呼吸空气，而当它们这样做的时候，鲸头鹳已经做好了准备，它会孤注一掷地将整个身体冲向肺鱼。不过如果一旦失手，它却无法及时恢复体力再试一次，所以它会立即离开，再找一个新的地方站着，继续它那费时的守候。

作为一个孤独又不显眼的猎手，鲸头鹳可能很难被找到，即使是在它们很常见的地方。幸运的是，在班韦乌卢的人们意识到了鲸头鹳的魅力，从那些旅馆建筑群的名字——鲸头鹳岛屿营地（Shoebill Island Camp）你也能看出点什么。在特定的季节，人们可以很方便地租到独木舟，并由专业向导带着去寻找这一目标鸟种，这些鸟导对鲸头鹳的习性都很了解而且也知道它们的最新下落。因此，从 5 月到 7 月，当季节性的河水在营地周围退去，肺鱼都集中在了不断变浅的池塘中时，这里就成为世界上观察鲸头鹳最可靠的地方之一。然而，在 7 月之后，这些鸟又会退回到沼泽中那些大片的、难以接近的永久性沼泽中去，那时想追踪到它们就难多了。

班韦乌卢沼泽复合体是非洲面积较大的湿地之一，占地约 10 000 平方公里。其中约 4 000 平方公里被国际鸟盟划定为重点鸟区（Important Bird Area，IBA），部分原因是这里存在着一定数量的鲸头鹳种群。2006 年在

■ 右图：班韦乌卢
的明星鸟种鲸头鹳一
动不动地站在河岸上，
等待着肺鱼的靠近。

此地进行的一次空中调查对鲸头鹳种群数量的估计为 470 只，对这一稀有鸟种来讲，这一数量无疑在其全球种群数量中占据了相当大的比例。

当然，除了鲸头鹳，在班韦乌卢沼泽生活着的鸟类还有很多。这里还有大量的其他水鸟，包括距翅雁、鞍嘴鹳、各种鹭（包括巨鹭）以及像赤嘴鸭和南非鸭这样的鸭子。罕见的蓝灰鹭会偶尔出现，而黑鹭那典型的"雨伞"状捕食的方式（它们展开翅膀在自己上方形成一个遮篷，这样在下方形成的阴影中，鱼就更容易被发现）也是相当常见的景象。在永久性沼泽的许多地方都生长着大量的睡莲，在那里可以很容易看到非洲雉鸻和小雉鸻，至少能看到一次，而且还会看到成群的优雅的长趾麦鸡。此外，这里还可以找到一些有趣的雀形目鸟类。红胸长爪鹡鸰会在潮湿地区的边缘四处游荡；而泽鹩，它的体型很小，颜色也很暗淡，但是它那白色的喉部，让待在纸莎草茎部或其他水边植被上的它凸显了出来，不过大沼泽苇莺和唧鸣扇尾莺仍然隐藏在那片草茎森林里。

这片湿地最好的那些地方是季节性被水淹没的区域，这也为不同种类的鸟提供了丰富的草地环境。其中最显眼的就是高大威武的肉垂鹤了，这是很难错过的鸟种，而且它们的数量可能有多达数百只。具有戏剧性的是，它们会紧跟在鲸头鹳身后。而另一种不那么出名的特色鸟种是黑冠鸨，它有一个非常吸引人的可爱习惯，就是快速扇动着黑白

相间的翅膀，一次又一次地跳向空中又落下，仿佛在徒劳地尝试飞翔。不过，它确实能放得下尊严，平常就在动物粪便中搜寻蜣螂吃（这里有很多食草动物，包括一种稀有的羚羊——黑驴羚），偶尔还会攻击一下遍布在这片平坦土地上的装满大量食物的蚁巢。草原上其他令人兴奋的鸟类还包括黑领鹑雀和狭域分布的灰腰燕，而在 10 月到来年 3 月的湿润季节，会有大量来自古北界的鸻鹬类的鸟到这里来，比如全球近危的斑腹沙锥。

在班韦乌卢还有一种类型的栖息地值得注意一下，那就是位于沼泽边缘的米扬博林地。那里栖息着很多米扬博林地的特色鸟种，比如棕胸山雀和北灰山雀、黄腹丛莺和红顶森莺。如果你能把自己从对其他地方的关注中拽出来的话，那么给这个干燥的栖息地一点关注是很值得的。

■　下图：体型巨大的黑冠鸨在成堆的粪便中寻找甲虫吃，过着非常悠闲的生活。

洛瑞爵士山口
Sir Lowry's Pass

鸟点排名 **84** 信息	

栖息地类型	高山区多石的山坡和凡波斯灌木林
重点鸟种	棕岩鸱、南非食蜜鸟、南非矶鸱，各种花蜜鸟（包括橙胸花蜜鸟、辉绿花蜜鸟、小双领花蜜鸟），维氏短翅莺、非洲三趾鹑
观鸟时节	全年都可以

南非是一个著名的观鸟大国，但或许在这片非洲大陆最南端最令人兴奋的是它那惊人的各种各样的花卉。世界被分为6个独特的"植物区系"（由地理区域而联系在一起的大量植物的组合），而其中之一，与基本覆盖整个非洲大陆的古热带植物区系连在一起的，是相对较小的开普植物区系，它局限于南非西部。仅从开普敦以北240公里的象河（Olifants River）到伊丽莎白港（Port Elizabeth）这片向内陆延伸了几百公里的区域内，就总共有8 700种植物，而在这里的某些地区，尤其是西部，那里的植物种类比同等面积的热带雨林中的植物种类还要多。

为什么这些与观鸟者有关？主要原因在于，开普植物区系内最具特色的栖息地是一种被称为凡波斯（fynbos）的低矮的灌木植被类型。凡波斯灌木林不仅是植物区系的奇迹，这里还分布着一系列在世界上其他地方找不到的有趣的特色鸟种。

洛瑞爵士山口是最佳，也是最方便的凡波斯灌木林观鸟点，它位于霍屯督荷兰山脉（Hottentots Holland Range），距离开普敦北部大约50分钟车程。在到达这里之后的几分钟内，你会注意到这个独特的栖息地由三个主要部分组成：一种是寻灯草科奇特的像草一样的穗状植物，另一种是具有强韧叶子的、丛生的欧石楠属植物，还有一种是最著名的壮观又高大且非常繁盛的帝王花属植物。这

■ 右图：在远离帝王花属植物的地方很少能见到南非食蜜鸟。

■ 上图：善于躲藏
的棕岩鸫难得一见。

常的种类。事实上，在南非有两种食蜜鸟，它们在分类学上是一个谜。它们似乎与太阳鸟、澳大利亚的吸蜜鸟以及鹎科鸟类有亲缘关系，然而至今还没有人能确定它们的近亲是谁。

毫无疑问的是，食蜜鸟完全依赖帝王花属植物为生。除了以花蜜为食外，它们也会在花朵和狭窄的叶子上寻找昆虫吃，而且食蜜鸟还会在帝王花属植物中筑巢。它们会用一些植物碎片搭建主体结构，并借助植物灌丛遮风挡雨。所以毫不奇怪，在离它最喜欢的花朵比较远的地方一般很少会发现食蜜鸟，而且这些鸟通常会依据不同物种在一年中不同时节开花的规律，而进行短暂的迁徙或游荡活动。

些植物是凡波斯灌木林的精髓所在，每一种都对生活在这里的各种鸟类有所贡献。

所有在凡波斯灌木林生活的鸟类中最著名的是神奇的南非食蜜鸟。如果不是因为它那渐变的长得出奇的尾羽（雄性尾羽的长度大约是其身体的 3 倍），它看起来就跟普通的食蜜鸟一样，体型小小的，喙长且弯曲。这样的尾羽把一只相当普通的鸟变成了非同寻

当食蜜鸟觅食时，它会根据植物不同的花序特征采取不同的取食方式。例如，在乞力马扎罗帝王花那平台状的花冠上取食时，它会站在花冠顶上，俯身探寻外围的花蜜；而在海神花那深杯状的花朵中取食时，它一旦进入四周被包围的花冠，就几乎从视野中消失了。当然，每一种方法都能确保食蜜鸟身上沾上花粉，为传递给下一株植物做好准备。

■ 右图：橙胸花蜜鸟可以算是开普植物区系的特有鸟种。

■ 右图：橙胸花蜜鸟可以算是开普植物区系的特有鸟种。

有这么多花朵存在，那么在凡波斯灌木林地区分布着大量热衷采食花蜜的花蜜鸟也就不奇怪了。这其中还有一种本地特有的鸟种，即色彩艳丽的橙胸花蜜鸟。相对于帝王花属的植物它更偏爱欧石楠属的植物，不过这并不会给它带来很多限制，因为有 550 种开普植物区系特有的欧石楠属植物在这里生活。橙胸花蜜鸟是一种小型的花蜜鸟，有着闪亮的绿色头部，橄榄色的背部和尾羽，以及橙红色的胸脯，尽管它不得不屈从于食蜜鸟，在较低的花穗处觅食，但对于花蜜的竞争对手，它通常具有很强的攻击性。人们常常发现它们与华丽的深绿色的辉绿花蜜鸟以及分布广泛且很常见的小双领花蜜鸟待在一起，后者的胸带由绚彩的蓝色和深红色构成。

这里的帚灯草科植物不是很好的蜜源植物，但它们也有自己的鸟类追随者。其中一种是以种子为食、颜色暗淡、略带黄色且具条纹的海角丝雀，它们行事低调，经常在灌木丛、矮树丛和地面上成小群觅食。这些帚灯草科植物也是凡波斯灌木林植物稠密的、灌木丛生的自然环境中的一部分，这一特征也使得这片栖息地中分布着大量另一类非常有特色的鸟。它们常躲藏在茂密的植被中，其中包括非洲三趾鹑（最近刚从广泛分布的黑腰三趾鹑中分离出来的一个物种），通常只有当它在你的脚边飞起来时才会被看到；而超神秘的栗尾侏秧鸡，它不愿意展示自己，以至于有记录显示它会被踩到而不是飞走。当你寻找它们的时候，这两种鸟都会让你发疯。

这里还有另外一种善于隐藏的鸟——维氏短翅莺。相对来说看到它的机会可能会大一点，因为当这种鸟要展示它那轻快悦耳的鸣唱时，偶尔会赏个面儿从灌木丛中出来跳到枝叉顶部，之后它可能会再次消失几个小时。它的身上为丰富的棕色，脸颊灰色，还有一双非常醒目的一直瞪得圆圆的黄色眼睛。对于一个在灌丛中生活的莺来说，这算是一个英俊的物种了，而且它也是南非这一地区的特有种。

洛瑞爵士山口是一个崎岖的丘陵地带，除了凡波斯灌木林外，这里还有大量露出土地的岩石，为另外几种特色鸟类提供了

■ 对面图：地啄木鸟通常成小群出现，而且正如其名字所示，它们不常出现在树上。

■ 对面图：地啄木鸟通常成小群出现，而且正如其名字所示，它们不常出现在树上。

绝佳的栖息地。有一种不同寻常的地啄木鸟，它是一种几乎从不在树上栖息的食蚁鸟类，很常见，而且经常能看到它们成群结队地出现。每只鸟都在挖洞，并把它们的喙伸到地下舐食大量蚂蚁。此外，观鸟者还能发现两种特有的矶鹬——浅灰色的哨声矶鹬和具有丰富的肉桂色的南非矶鹬。不过，在这多岩石地区的主要目标鸟种是高度狭域分布的棕岩鹪。对于观测它来说，洛瑞爵士山口是最好的地点之一。这是一种华丽的、眼睛红色、长得像鸫一样的鸟，它的雄鸟有着明亮的栗色胸脯和臀部，黑色尾羽尖端带有白色，黑色的脸上有一条长长的白色髭纹。这种鸟多少配得上棕岩鹪这个名字中的"岩"字，人们可以看到它们成小群地从一块岩石跳到另一块岩石上，或者从一块突出的地方低飞到另一块突出的地方。停歇时，它们常常会扬起尾羽，发出响亮的口哨声。棕岩鹪是合作繁殖的鸟类，繁殖者的年轻后代会帮助父母抚育雏鸟。它们是害羞的喜欢躲藏的鸟类，而且在地上觅食，可能需要费点劲才能看到它们。然而，与在这个很棒的栖息地生活的其他特色鸟种一样，为寻找它们而付出的努力是非常值得的。

莫库斯野生动物保护区

Mkhuze Game Reserve

栖息地类型	沙地森林、无花果林、热带稀树草原、多岩石地区、湿地
重点鸟种	斑短趾雕、冠珠鸡、非洲阔嘴鸟、绿颊咬鹃、噪犀鸟、尼氏花蜜鸟、绿背斑雀和玫胸斑雀
观鸟时节	任何时候都可以，不过 7~11 月可能最好

■ 右上图：在沙地森林可以发现美丽的玫胸斑雀。

■ 下图：绿翅斑腹雀喜欢的栖息地是多刺的灌木丛。

这个位于南非夸祖鲁 - 纳塔尔省（KwaZulu-Natal），占地面积 400 平方公里的野生动物保护区虽然在南非以外不是很出名，但它拥有的鸟种数却位列全国第二，仅次于面积巨大的克鲁格国家公园（Kruger National Park）。这里有 450 种鸟类，对于这样一个面积相对较小的区域来说，这是一个相当惊人的数量，而鸟类的绝对数量之多使这个地方成为一个非常值得一去的观鸟点。

这里鸟类多样性如此丰富的原因是各种各样的栖息地都聚集在了一起。很自然地，每一种栖息地都有与之相适应的一系列鸟类存在。如果再把从古北界迁徙过来的候鸟、在非洲内部迁徙的候鸟和当地一些分散的鸟种加入其中，你就明白为什么这里的鸟类种数可以达到如此令人眼花缭乱的程度了。

保护区的大部分景观就如同众多观光旅游手册和野生动物书籍中描绘的一样，是大片拥有金合欢树的热带稀树草原，这在非洲是再熟悉不过的景象了。如果来这个野生动物保护区参观是你第一次看到非洲灌木草原，那么当你看到像燕尼佛法僧、小蜂虎、南黄弯嘴犀鸟、黑头织巢鸟、灰头丛鵙和安哥拉蓝饰雀这样的鸟类时，你一定会惊叹不已地瞪大双眼。然而，这些标志性的鸟种仅仅是莫库斯赏鸟盛宴的开胃小菜。再仔细看看，很快你就会发现更稀有的鸟种：在河岸林地里有阔嘴三宝鸟；在莫库斯河（Mkhuze River）沿岸可以看到白额蜂虎；森林里有噪犀鸟；沼泽地里分布着黑脸织雀和厚嘴织布鸟；而令人惊艳的四色丛鵙，一种由红色、橙色、黑色、绿色和黄色构成的神奇鸟类，则生活在林地里；此外在多刺的灌木丛中，还可以看到色彩斑斓的绿翅斑腹雀。

这里的一切都需要仔细查看。面对如此丰富的鸟类多样性，即使你连续几天去拜访同一个地点，或者在一天的不同时间去观鸟，都会有新的收获。令人惊奇的是，你都不知道这些新发现的鸟种是从哪里冒出来的，因此这个保护区是南非最受观鸟爱好者喜爱的地方之一。

除了拥有很多该地区比较典型的栖息地之外，莫库斯还有一些非常特殊的栖息地类型。其中最著名的就是沙地森林了，它占据了靠近保护区北部边缘的一小块区域，由生长在古老沙丘上的林地组成。这里生活着一些高度狭域分布的鸟种，包括尼氏花蜜鸟，它是太阳鸟科鸟类中体型比较小的一员，喙也比较短，全身除了一条明亮的深红色胸带以外，羽毛以绿色和棕色为主。尼氏花蜜鸟仅分布于南非东部和莫桑比克南部，它对干燥的栖息地十分挑剔，而莫库斯是寻找这种稀有鸟类的最佳地点之一。分布更为广泛的非洲阔嘴鸟也存在类似的情况，它在这里比在其他任何地方都要更常见一点，那青蛙般的叫声给人们提供了最好的寻找线索，不过还是需要费点力气才能找到它们。在沙地森林中分布的其他值得看的鸟还包括冠珠鸡、绿颊咬鹃、方尾卷尾，以及绿背斑雀和玫胸斑雀这两种漂亮的以种子为食的鸟类。这两种斑雀都比较害羞且难以捉摸，人们有时会在保护区内欣赏动物的掩体处看到它们。这两种鸟的腹部都是黑色的，上面布满了白色斑点，但它们的其他部分的羽毛则各不相同，

绿背斑雀主要是淡绿色的，而玫胸斑雀雄鸟的脸和胸部则是我们所能想象的最完美的淡紫色。

莫库斯的另一片森林也是一个重要的栖息地，这片森林主要由无花果树和发烧树①组成。它位于保护区的南端，现在只有通过参加公园管理部门安排的徒步导赏活动才能到达那里。在那里也发现了一些比较好的鸟，绿颊咬鹃和方尾卷尾又一次出现在了名单中，此外还有总是躲躲藏藏的绿黄嘴鹃，翅膀带有火焰色、漂亮得难以置信的紫冠蕉鹃，翠绿色的非洲绿鸠以及小巧玲珑的非洲凤头鹬。这里还有另一个重要鸟种，那就是稀有的斑短趾雕，它是一种猛禽，通常静静地守候在

① 发烧树（*Vachellia xanthophloea*）生长在沼泽附近，从前的土著不知道疟疾是由蚊子传染的，还以为摸过这种树就会发烧，因此一直叫它"发烧树"，其实是因为沼泽附近的蚊子多。——译者注

■ 右图：在莫库斯可以看到经典的拥有金合欢树的热带稀树草原。

■ 上图：华丽的紫冠蕉鹃出现在了无花果林中。

栖木上以捕捉体型较小的蛇为生。而非常幸运的观鸟者甚至还可以看到在树木上栖息的横斑渔鸮。

渔鸮的出现表明这附近有大量的水存在。事实上，这个公园里到处都是河流，有些河流会流入一年四季都有水的浅湖中。这些浅湖的周围是芦苇沼泽和纸莎草丛。它们给人们提供了很好的观鸟体验，当然也吸引了大量鸟类的到来。其中最大的一个是位于公园东南部横跨了莫库斯河的恩苏姆湖（Nsumu Pan），对于那些捕鱼的鸟来说，这里是个好地方。比如白鹈鹕、粉红背鹈鹕、黄嘴鹮鹳、非洲钳嘴鹳、吼海雕等，它们在这里都很常见。在不同的季节，这里的水位也有所不同。在每年 11 月到来年

3 月之间，观鸟者在这里可以看到大量来自古北界的鹬鹬类的鸟，比如泽鹬、林鹬、矶鹬、流苏鹬和青脚鹬，而一些当地的鸟种，像黑喉麦鸡、距翅雁和白脸树鸭全年都会出现。与此同时，在莫库斯北部边界附近的因赫勒拉湖（Inhlonhlela Pan）中，有一片合适的覆盖着睡莲的水域，非洲雉鸻和精致的厚嘴棉凫都被吸引了过去。

当然，这里还有很多有待探索的栖息地，包括浓密的荆棘灌丛，那里栖息着稀有的非洲攀雀；还有棕榈林，那里是黄胸丝雀的家园；以及多岩石的区域，那里受到了像条纹鹦这样鸟种的青睐。这样的例子不胜枚举，鸟类也是如此。

昂达西贝
Andasibe

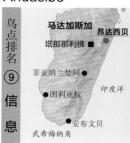

鸟点排名 ⑨ 信息

栖息地类型	中海拔雨林、沼泽地、村庄
重点鸟种	红嘴钩嘴鵙、地三宝鸟、鳞斑地三宝鸟、栗头地三宝鸟、短腿地三宝鸟、鹃三宝鸟、马岛林秧鸡、紫黑裸眉鸫、弯嘴裸眉鸫、马岛长耳鸮、马岛蓝鸠
观鸟时节	全年都可以

■ 下图：弯嘴裸眉鸫是马达加斯加特有的一个小科裸眉鸫科的一员，它以花蜜为食。

许多人第一次体验野性马达加斯加就是在这里，在这片位于昂达西贝国家公园（Andasibe National Park）保护伞下的保护区。这会是一次让所有人都难以忘怀的经历。阿纳拉马扎塔特别保护区（Analamazaotra Special Reserve）更为人所熟知的名字是佩里内（Perinet），再加上新开放的曼塔迪亚国家公园（Mantadia National Park）和马罗米扎哈（Maromizaha）的荒野，它们共同保护了马达加斯加中央山地东侧中海拔地区一些真正优质的热带雨林，而这一切距离首都塔那那利佛（Antananarivo）只有4小时的车程。因此，进行一天的长途旅行是有可能的。虽然这个国家公园以其哺乳动物而闻名，比如那无与伦比的、在森林中经常发出美妙叫声的无尾大狐猴，但它同时也是马达加斯加70种特有鸟类的家园。这一数量还是很惊人的，而且森林里到处都是各种不同寻常的动植物。在世界上没有能比马达加斯加更能让人尽享观鸟乐趣的地方了。

即使是从村庄步行到特别保护区入口处的这一小段路，也能看到大多数人梦寐以求的鸟类。在这里花园和森林中常见的鸟类大多都是特有鸟种，至少是印度洋岛国（Indian Ocean Islands）所特有的。这里面包括的物种有马岛短脚鹎、棕尾牛顿莺、斯韦花蜜鸟和马岛鹊鸲。聪明且颇有威严的马岛蓝鸠可

能会飞过树顶或栖息在树梢。不久之后，你一定会碰到一大群森林鸟类，这是在马达加斯加观鸟的一大特色，就像我们前面提到的鸟浪。这里面通常会包括各种牛顿莺和鹟，还有马岛绣眼鸟、马岛寿带和北杂鹛，如果你在这些鸟浪上下点功夫，你很可能会第一次看到让马达加斯加出名的一个当地特有的科——钩嘴鹛科的鸟类。这些神秘的类似伯劳的鸟类，自己被单独列为一科。整个岛上的钩嘴鹛科的鸟类在颜色、体型和栖息地等很多方面都不相同，有点像太平洋夏威夷岛上的那些管舌雀。你可能会先看到体型相当小的红尾钩嘴鹛，因为它是这里鸟浪中的常见组成部分。不过这个地区也适合颜色醒目的蓝钩嘴鹛生活，它们上体蓝色，下体白色，还有一双引人注目的黄色眼睛。

这里还有一种经常会在阿纳拉马扎塔特别保护区发现的著名鸟种，它也是会混入鸟浪的钩嘴鹛中的一种，即红嘴钩嘴鹛（Nuthatch Vanga）。令人惊讶的是，人们很难在其他地方找到它们，即使是在类似的栖息地，正如其名字所暗示的那样，红嘴钩嘴鹛填补了一个类似于鸸（Nuthatch）或旋木雀（Treecreeper）这两类鸟的生态位，这两类鸟在马达加斯加岛上是没有的。它在森林的高处活动，紧紧贴着树枝急匆匆地爬，总是向上爬而不是向下移动。这种美丽的鸟全身大部分是深灰蓝色的，有一个黑色的眼罩和一个非常红的喙。它以无脊椎动物为食，但不会像旋木雀那样探到树缝里寻找食物。

另一个在所有人的心愿名单中排名靠前的一类鸟是裸眉鸫，其中两种在昂达西贝有分布。宝石般的弯嘴裸眉鸫异常活跃，它的喙长而尖锐并向下弯曲，与太阳鸟非常相似，也同样吸食花蜜。然而，与这个科的所有成员一样，它发声的鸣管仅由一组有限的肌肉构成，现在被认为是一种与阔嘴鸟有亲缘关系的原始鸣禽。至少紫黑裸眉鸫看起来有点像阔嘴鸟，它是一种身体圆圆的、尾羽短短的，略显慵懒的森林鸟类。裸眉鸫是林下分布的鸟类中唯一的纯素食主义者，而且为了增加其独特性，它们还组建了分散开来的求偶场。雄鸟们占据紧密分布的一些领地，在彼此看得见的范围内争夺雌鸟。这两种裸眉鸫都有彩色的裸皮，羽毛大部分为深色的紫黑裸眉鸫的裸皮是绿色的，而羽毛大部分为黄色的弯嘴裸眉鸫的裸皮是蓝色的，这些颜色是由胶原纤维以一种动物界特有的方式排列而成的。顺便说一句，小弯嘴裸眉鸫在山脉东坡海拔 1 600 米以上的区域分布，主要是在马罗米扎哈区域，在这里仅有过疑似记录，这里的中海拔森林最高可达 1 500 米。

神奇的地三宝鸟科是昂达西贝的另一个"大"科。如果你在 9~11 月鸟儿发出低沉而洪亮的鸣叫时前来观赏，那么稍加努力，你就有可能找到在昂达西贝分布的所有 4 种地三宝鸟。色彩斑斓的地三宝鸟和鳞斑地三宝鸟想要看到相当容易；而栗头地三宝鸟有一些特殊之处，它主要分布在崎岖的峡谷中；还有短腿地三宝鸟，它习惯于独自栖息在地面之上，找到它需要费点力气。如果你想看到

■ 下图：色彩斑斓的地三宝鸟是在昂达西贝的地三宝鸟科鸟类中最容易见到的，尽管有这张照片作为证据，但是它其实很少离开地面。

■ 右图：短腿地三宝鸟习惯从森林中层发出低沉的呼唤，非常难被找到。

所有这4种地三宝鸟，你需要花费很多时间，还要非常有耐心，但在你寻找它们的时候，你同时还会收获一些其他的森林鸟类，如马岛林秧鸡、奇妙的凤头林鹛、红胸马岛鹛和白喉尖鹛。

昂达西贝并不全都是森林，事实上，这里一些最好的特色鸟种是水鸟。绿湖（Lac Vert）位于阿纳拉马扎塔特别保护区的中部，这里是能看到马岛小䴙䴘的为数不多的可靠地点之一，而且马岛翠鸟在这里很常见。这附近也有一些沼泽地，比如距小镇以西15公里的地方，在那里你可以找到马岛秧鸡和灰短翅莺等鸟种。天晓得，如果你累得神志不清，产生了幻觉，你可能还会鬼使神差地看到那种几乎是神话般罕见的、难以捉摸的细嘴侏秧鸡。

在这个极好的地区有太多特色鸟种了，我们无法一一列举。赫赫有名的鹃三宝鸟所在的科也是这个地区特有的鸟科之一，在森林中经常能看到它们，也能经常听到它们的声音（持续上升的哨音）。它们经常以变色龙为食。在晚上，阿纳拉马扎塔的入口处是马

岛长耳鸮的绝佳停歇地，而马岛角鸮和领夜鹰也会出现在这里。在这个奇妙的地方，无论何时，无论你去哪里，总有一些值得享受的东西。

■ 下图：世界上最美妙的野生动物体验，就是听到一群大狐猴的大声疾呼。这些体型庞大、无尾巴的狐猴是昂达西贝的特色物种。

多刺森林
The Spiny Forest

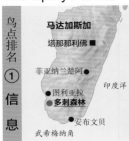

鸟点排名 ① 信息

栖息地类型	一种独特的半干旱的灌丛和林地环境

重点鸟种　长尾地三宝鸟、本氏拟鹃，各种马岛鹃（包括凤头马岛鹃、红顶马岛鹃、大马岛鹃、锈喉马岛鹃和南凤头马岛鹃），各种钩嘴鹏（包括弯嘴鹏、拉氏厚嘴鹏、黑钩嘴鹏和红尾钩嘴鹏），阿氏牛顿莺

观鸟时节	全年都可以

世界上有什么鸟点能与这里媲美吗？这里有独特又奇异的鸟儿，还有超现实主义的风景，这一切使马达加斯加南部的多刺森林成为世界上最令人兴奋的观鸟地之一。

　　世界上的许多地方都可以说是独一无二的，但这片多刺森林从各个方面讲都与地球上的其他任何地方截然不同。这片半干旱的林地和灌木丛生长在每年降雨量最多为 610 毫米的沙质土壤上，主要由一些奇特的植物组成，而大多数是马达加斯加和这片狭长的沿海地带所特有的。其中最著名的是猴面包树，它是一种高大的落叶乔木，长着异常膨大的树干和细长的树枝，就像一棵正常的树被倒着栽种了一般，看起来很有趣。在马达加斯加有 6 种猴面包树，只有一种同时也生活在附近的非洲大陆。这些笨拙的巨人分散在各处，而多刺森林中的其他植物主要是大戟属的木本植物。这些乔木和灌木看起来很像仙人掌，一排排粗大的刺与枝干上的落叶紧密相连。这里还有刺戟木科的植物，其中一个叫作马达加斯加树的物种被当地人命名为"章鱼树"，这名字形象地描述了它那些从树底部向四面八方伸展开来的摇摇欲坠的树干。刺戟木科的树木赋予了这片林地多刺的外观，而挺立的树枝那瘦骨嶙峋的轮廓给森林带来了一种超现实主义的视野。

　　考虑到这样一种与众不同的生态景观，

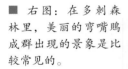

■ 右图：在多刺森林里，美丽的弯嘴鹏成群出现的景象是比较常见的。

■ 右图：巨大的刺
戟木科植物生长在沙
质土壤上，给这个地
方带来了一种神秘的
感觉。

在这片多刺森林中栖息着一些独特的鸟类好像一点也不奇怪，不知什么时候它们就会展现出不可思议的一面。尤其有一种鸟特别奇特，那就是神奇的本氏拟鹑。拟鹑科的成员很少，它们仅分布在马达加斯加，但它们一直是个谜，分类学上人们把它放在秧鸡科附近，但在过去曾认为它们与鸠鸽科和雉科有关系。事实是，这些鸟与其他任何鸟都截然不同，它们的体型很小（和鹑差不多大），动作类似爬行动物，翅膀很小，但尾巴看起来很沉重。走路的时候，本氏拟鹑的头部像鸡一样摇晃着，尾羽一甩一甩的，似乎从不着急。它以无脊椎动物为食，也吃一点水果，大部分时间都在地面上度过。由于缺乏真正的锁骨，它们不能很好地飞行，所以拟鹑科的鸟类通常更喜欢爬进，而不是飞进它们的巢中。这些鸟喜欢群居，如果你有幸偶然发现它们，它们会飞到一根树枝上，坐在那里盯着你看。本氏拟鹑有一个长长的向下弯曲的喙，它们浅淡的胸部上有黑色的斑点，雄

■ 上图：南凤头马岛鹃是个头最小、最喜欢树栖的马岛鹃科鸟类，人们很容易忽视它。

性胸部还有粉色的条纹。

　　拟鹑科的鸟类是非常难找到的，如果你到多刺森林中去寻找它们，建议你找一个向导帮忙。有一些向导在伊法第（Ifaty）的几家酒店附近工作，那里离图利亚拉（Toliara）不远。这里的栖息地崎岖不平、干燥又多刺，鸟类也非常难以捉摸，所以有点当地经验就会有所不同。许多当地人能通过在沙地上寻找鸟儿的踪迹来追踪它们。

　　如果你想找到该地区另一个重要的五星级特色鸟种——高雅的长尾地三宝鸟，找个当地向导也是不错的选择。这种鸟是马达加斯加特有的地三宝鸟科中唯一一种在雨林外生活的鸟，它的身型和体色都与走鹃很相似，其上体以及那长长的渐变的尾羽都有棕色斑点，这是一种保护色。不过，这种陆生鸟种的翅膀和尾羽外侧也有非常漂亮的粉末状天蓝色，而且在它褐色的耳羽和喉部两侧区域有一条明显的白色髭纹穿过。它在捕食时也显得有些懒散，在追逐无脊椎动物，比如蚂

蚁、蠕虫和马达加斯加著名的蟑螂（它们会发出嘶嘶的声音）时，它会长时间静止不动，然后追着猎物跑两下，如此反复。长尾地三宝鸟在这片崎岖的土地上跑起来毫不费力，因此想要追踪它们是个挑战。

　　另一群能够定义多刺森林的鸟类是马岛鹃属的鸟类，它们是具有强壮的腿、长长的尾羽和柔顺羽毛的杜鹃，而且它们的眼睛后面都有彩色的斑点，也都能发出响亮悠远的叫声。尤其是凤头马岛鹃，这是一种灰色的鸟，它拥有一丛优雅的冠羽，会在暮色中发出一片低沉的"啾~啾~"声。在这片多刺森林中分布的马岛鹃不少于 5 种，其中凤头马岛鹃和南凤头马岛鹃是树栖的，而红顶马岛鹃、大马岛鹃和锈喉马岛鹃都主要生活在地面上。这些鸟是食肉的，它们主要吃变色龙、蜗牛，还有昆虫。

　　钩嘴鹀是马达加斯加岛上雀形目鸟类适应性进化的最好例子，这些表面上长得像伯劳的鸟类中有好几种生活在多刺森林中。其中最具特色的是靓丽的弯嘴鹀，它身上的羽毛除了翅膀和尾羽乌黑发亮外，其他地方都是纯白色的。它那长得出奇的喙，呈蓝色且向下弯曲，用于探测裂缝和树洞中的无脊椎动物。而且这种鸟在嘈杂的群体中生活，一群可多达 25 只个体。罕见的拉氏厚嘴鹀长着一个巨大的像铲子一样的喙，可以用来抓捕小动物。它头顶黑色，下体白色，这一身型和羽毛配色让人想起了澳大利亚的钟鹊。人们常看到白头钩嘴鹀与弯嘴鹀在一起，它们羽色相似，但是白头钩嘴鹀的喙部更短更厚，且常与黑白相间的黑钩嘴鹀出现在鸟浪中。体型小小的红尾钩嘴鹀比莺大不了多少，它长着漂亮的黑色面罩和黄色的眼睛，看起来跟其他钩嘴鹀不像亲缘物种。

　　上面提到的这些仅是这片超级棒的多刺森林所拥有鸟类中的一些主角。在配角中也有一些有趣的鸟种，比如以变色龙为食的马岛斑隼和马岛戴胜，以及一些非常罕见的鸟种，包括小小的呈棕色的阿氏牛顿莺和荒漠薮莺。由于稀有，这些鸟在世界上的大部分地区都是最受欢迎的，但在这里，在这个最令人惊叹的地方，它们很难引起人们的注意。

塞舌尔群岛
The Seychelles

信息

栖息地类型	岛屿、森林、耕地、红树林
重点鸟种	11 种特有鸟种（包括塞舌尔鹊鸲和塞舌尔寿带）以及一些热带海鸟（包括白燕鸥）
观鸟时节	7~10 月最好，那时海鸟正在繁殖

■ 右图：美丽的塞舌尔寿带仅分布在拉迪戈岛上。这是一只雄鸟。

■ 下图：在塞舌尔群岛，精彩的观鸟活动和风景如画的热带风光融为了一体。

塞舌尔群岛是位于印度洋上的一组小岛，距离非洲东海岸 1 500 公里。这里是一个奢华的旅游胜地，你可以享受到热带岛屿的浪漫，阳光普照的海滩、棕榈树、珊瑚礁，还有顶级的住宿环境。然而，对于野生动物爱好者和自然保护主义者来说，它们的意义远不止于此：它们是栖息地恢复和鸟类种群恢复的成功范例，要知道很多鸟类一度看起来似乎是注定要灭绝的。

塞舌尔群岛包括大约 40 个花岗岩岛和 100 多个珊瑚礁岛或沙洲。较大的岛屿中心一般为丘陵地带，并被山地森林覆盖。毫不奇

怪，在这些岛屿上分布着很多特有鸟种。事实上，在最大的岛屿马埃岛（Mahe）上分布着 7 种特有鸟种，其中的裸腿角鸮仅在这里可以看到。这种红棕色的小型猫头鹰于 1880 年被发现，但在 1958 年被宣布灭绝，其间仅在 1940 年被记录过一次。然而，随着越来越多的人在夜里听到奇怪的叫声，一年以后人们重新发现了它，当时的报告初步表明有 20 只裸腿角鸮存在。不过，据目前所知，这里总共有大约 360 只裸腿角鸮存在，大多数分布在摩恩塞舌尔山国家公园（Morne Seychellois National Park）。现在人们已经对它们进行了深入的研究，并于 2000 年发现了第一个鸟巢。

像这种将鸟种从悬崖边缘拉回来的故事并不是唯一一个能代表塞舌尔群岛鸟类特色的故事。例如，在附近的弗雷格特岛（Fregate）

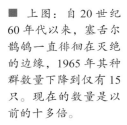

■ 上图：自 20 世纪 60 年代以来，塞舌尔鹊鸲一直徘徊在灭绝的边缘，1965 年其种群数量下降到仅有 15 只。现在的数量是以前的十多倍。

■ 右上图：另一种从灭绝边缘被拯救回来的物种是裸腿角鸮。1958 年它被宣称灭绝，现在已知在马埃岛上有一个健康的种群存在。

上，塞舌尔鹊鸲正面临着一场更为真实的生存斗争。它的问题对许多塞舌尔群岛的鸟类和在小岛上生活的鸟类来说都是普遍存在的。这种吸引人的黑色鸣禽，翅膀上有一块很大的白色翅斑，它们曾经在主岛上广泛分布，但后来却成了一系列弊病的牺牲品。因为主要在地面觅食，它们经常被引进的猫捕食，而它们位于树洞里的巢也很容易受到老鼠的破坏。再加上栖息地的破坏和退化，塞舌尔鹊鸲最终被局限在了一个仅有 2.19 平方公里的岛屿上，到 1965 年，仅剩下 15 只个体，这可能使它成为世界上最稀有的鸟类。

后来，自然保护机构介入了，但他们第一次帮助塞舌尔鹊鸲的尝试却失败了。一些塞舌尔鹊鸲被转移到其他岛屿，但是后来并没能生存下来。1982 年，人们将弗雷格特岛上的猫全部消灭了，但是那些鸟的数量仍然在危险地带徘徊。直到 1990 年，人们为了塞舌尔鹊鸲，开始对弗雷格特岛的栖息地进行特殊管理，这些鸟的种群数量才终于开始得到恢复。到 1999 年，总量达到了 85 只。之后，一些塞舌尔鹊鸲被迁移到了阿里德岛（Aride）、库金岛（Cousin）和科西

涅岛（Cousine），目前这 4 个种群的鸟类总数远远超过了 150 只。2005 年，塞舌尔鹊鸲的濒危状态被国际鸟盟从极危（critically endangered，CR）降到了濒危（endangered，EN），这是值得大张旗鼓庆贺一番的。

与此同时，库金岛上也在上演着自己的故事。当塞舌尔鹊鸲在弗雷格特岛岌岌可危时，塞岛苇莺在库金岛的种群数量下降到了 29 只，情况非常糟糕。不过，1968 年，库金岛被出售，成为世界上第一个由国际保护组织——国际鸟类保护理事会（International Council for Bird Preservation）（国际鸟盟的前身）拥有的岛屿。岛上的椰子树很快就被清除了，原始的灌木丛重新生长起来。塞岛苇莺的种群数量得到了恢复，算上迁移到阿里德和科西涅岛的种群，现在塞岛苇莺的数量超过了 2 000 只。研究表明，这种鸟每窝只产一枚卵，对苇莺科的鸟类来说这个量是非常低的。

下一个可能面临种群数量下降风险的是塞舌尔绣眼鸟。很长时间以来，人们一直以为它只在马埃岛上有分布。1996 年，马埃岛上只剩下 35 只存活个体了，它们很容易受到

■ 上图：并不是所有塞舌尔群岛的鸟类都是濒危的，尽管这只白燕鸥的雏鸟在树枝上看起来摇摇欲坠。

猫的攻击，它们的巢也经常被老鼠和入侵的家八哥破坏。在这样一个相对较大（30公里长）的岛屿上，想彻底消除这些威胁是几乎不可能的，一切看起来都很渺茫。直到1997年，在康塞普申（Conception）这个没有捕食者的小岛上，奇迹般地发现了一个先前不为人知的，有250多只个体的繁盛种群。这一次，是这种鸟自己拯救了自己。

其他的塞舌尔特有鸟种没有再让自然保护主义者受到更多创伤了，但其中有几个鸟种很容易受到灾难性事件的影响。例如，美丽的塞舌尔寿带，其雄鸟全身乌黑，尾羽很长，这种鸟仅分布在拉迪戈岛（La Digue）上，种群数量约有230只。以壁虎为食的塞舌尔隼的数量大约有450只，大多数生活在马埃岛上。塞舌尔金丝燕的种群数量要更多一些，但它们的许多繁殖洞穴仍有待发现。令人高兴的是，红冠蓝鸠、厚嘴短脚鹎和塞舌尔织雀都是安全的，而塞舌尔花蜜鸟似乎从人类对当地环境的改变中获益良多，到处都能看到它们。

因此，到塞舌尔群岛的观鸟者仍然可以看到许多当地的特有鸟种。而且这里还有另一个吸引人的地方，那就是海鸟，在阿里德岛可以看到一些印度洋上的重要类群，总共约有10种100万只鸟。这里有多达360 000对乌燕鸥、200 000对小玄燕鸥（塞舌尔群岛是这种鸟在世界上最大的种群栖息地）和72 000对奥氏鹱。位于马埃岛以北100公里的鸟岛（Bird Island）是一个孤立的小岛，在繁殖季节，那里可能会有100万对乌燕鸥，其中多达60万对可能正在筑巢。这个岛还为10 000对白顶玄燕鸥以及其他几种燕鸥提供了栖息地。与此同时，整个岛上大约栖息着14 000对长相富有异国情调的白燕鸥，它们全身羽毛雪白，一双黑色的眼睛大得出奇。而最使它出名的是，它会把单独的一枚卵产在树叉上，看起来很危险。有时候，它可能会被顽劣的塞舌尔织雀故意碰掉。

从鸟类的角度来看，最后这两种鸟很好地代表了塞舌尔群岛。令人难以置信的白燕鸥装饰着旅游宣传册，但却是像塞舌尔织雀这样的鸟类，让人们对塞舌尔群岛留下了持久又充满愉悦的回忆。

大洋洲

Oceania

如果要评选一个世界上拥有最独特的鸟类的地区，那么大洋洲将是一个强有力的竞争者，尤其是澳大利亚。来自其他地方的观鸟者通常要花很长时间来熟悉像细尾鹩莺、钟鹊、燕鵙、吸蜜鸟和刺嘴莺这些在其他地方几乎很难见到的类群。澳大利亚的特有鸟种数量大约为 330 种，占了常见鸟种的 50% 以上。

澳大利亚以干燥气候著称，景观也以干旱地区为主。其大量鸟类在内陆过着游荡的生活，追逐食物而居，没有特定的方向，可能多年后又会回到曾经离开的分布区。此外，这里有一些特色鸟种，它们高度适应这些以蓝刺属植物为主的沙漠草原生物群落或是那些被称为麦尔加（mulga）群落的金合欢灌木丛。有些甚至会生活在被称为风棱石的多石沙漠平原上，这种栖息地会让人觉得那里毫无生命迹象，更不用说鸟类了。这些生命力顽强的鸟类中有许多是广受追捧的，尤其是魅力四射的草鹩莺，它们之中有一些是世界上最难见到的鸟类。

当然，澳大利亚并不完全是一个沙漠大陆。事实上，占优势的植物桉树以各种形式遍布各地。在各种各样的森林中生活着很多特有鸟科的鸟类，包括著名的琴鸟。澳大利亚也有一些热带森林，主要分布在东北部，这是迄今这片大陆上鸟类最丰富的地区。澳大利亚的最东北端距离最近的邻居新几内亚岛仅 160 公里。那是一座多山且充满荒野之趣的岛屿，岛上最著名的鸟类就是美轮美奂的天堂鸟，它们属于极乐鸟科，除了 4 种在澳大利亚有分布之外，这个科几乎可以算得上是新几内亚岛上特有的了。

位于澳大利亚东南侧 2 000 多公里处的是新西兰，就其独特的鸟类种群而言，新西兰可以算是一个独立的大陆。像几维鸟、刺鹩和垂蜜鸟这 3 个类群在其他地方都没有，此外岛上还有大量的海鸟和鸻鹬类的鸟。大洋洲的其他地区由太平洋上的岛屿组成，包括新喀里多尼亚和斐济。每一个地方都拥有大量的特色鸟种，像鹦鹉和鸠鸽类都很有代表性。

■ 右图：澳大利亚的黑天鹅。

斯特雷兹莱基步道
The Strzelecki Track

鸟点排名 ⑤① 信息	栖息地类型	干旱的灌丛、草地和风棱石沙漠
	重点鸟种	栗胸白脸刺莺、漠澳鹏、澳洲灰隼、纹翅鸢、厚嘴鹩莺、埃坎草鹩莺、白肩黑吸蜜鸟
	观鸟时节	5~9月（冬季）最好，这里的夏季会燥热难耐

■ 右图：喜欢在澳大利亚内陆生活的纹翅鸢是一种罕见的狭域分布的鸟种，它因为喜欢摸黑捕食，所以在猛禽中显得尤为特殊。

当澳大利亚的游客在心满意足地欣赏笑翠鸟、粉红凤头鹦鹉和华丽琴鸟这些标志性鸟种的时候，当地的铁杆观鸟者们则正在南澳大利亚酷热难耐的沙漠中度过他们的假期。在这个地区生活的鸟类是一些从全世界来讲都最难追踪的鸟类，更不用说在澳大利亚了，而且这片荒野荒凉得令人恐惧。从某种程度来讲，这也使它具有了不可抗拒的魅力，而最敏锐的观鸟者在这里也能发现许多不同寻常的鸟种。像这样的内陆观鸟也是很危险的，一不小心可能会葬身于此，所以请一定做好准备。

斯特雷兹莱基步道以波兰伯爵埃德蒙·斯特雷兹莱基（Edmund de Strzelecki）的名字命名，它最初是由澳大利亚著名的逃犯哈里·雷德福（Harry Redford）设计的，也就是星光船长（Captain Starlight）。1870年，他在昆士兰胆大妄为地偷走了1 000头牛，并驱赶着它们向南，穿过斯特雷兹莱基沙漠到达阿德莱德（Adelaide）。他最终因这一令人发指的罪行而受到审判，但法院认为他为公众做出了贡献，并判他无罪，因为他为那片一直无法穿越的国土开辟了一条道路。虽然原告可能对此判决不以为然，但这就是澳大利亚！

这条步道长约500公里，从南澳大利亚州（South Australia）东北部偏僻的因纳明卡（Innamincka）延伸到阿德莱德以北590公里的小镇林德赫斯特（Lyndhurst）。在过去天气好的时候，这条路只有四轮驱动的车可以开，而且旅客们只能在星空下睡觉；但现在，特别是随着蒙巴（Moomba）气田的开发，所有车辆都能在这条路上行驶了，沿途也涌现了一些汽车旅馆。尽管如此，这里仍然是一个非常偏远的地方。

即使是时间很少的观鸟者也一定会在林德赫斯特附近开始他们的探索之旅，因为尽管这个定居点位于步道的一端，但它距离厚嘴鹩莺和栗胸白脸刺莺这两种澳大利亚最少见且最不为人所知的鸟的分布点很近。它们分布在距林德赫斯特约30公里的步道处，那里有一些分布着滨藜和蓝色灌丛的平原，目及之处没有一棵大树。栗胸白脸刺莺是非常罕见的，直到1968年人们才首次发现它的巢和卵，而这里几乎是世界上唯一一个能保证让你看到它的地方。

如果说栗胸白脸刺莺属于很难找到的那类鸟，那厚嘴鹩莺则属于一类因为让观鸟者四处奔跑而臭名昭著的鸟类。在厚嘴鹩莺典型的栖息地上，裸露的土地上分布着几丛稀疏的植被，而这些鸟最擅长的就是以惊人的速度从一个地方跑到另一个地方，好像在试

■ 上图：在这片极其干燥的地区生活着很多澳大利亚鲜为人知的鸟类。

图躲避枪林弹雨，而且有时它们会成"之"字形前进，令你这个"袭击者"难觅其踪迹。厚嘴鹩莺是一种不迁徙的鸟种，它生活在与栗胸白脸刺莺相类似栖息地中，不过分布更广一些。

沿着步道再往北走，过了斯特雷兹莱基渡口（Strzelecki Crossing）后，连绵起伏的沙丘中还分布着另外一种鹩莺。如果你没有被厚嘴鹩莺逼疯，你可以试试运气，找找这个更加棘手的鸟种——近乎传奇的埃坎草鹩莺。这是一种奇特的小鸟，有着和其他鹩莺一样的长腿、带条纹的背部和翘起来的长长尾羽（它们看起来有点像小型的走鹃），但它是一种体型较小的鸟，跟标准的细尾鹩莺差不多大，还长着一个粗短的喙。它完全生活在沙丘上一种画眉草属植物的草丛中，看起来埃坎草鹩莺的喙对这种植物那相当大的种子是非常适应的（它也需要昆虫）。这种小东西的移动速度甚至比它南方的同类还要快，它不仅是从一个草丛跑到另一个草丛，而实际上它还会在长距离之间跳跃飞行。可以这么说，有点像一个运动员在尝试三级跳远。

■ 右图：栗胸白脸刺莺是南澳大利亚州东北部特有的鸟种，它们仅存在于一些干旱的半荒漠环境中。

如果你没有看到这只鸟，但至少你还有很好的同伴。但这种鸟 1874 年首次被发现，直到 1961 年人们才再次见到它，使其成为澳大利亚著名的"迷失之鸟"之一。

现代版的"迷失之鸟"，至少在许多澳大利亚人看来，是神秘的澳洲灰隼。尽管每年都有几笔来自广阔内陆的记录，但能与它们邂逅的次数真是少得令人难以置信。在生态学上它没有什么显著的特点，它擅于高速追逐鸟类，比如鹦鹉。它跟游隼很像，但似乎是一种稀有且难以捉摸的鸟类，分布点比较少。如果你在斯特雷兹莱基沿线看到这种鸟，那可以说是非常幸运了。

游客们更可能会遇到另一种神秘的猛禽——纹翅鸢，尤其是在斯特雷兹莱基渡口的南面边界，在那里有时可以看到它停歇在枯树里。这是世界上夜间活动最频繁的猛禽，人们通常能看到它在黄昏或月光下盘旋在沙漠上空。它的主要食物是丛毛鼠（*Rattus villosissimus*），这种啮齿动物在大雨浸透内陆时会大量繁殖。当鼠灾来袭时，这些纹翅鸢会孵化出一窝又一窝的幼鸟。一旦当地变得干涸，它们就会离开，通常很多年都不会再回来。因此，纹翅鸢是一种典型的游荡鸟

类 [1]，它会在猎物的指引下，从一个地方迁徙到另一个地方，在好的年景里繁殖良好，在猎物不足时可能会暂停繁殖。

正如人们所料，这里还有许多其他的游荡鸟类。例如，在过去的几年里，白肩黑吸蜜鸟在步道沿线出现过好几次，这就是所谓的"逐花游荡型"鸟类。一只吸蜜鸟，它的一生都在自己最爱的沙漠花朵间穿梭，在花朵绽放时吸食花蜜。

在步道沿途常见的一种非游荡的鸟类是引人注目的漠澳鵖。这是一种在地面上行走的，有点像鹡鸰的小鸟，身体略带黄色。这种鸟全年都生活在极度暴露、没有树木、毫无生气，且到处布满风棱石 [2] 的平原上，那里基本上就是多岩石的沙漠。在这片辽阔的沙漠地区，没有任何一种澳大利亚的鸟类像它一样如此适应沙漠生活。漠澳鵖的大部分栖息地都没有水，它是如何在这里生存下来的还不清楚。在许多方面，它都是这片荒凉土地上坚韧的象征。

① 与候鸟不同的是，游荡鸟类会追随它们的食物来源而转移，要么依赖于干旱和半干旱地区的雨水，要么依赖于森林和林地中的果实、种子或花朵。——译者注
② 又称三棱石，是指散布在荒漠或戈壁滩上的岩石，经风沙长期磨蚀，形成光滑的棱面或棱角，棱线常和风向趋于一致。——译者注

拉明顿国家公园
Lamington National Park

鸟点排名 ⑦ 信息

栖息地类型	亚热带和温带雨林、硬叶林
重点鸟种	艾氏琴鸟、噪八色鸫、巨地鸠、黄喉丝刺莺、棕薮鸟、缎蓝园丁鸟、黄头辉亭鸟、大掩鼻风鸟
观鸟时节	全年都可以，但是 11 月和 12 月是观测繁殖鸟类的最好时节

(地图标注：罗克汉普顿、弗雷泽岛、澳大利亚、昆士兰州、拉明顿国家公园、布里斯班、格拉夫顿、新南威尔士州)

大洋洲

■ 右上图：雄性缎蓝园丁鸟在拉明顿国家公园很常见。这只鸟正站在地上守着它的求偶亭。

■ 下图：拉明顿国家公园内也有山地森林，那里具有孤立的前哨物种——南青冈属植物。

这个 205 平方公里的国家公园位于昆士兰州布里斯班市的内陆山区，是一座拥有很多珍奇鸟类的宝库，其中的一些鸟类在其他地方很难看到。在这里观鸟并不容易，但回报是巨大的，当结束一天漫长的野外探索时，总有一两个地方值得你为好不容易找到的奇特鸟类而举杯。

在拉明顿国家公园里，那些最好的鸟类所在的主要栖息地是雨林，但在海拔 1 000 米以上的地区也有一些南青冈属植物为主的温带林地。这种林地的存在向科学家们表明，这里曾经比现在冷得多。

观鸟之旅的最佳路线是从拜访奥赖利雨林度假村开始的，在那里你可以待在庄园里或营地中。从 20 世纪 30 年代起，这个庄园就一直在这里，鸟类已经习惯了人们在为它们设立的各个站点放置食物。就在餐厅外面，华丽的黄头辉亭鸟和胸部猩红色的澳洲王鹦鹉等森林鸟类会毫不在意地出现在你身边，而红蓝色的红玫瑰鹦鹉则会从你手中接过食物。灌丛塚雉把这里当成自己的地盘，它们会像乡村庄园里的孔雀一样四处游荡，与它们相伴的是一向害羞、在地面栖息的巨地鸠，它们有着灰色的飞羽和布满黑色斑点的白色腹部。与此同时，在餐厅的开阔处，你还可以看到灰鹰在森林上空翱翔。这些令人称奇的捕鸟能手中有一定比例的纯白色个体，因此很容易把它们与凤头鹦鹉混淆，这可能就是它们进化的目的。

拉明顿丰富的物种介绍可能会让你觉得整个观鸟过程将会很容易，你会很高兴地踏上一条雨林小径，完全不知自己接下来会面临什么。一个小时以后，当你没有看到任何东西时，你就会做出适当的调整，为艰难的观鸟活动做好准备。例如，想要看到公园里最著名的艾氏琴鸟，你需要提前了解一些事情：它跟一只野鸡的大小差不多，拖着长长的尾羽，而且非常聒噪，但是它生活在茂密的灌木丛中，非常害羞，你需要很有耐心。

世界上有两种琴鸟，其中最著名的是在澳大利亚东南部很常见的华丽琴鸟。艾氏琴

鸟的体型稍小，也没有它亲戚那宽阔、如同竖琴般的尾羽。它分布在昆士兰东南部和新南威尔士东北部一个山地森林中方圆仅 100 公里的范围内，海拔均在 300 米以上。艾氏琴鸟的全球种群数量约为 10 000 只，并且在不断下降。它善于躲藏的习性使它的许多行为都成了一个谜，包括其饮食和交配行为中的细节。艾氏琴鸟雄鸟在求偶场上的鸣唱很复杂，这表明它可能同华丽琴鸟一样是一夫多妻制的。如果你没听到这种歌声，试着听听鸟儿在落叶中寻找食物时发出的沙沙声。

在幽暗的林下，艾氏琴鸟并不是唯一在落叶中寻找食物的鸟类。其他鸟有刺尾鹟，这是一种小而温顺的鸟，长得有点像鹟，翅膀上有三道白色的翅斑；还有噪八色鸫，它身上的羽毛五颜六色，鸣唱声听起来有点像在泥水中踩过时发出的声音；而黄喉丝刺莺是一种棕色的小鸟，长有一副漂亮的黑色面罩，和黄喉地莺有几分相似；此外，还有两种非常相似的具有鳞状羽毛的地鸫，分别是绿尾地鸫和黄尾地鸫。最近有研究表明，绿尾地鸫会以一种独特的方式移动落叶，要不是在学术期刊上读到这些，否则没有人会相信。它会先蹲下，并通过放屁最终将那些要捕食的昆虫轰出来。

如果你非常幸运，或者有向导跟随，你可能会遇到生活在雨林地面上的园丁鸟科的鸟类。缎蓝园丁鸟和黄头辉亭鸟搭建的都是"林荫道"型的求偶亭，实质上就是两排交织在一起的树枝和草茎，看起来像跑道上的跨栏，雄鸟会站在中间歌唱。雄性黄头辉亭鸟简直就是个万人迷，它那黑色和金黄色的羽毛让人惊艳，单凭这一点就足以给雌鸟留下深刻的印象。另一边，羽毛更为低调的缎蓝园丁鸟却不得不用几十件"装饰品"来修饰它的求偶亭，这些"装饰品"全都散布在林荫道的尽头。它们大部分是蓝色的，可能包括羽毛、吸管、瓶盖、挂衣钩等任何它能找到的具有合适颜色的东西。这种鸟还会进行一些手工制作，用咀嚼过的蔬菜和唾液给自己的求偶亭上色。

当一声响亮的叫声让你的目光暂时离开地面时，你可能会在树冠上发现森林里最神出鬼没的一种鸟——大掩鼻风鸟。它是澳大利亚四种极乐鸟科鸟类中的一员，羽毛主要是黑色的，喉咙为带有金属光泽的紫色和绿色，看起来并不是特别华丽，但它的求偶炫耀表演确实一如既往地吸引人们的眼球，它站在树桩上，展开翅膀，将它们拱起，无论前面站着哪只雌鸟，好像都要把对方包裹进来。如果你能目睹这一幕，那真是太幸运了。

说到这里，在拉明顿国家公园里最难见到的鸟不是上面提到的任何一种，而是另一种非常罕见的鸟——棕薮鸟。想要到达棕薮鸟的最佳观测点你需要徒步 12 公里，而且当你到达时，很可能会发现这种鸟的难见程度几乎令人难以置信。它的鸣声很响亮，但它是一个了不起的口技表演者，鸣声多变，所以对于寻找它不会有太大帮助。它也是一个躲藏高手，不仅会藏在落叶堆里，有时还会用喙前后推动着落叶，藏在落叶堆下面。棕薮鸟喜欢在阴暗林下中最潮湿、最浓密的灌木丛活动，而且本身颜色也很隐秘。如果你看到了，你应该去奥赖利买瓶啤酒。好运气！

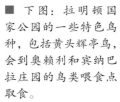

■ 下图：拉明顿国家公园的一些特色鸟种，包括黄头辉亭鸟，会到奥赖利和宾纳巴拉庄园的鸟类喂食点取食。

新南威尔士州的远洋
New South Wales pelagic

澳大利亚
纽卡斯尔
悉尼
新南威尔士远洋
新南威尔士州 伍伦贡
堪培拉
澳大利亚首都直辖区
维多利亚州
巴斯海峡 塔斯曼海
弗诺群岛

栖息地类型 远洋

重点鸟种 20 多种信天翁（包括安岛信天翁和坎岛信天翁）以及其他具有管状鼻的鸟类（尤其是棕头圆尾鹱和巨翅圆尾鹱）

观鸟时节 全年都可以，但是在南半球的冬季（6~10 月）最好

世界上没有任何地方能像澳大利亚东部新南威尔士州附近的海域那样，能看到如此多的远洋海鸟。这个地区是海鸟的梦想之地。自 1985 年以来，这里一直开展着远洋旅行，其间人们共记录了近 110 种海鸟，令人吃惊的是这其中包括了 45 种鹱科鸟类（鹱和圆尾鹱），几乎占世界鹱科鸟类种数的一半。信天翁的数量也很突出，在 2006 年 8 月的一次旅行中，从船上可以同时看到至少 9 种 / 亚种（近年来对信天翁的分类一直有争议）信天翁。

众多因素结合在一起，使这里成为一个出色的出海旅行之地。首先，可能是来自北部大堡礁（Great Barrier Reef）的潜流，给该地区带来了大量的海洋生物，为鸟类提供了充足的食物。其次，大陆架的边缘距离海岸只有 30 公里，离港口只有几个小时的航程，浅海与深海毗邻形成的海流也提高了那片海域的生产力。最后，这片海岸面向浩瀚的太平洋，因此海鸟可以自由地从热带、从南极或从东部任何地方飞来。

为了让人们欣赏到这里海鸟的壮观景象，新南威尔士州的 3 个港口——悉尼（Sydney）、伍伦贡（Wollongong）和伊登（Eden），每个月都会安排一次出海旅行，每个港口会在不同的周末出发。所有地点记录的鸟类都很相似，但在悉尼，你可以有机会从世界闻名的港口出发，如果你从伍伦贡出发，则可能会看到一些被南大洋海鸟研究协会（Southern Oceans Seabird Study Association，SOSSA）捕获并环志的鸟类。不过，无论你从哪个港口出发，你几乎都能看到一些具有当地特色

■ 右图：在新南威尔士远洋航行时，尤其是在夏天出海时，经常可以看到可爱的白脸海燕。这是唯一一种在澳大利亚海域繁殖的海燕。

■ 上图：棕头圆尾鹱在距离新南威尔士海岸 1 000 公里以外的豪勋爵岛（Lord Howe Island）繁殖，但是经常会有游荡的棕头圆尾鹱出现在海岸。

■ 对面图：黑眉信天翁是在悉尼和伍伦贡的远洋航行中发现的 20 种信天翁中的一种，也是最常见的一种。

的海鸟，而且每一次旅行都有可能遇到一些令人垂涎的稀有种类。出海旅行让人兴奋的一点就在于它的不可预测性，谁也说不准接下来会发生什么。

当然，远洋旅行给人带来的最大乐趣和满足感是，它将你带入了鸟类的栖息地，这样你就不必像往常观鸟那样，为了看清远处的"小点"而劳神费力了。离开港口后几分钟内，你就会被身边飞过的短尾鹱、楔尾鹱和淡足鹱等鸟类包围。这些全身暗淡的鸟种都非常相似，通过观察它们不同的身型和飞行方式，你很快就能认出它们。在这些相对较浅的水域中，可能还会混有各种各样的燕鸥（总共记录了 14 种，其中最常见的是大凤头燕鸥）、一些鸥和贼鸥，以及无处不在的澳洲鲣鸟。

不过，直到当船行驶到约 30 米深的大陆架边缘时，那些更受欢迎的鸟类才开始出现，这才是那些经常观鸟的人真正感兴趣的。就是在这里，你会第一次见到圆尾鹱属的鹱。这些鸟因它们在海洋上空飞行的典型方式而闻名，它们会先迎着风向上飞到高空，然后利用重力再次向下滑翔，通常在这个过程中它们的移动速度会非常快（动态滑翔）。圆尾鹱属中种类不少，其中许多种都是数量稀少且狭域分布的，所有被发现的圆尾鹱都会受到出海观鸟爱好者的高度重视。不过，在这里，季节合适的时候，你很容易就能看到大量的巨翅圆尾鹱和棕头圆尾鹱，而其他常见的还包括钩嘴圆尾鹱（分类学上不属于圆尾鹱属）、白领圆尾鹱和白翅圆尾鹱。

这里拥有的另一个在其他地方很难找到的有趣类群是锯鹱。这些下体雪白且具有管状鼻的小型鸟类是滤食性动物，它们主要从海洋表面攫取桡足类动物为食。在这些水域已经记录过几种锯鹱，其中数量最多的是仙锯鹱，尤其在 10 月到来年 3 月之间，它们可能会成百上千地出现。

远洋航行的组织者会准备一份在很多地方被称为"鱼肉末"，或像这里一样叫作"饵料"的混合物，它由动物内脏和鱼油混合而成，人们会将它扔到船边，以吸引靠近船只的鸟类。这在海洋上就好比把食物放在了鸟类的餐桌上。当船在海上飘荡的时候（这时要小心晕船）。对于哪些鸟类能被吸引来，人们抱了很高的期望。这里面总少不了会出现几种海燕，要么是黄蹼洋海燕，要么是可爱的白脸海燕。白脸海燕有个习惯，它的两只脚会在水面上重复连续地跳好几次，原因不明。最近的研究表明，黄蹼洋海燕可以循着气味发现食物，并呈"之"字形前进找到食物来源。

然而，尽管所有这些鸟类都很讨人喜欢，但最抢尽风头的可能是信天翁。在冬季的航海出行中，可能会有几十只信天翁出现在船只周围，有些在水里，有些在触手可及的距离内滑翔。当这些鸟毫不费力地迎风飞翔时，它们看起来是如此的高贵和神奇，但当它们觅食时，表现得就没那么体面了，它们会像鸭子一样在水面上划水，之间也会为了那些内脏而展开激烈争斗。不过，即使是在这种最糟糕的情况下，它们也是迷人的鸟，充满了魅力。

最近，信天翁在分类学上的变化使这类鸟的物种数量大大增加了，因此新南威尔士州的信天翁种类现在超过了 20 种。其中最常见的是黑眉信天翁和坎岛信天翁（从黑眉信天翁中分出来的）、印度洋黄鼻信天翁、白顶信天翁，还有安岛信天翁（它是体型巨大的漂泊信天翁的当地类型，现独立成种）。要辨认出所有这些不同类型的信天翁并不是一件容易的事，有些种类甚至连专家都搞不清楚。当然，这仅仅是告诉人们，关于信天翁和其他海鸟的身份和生活史还有很多是未知的。可以说，是这样的远洋航行带领着我们到达了知识的前沿。

卡卡杜国家公园
Kakadu National Park

鸟点排名 ㉝ 信息

梅尔维尔岛
阿拉弗拉海
约克角半岛
达尔文
卡卡杜国家公园
阿纳姆地
凯瑟琳
卡奔塔利亚湾
澳大利亚
北部地区
滕南特克里克

栖息地类型	热带稀树草原、河漫滩湿地、砂岩峭壁和小片的雨林
重点鸟种	鹊雁、澳洲鹤、裸眼岩鸠、栗翅岩鸠、黑背果鸠、白喉草鹩莺、褐胸鹛鹟
观鸟时节	全年都可以，但是在 4~10 月的旱季最好

■ 右上图：拥有成千上万只鹊雁的卡卡杜国家公园，是这种奇特的鸟类在世界上最重要的栖息地。

位于澳大利亚北领地最北端的卡卡杜国家公园，是该国最大的国家公园。这里拥有 20 000 平方公里的原始荒野，具有很高的生物学和文化意义，尤其以其神话般的岩石艺术遗址而闻名，如乌比尔岩石艺术画廊（Ubirr Rock）和诺兰基岩艺术遗址（Nourlangie）。这其中包括一些对史前巨型动物的描述，比如袋貘，表明该地区至少已经被人类占领了 60 000 年。在卡卡杜的旅行中，那种古老的感觉仿佛是可以看得见摸得着的。

如今，这个国家公园由 4 种主要的栖息地类型组成：砂岩峭壁和露岩、南鳄鱼河（South Alligator River）和东鳄鱼河（East Alligator River）平原、广阔的热带稀树草原、小得多的热带雨林。每种栖息地类型都有自己独特的鸟类，这使得这个国家公园成为鸟类爱好者的绝佳去处。目前这里共记录到约 300 种鸟类。

在砂岩地区分布着两种阿纳姆地的特有

■ 右图：随着洪水退去，水鸟会变得更集中，也更容易看到。在这里你可以看到澳洲鹈鹕、澳洲琵鹭、绿棉凫和尖羽树鸭等鸟类。

鸟种，这也是来此观鸟的人心目中特别想看到的鸟种。位于公园西南角的加仑瀑布（Gunlom Falls）是观测它们的最佳地点。英俊的白喉草鹩莺，是超具魅力的草鹩莺属鸟类（在斯特雷兹莱基步道一文中也有提到）中体型最大的一种，在这里很容易找到它，尤其是在清晨。它是一种巧克力色的鸟，上体具有白色条纹，喉部和上胸部呈明亮的白色。它通常生活在长有鬃刺属植物的裸露岩石地区，像其他的草鹩莺属鸟类一样，不喜欢飞行。相反，它会把头尾放低，从一个灌木丛跑到另一个灌木丛或者钻到岩石裂缝中，再也不会出现。相比之下，人们很容易在岩石峭壁上看到栗翅岩鸠，这是一种体型较大的鸽子，它平时暗棕色的外表会因其飞行时露出的明亮的栗色初级飞羽而发生变化。这些岩鸠通常会成群结队地出现，在地面上的岩石间觅食，飞走时拍打翅膀的声音很响亮。此外还有其他两种特色鸟类生活在这里，一

种是褐胸鹛鹛，这是一种鸣声悦耳，与鸫大小差不多的鸟，其身上的羽色与周围环境很贴近；还有一种是主要由黑白两色构成的黑背果鸠，这里是它在澳大利亚唯一的栖息地。它生活在砂岩峡谷和山脊处的雨林中，主要以砂岩上生长的无花果的果实为食。

卡卡杜国家公园里的河流可能是以短吻鳄的名字命名的，但在这里生活的却是其他种类的鳄鱼，而且数量很多。其中大多数是极其危险的湾鳄，当地人称之为"咸水鳄"，它们的存在使得在湿地观鸟成为一项潜在着危险的活动。幸运的是，你可以在公园中心一个叫作黄水潭（Yellow Water）的地方乘坐游船，在保证安全的情况下欣赏这些鸟类。早点订票，尽早出发，你就可以享受几个小时的观鸟狂欢。在一大片睡莲叶子上很容易看到冠水雉，它们经常与世界上最小的野鸭之一——绿棉凫待在一起。此地鹭科鸟类的代表物种是棕夜鹭和大量的中白鹭（公园内有多达9万只）。澳洲鹤是在澳大利亚分布的一种鹤科鸟类，以莎草的根茎为食，而黑颈鹳几乎与它同高，它们会在浅水中涉水捕鱼。此外，在水潭周边的草木上栖息着两种小型翠鸟，其中蓝翠鸟的胸部是橘黄色的，还有

深蓝色的小翠鸟，胸部是白色的。与较常见的蓝翠鸟相比，这种小翠鸟通常栖息在更低的地方，吃的鱼也更小一点。

另一种在湿地中基本不会错过的鸟类是鹊雁，卡卡杜国家公园是它们在世界上最重要的分布地。旱季时，国家公园内鹊雁的数量平均有160万只。这种奇特的长颈长腿的水禽只有部分蹼足，大部分时间都在陆地上挖掘块茎和球茎，这是它们的主要食物。这是一种体型较大的鸟类，那明显的黑白色羽毛使它们很容易被发现。在超长气管的帮助下，它们可以发出非常响亮的鸣叫声。在繁殖期，它们通常以三个一组的形式出现，一只雄鸟加上两只于同一个巢中产卵的雌鸟。

卡卡杜是一个季节性极强的地方，当地原住民实际上划分出了6个季节，并给每个季节起了不同的名字。旱季从4月开始，一直持续到10月，随着时间的推移，河漫滩平原逐渐干涸，慢慢地大部分湿地也变成了淤泥。7月和8月的旅游旺季恰逢南半球的冬季，那时通行很方便，许多水鸟也都聚集成壮观的大群。然后是"雨水集结"的季节，雷暴带来了第一场雨，天气变得越来越潮湿。卡卡杜的雷暴天气比地球上其他任何地方都多，在高峰时期每天可能出现80次雷击，这种情况会一直持续到1~3月真正的雨季的到来。而季风雨的降落又会使公园里的道路变得无法通行。

这里最好的开花季节是在雨季末期，那时第一批睡莲绽放，给物种丰富的河流和水潭带来了几分姿色。在砂岩地带和热带稀树草原上，桉树和银桦树也开花了。后者对吸食花蜜的鸟儿来说是一种特别美味的食物，尤其是小吮蜜鸟和银冠吮蜜鸟，尽管竞争非常激烈，但这两种灰褐色的鸟经常一起出现。还有两种色彩斑斓的鹦鹉也以这些丰富的花蜜为食：一种是颇具地方特色的杂色鹦鹉；另一种是当地的彩虹鹦鹉，叫作红领彩虹鹦鹉。在这个公园里，花朵的开放时间有好几个月，这些鸟和其他食蜜鸟类会追随着不同植物的花期而四处游荡。幸运的是，这座壮丽的国家公园面积广阔，它们有足够的空间活动。

■ 下图：黑颈鹳在当地被称为"裸颈鹳"（不要将它与一种在南美洲分布的同名的鹳混淆），它们经常伸展着翅膀，迈着快速的步伐追逐鱼类，虽然图中这两只看起来比较悠闲。

昆士兰热带雨林地区
Queensland Wet Tropics

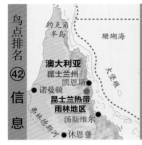

栖息地类型	主要是热带雨林，还有一些桉树林、红树林、农田和湿地
重点鸟种	双垂鹤鸵、灌丛塚雉、橙脚塚雉、小掩鼻风鸟、金亭鸟、齿嘴园丁鸟、澳洲丝刺莺、白尾仙翡翠、蕨鹩刺莺、黑头刺尾鸫
观鸟时节	全年都可以

■ 右上图：黑头刺尾鸫是主要分布在昆士兰热带雨林地区的一种在森林地面觅食的鸟类。它的近亲刺尾鸫分布在更南边的澳大利亚东海岸。

昆士兰热带雨林地区是澳大利亚生物多样性最丰富的地区。在北部的库克敦（Cooktown）和南部的汤斯维尔（Townsville）之间的沿海地带，记录到了不少于 48% 的大陆鸟种，这其中有一小部分是澳大利亚的特有鸟种，还有一些仅在这里和邻近的巴布亚新几内亚有分布。此外，该地区还拥有澳大利亚 58% 的蝴蝶种类和 1/3 的有袋类哺乳动物，在花卉方面也占有极其重要的地位。在进化方面被认为起源古老的 19 个科的开花植物中，有 13 个科在昆士兰热带雨林地区有分布，是目前世界上种类密度最高的地区。这些古老的植物，包括佛塔树（又名斑克木）、银桦树，甚至有桉树等植物的先驱树种，告诉了我们这片古老的土地与世界其他地方分隔了多久。

在这里观鸟是一种非常棒的体验，不仅因为在这片 8 940 平方公里的世界遗产保护区内生活着很多鸟类，还因为这其中的很多鸟类都很有特色也很有趣，它们是这片大陆上一些最不寻常的物种代表。很多特别好的鸟种都生活在雨林中，尤其是在各种山脉和高海拔地区的雨林中，比如离凯恩斯（Cairn）很近的阿瑟顿台地（Atherton Tablelands），那里的大部分海拔都在 800 米及以上。相信每一个来此地区观鸟的朋友一定都会看到一些行为很特别的狭域分布的鸟类。

从很多方面来讲，这里的热带雨林都是世界上热带雨林的典型代表，在高大的树木之下，茂密的灌木丛为了争夺树冠中泻下的丝丝阳光争先恐后地生长着。那些大树上常常布满了攀援植物和附生植物，因此乘坐从凯恩斯到库兰达（Kuranda）的缆车是观赏这片森林的一个好方法，这条长 8 公里的索道可以给你提供一个独特的鸟瞰森林的视角。不过，这片森林的独特之处是，其地面捕食者的相对缺失，使得各种各样的鸟类在森林的下层繁衍生息。因此，昆士兰热带雨林地区的很多特色鸟种都是陆生的。

塚雉科是澳大利亚的一个标志性鸟科，这里的两个代表物种都很常见。它们都会在卵上面堆一个混杂有植物的土堆，利用其中腐殖质发酵产生的热量对卵进行孵化。灌丛

■ 上图：双垂鹤鸵在受到威胁时会很危险，但是因为路杀等其他原因，它们的种群数量在迅速下降。

■ 对面图：观鸟者可能会在这个地区找到澳大利亚的一种极乐鸟——小掩鼻风鸟，不过它们只分布在海拔 500 米以上的雨林中。

塚雉的每一只雄鸟都会建造一个自己专属的土堆，吸引雌鸟前来，而橙脚塚雉的雌雄鸟则会一起建造土堆，甚至可以与其他成对的同类共享巢穴。因此，虽然冠羽和尾羽都很短，仿佛刚刚理完发似的橙脚塚雉是体型最小的塚雉，但它们建造的孵化堆却是塚雉科中最大的。下面的数据可能会说明一些问题：灌丛塚雉的孵化堆通常高 1 米宽 4 米，而橙脚塚雉的孵化堆有过高 3 米宽 18 米的记录。灌丛塚雉的羽毛是黑色的，尾羽很长，裸露的红色脖子下面有一个橘黄色的环，它是澳大利亚的特有鸟种，分布在东部海岸地区。而橙脚塚雉在新几内亚也有分布。

许多体型较小的物种，从分布相对广泛的噪八色鸫到罕见的狭域分布的黑头刺尾鸫，也栖息在森林的下层。该地区特有的黑头刺尾鸫是一种圆圆的像鸫一样的鸟，它上体为深棕色，下体为明亮的白色，雌鸟的颏和胸部为橙色。它们喜欢成群结队地在森林的地面上四处游荡，通常由一对成鸟带着幼鸟，再加上几只成鸟组成，大部分时间都是在落叶层中搜寻食物。黑头刺尾鸫的英文名字有尖叫的含义，来源于它们通常在黎明时分轮流发出的响亮叫声。而且，这声音往往还会影响其他鸟类的叫声。雨林中另一种特色鸟

种——蕨鹩刺莺经常跟在黑头刺尾鸫身后，捕食被它们惊扰出来的昆虫。与昆士兰热带雨林地区大多数罕见的森林鸟种一样，想看到它们很难，它们有时甚至会从观鸟者的视线中消失，跑到落叶层下搜寻食物。蕨鹩刺莺是一种小小的深棕色的鸟，雄鸟的眼睛上下各有一条明亮的白色条纹。与它们同时生活在这片雨林中的，还有一些它们的近亲，比如非常罕见的澳洲丝刺莺，以及分布相当广泛的巨嘴丝刺莺，它们主要在地面上觅食，后者通常会集小群。

昆士兰热带雨林地区最引人注目的两种鸟类并不是这样的陆生鸟种，但是它们会在地面上建造非凡的求婚建筑，也就是求偶亭。这些求偶亭以及精心布置的陈设，都是为了给雌鸟留下深刻印象。齿嘴园丁鸟，是一种高度狭域分布的鸟种，它制造的求偶亭是最简单的一种，仅仅是对一片森林的地面进行彻底清理，并用树叶进行装饰。雄性齿嘴园丁鸟会用它有刻痕的喙将新鲜的绿叶从茎上割下来，然后满怀爱意地将其中的 30~90 片撒向庭院，并不时将枯萎的叶子换掉。

与雄性金亭鸟相比，齿嘴园丁鸟的这些努力显得微不足道。金亭鸟简直是在建造一

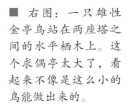

■ 上图：灌丛塚雉是一种常见的森林鸟种，跟塚雉科的其他鸟类会借助外部热源进行孵化一样，它们会利用落叶腐殖质发酵产生的热量进行孵化。

个 "五月柱"（maypole）[1]。它会非常努力地收集树棍和细枝，这些枝丫或斜靠或缠绕在小树上，最终形成了一个高达 3 米的 "塔"。事实上，金亭鸟通常会利用相距 1 米左右的小树建造两个不等高的塔，然后再用鲜花或地衣加以装饰。每天的大部分时间它都停歇在两座塔之间的水平栖木上，等待着雌鸟前来欣赏它的杰作。

到目前为止，在这片森林中记录到的最大的陆生鸟类是气势汹汹的双垂鹤鸵，这是一种不会飞的巨型鸟类，它深色的羽毛如同毛发一般，颈部皮肤为红色和蓝色，头顶上

———————————
[1] 欧洲人民在庆祝其传统民间节日五朔节时，用鲜花和彩带装饰成的高杆。——译者注

方还有一个巨大的盔状突起——这可能有助于它在森林中穿行。双垂鹤鸵的双腿粗壮、修长且十分有力，再加上它中趾那细长锋利的，可以达到惊人的 17 厘米长的爪，使其成为世界上为数不多的能够真正对人类构成威胁的鸟类之一。当它被逼得走投无路时，它那剃刀般的利爪就如同一把尖刀，完全可以将一个人开膛破肚。事实上，在新几内亚，经常会有人被双垂鹤鸵杀害。1926 年，在澳大利亚也有一人因此死亡。

尽管如此，双垂鹤鸵对于这片热带雨林来说是极其重要的，这里没有在世界上其他大部分雨林常见的大型食草动物或猴子，所以这些大型鸟类成为至少 70 种树木繁衍过程中的唯一传播者，因为它们的果实太大了，其他动物都无法食用。不幸的是，现在想看到双垂鹤鸵也很难了，只有靠近库兰达的鹤鸵之家（Cassowary House）还是一个可靠的观测点。由于栖息地的减少以及狗的袭击和路杀的存在，双垂鹤鸵的种群数量在迅速下降。在昆士兰热带雨林地区现在只剩下约 1 500 只成年个体，情况非常严重。如果没有了这些鸟类，这片森林的构成在将来会变得更糟。

■ 右图：一只雄性金亭鸟站在两座塔之间的水平栖木上。这个求偶亭太大了，看起来不像是这么小的鸟能做出来的。

蓝河省立公园
Rivière Bleue Provincial Park

大洋洲

■ 下图：鹭鹤的行走方式跟鸻一样，走走停停。

新喀里多尼亚是南太平洋中一座狭长的岛屿，距离澳大利亚东海岸 1 200 公里。与该地区的其他岛屿形成鲜明对比的是，它并不是因火山喷发形成的，而是从冈瓦纳古陆（Gondwanaland）南部分离出来的一小块。显然，它在 8 500 万年前就已经与澳大利亚分离，并一直与世隔绝了。那里独特的动植物群落也能够证明这一点，这么长的时间也足以进化出像鹭鹤这样的鸟类了。

鹭鹤是世界上最奇特的鸟类之一。它的长相很奇怪，叫声很奇怪，行为也很奇怪。鹭鹤是这样一种鸟儿，当你看到它穿过森林向你跑来时，你肯定会觉得自己在做梦，还可能以为它会停下来和你说话。它的大小和一只体型较大的家鸡差不多，样子看起来就像秧鸡和鹭杂交的一样，可能真是这样。它那长长的珊瑚红色的喙很适合用来挖掘土壤（鼻孔覆有骨板），还有长长的红腿，让它能在各种地形上快速移动，直立行走。它的翅膀圆钝，发育完好，但是翅膀处的肌肉组织不足以支撑它的飞行，所以它实际上是不会飞的，它所能做的就是在下坡时滑翔。它的

■ 上图：鹭鹤会花很多时间用它的喙挖掘土壤，在里面寻找各种各样可食用的动物。

羽毛令人惊艳，全身银灰色，这身装扮就像来自冰山的乌鸦似的。鹭鹤奇特而纤细的冠羽平常是搭在背部的，但是当鸟儿兴奋的时候，那些冠羽可以竖起来，就像戴胜的冠羽

一样，它经常这么做。鹭鹤红色的大眼睛长得靠近喙部，这样当它在阴暗的林下寻找最喜欢吃的甲虫、马陆和蜥蜴时就有足够的视觉支持了。当它觅食时，它会像鸻一样长时间保持静止不动，伺机去追寻猎物。在警戒状态或者兴奋时，它们会偶尔发出嘶嘶声。而且，每到黎明时分，成对的鹭鹤就会发出占区鸣叫，2 公里之外都可以听得到。人们对这种叫声最好的描述是，如果一只鸟发出的不是啼鸣声而是犬吠声，那声音就很像鹭鹤了。

这种独特的鸟类，给人一种完全超现实的感觉，它自己被单独列为一科，没有亲密的近缘物种。当你在它的主要分布地，位于新喀里多尼亚首都努美阿（Noumea）以南不远的蓝河省立公园看到它时，那种感觉又被放大了。蓝河省立公园并不是一片人迹罕至的荒野，对许多当地人来说，这里的开放时间、交通条件、卫生间等公共设施以及旅游解说使它成为一个令人愉悦的周末度假胜地。园内有一些破旧的森林步道，还有一个筑坝形成的湖泊。当你在野餐桌上吃午饭时，鹭

■ 右图：横斑澳蜜鸟是另一种你可能遇到的新喀里多尼亚的特有鸟种。

■ 对面图：作为鹭鹤在世界上最重要的栖息地，这片低地雨林中同时也分布着其他各种各样的鸟类。

鹭经常像乡间庄园里的孔雀一样昂首阔步地从你身边走过。这一切都显得那么不可思议。

然而，鹭鹤种群的濒危状态应该会让你从梦中惊醒，因为这是一种非常罕见的鸟。它仅分布在400公里长的新喀里多尼亚主岛格朗德特尔岛（Grande Terre）上，而且只有在90平方公里的蓝河省立公园内的鹭鹤种群是安全的或者说有一定的增长，这在一定程度上也是得益于公园内的圈养繁殖计划。在新喀里多尼亚的其他地方，鹭鹤正承受着各方面的威胁。它们的栖息地在不断缩小（部分原因是为了给岛上的许多镍矿让路），它们的卵和雏鸟也会被一些引入的捕食者（如老鼠）捕食，在乡村常见的野狗也会直接捕杀它们。这种美丽的鸟的现存数量只剩下不到1 000只了，可能连500只都不到。

当你在寻找鹭鹤的时候，大多数观鸟者会找"鹭鹤先生"——伊夫·莱托卡特（Yves Lettocart）来帮忙寻找，他是这个物种的守护者和保护项目负责人。在蓝河省立公园那些树木高大、林下灌丛茂密、以贝壳杉属（Agathis）植物为主的低地森林中，还有一系列其他的鸟种供大家欣赏。事实上，岛上的所有鸟类，除了一种特有种（新喀草莺）之外，在这里都能找到。例如，蓝河省立公园是非常罕见的红脸裸吸蜜鸟的最佳观测地。它是

吸蜜鸟科鸟类中体型超大的一种，羽毛主要是黑色的，脸部具有橙黄色的肉垂，歌声十分悦耳。此外，公园里还有新喀吮蜜鸟和机敏的山鹃鵙，其中山鹃鵙的全身几乎都是如烟熏过的深灰色，仅尾下覆羽有一点粉色。在树上，你可能会看到罕见的翎冠鹦鹉，其头顶上拖着两根天线般的羽毛；或者是羽毛深色的巨皇鸠，这是世界上体型最大，羽毛最丰满的树栖鸠鸽。再仔细搜寻一番，你可能还会有幸遇到罕见的散羽鸠——一种好像穿了毛茸茸的白色绑腿的肥硕的绿鸽子。

人们可能会说，鹭鹤是蓝河省立公园最著名的鸟类，但事实可能并非如此。近年来，另一种新喀里多尼亚的特有种——新喀鸦，因其超乎寻常的智力水平而登上了新闻头条。它不仅是一种精于利用工具获取食物的鸟类，例如它会用一根棍子将蛴螬和昆虫从洞里捅出来，更特别的是，它实际上会为自己设计工具。例如，众所周知，它会把藤上所有的刺都拔掉，只留下最后一根刺，然后做成各种钩状的工具。在实验室里，人们观察到新喀鸦为特定的任务量身定制工具，这表明它们拥有非凡的认知技能。很显然，在这8 500万年间，这个小岛上发生了一些非常特别的事情。

斯图尔特岛
Stewart Island

鸟点排名 ㉒ 信息

栖息地类型　森林、灌丛、海滩和海洋

重点鸟种　褐几维，黄眉企鹅和黄眼企鹅，各种信天翁，新西兰秧鸡、新西兰鸠、白顶啄羊鹦鹉、鞍背鸦（引进的）、刺鹩（引进的）、簇胸吸蜜鸟

观鸟时节　几维鸟全年都可见，对正常的观鸟来说，春季最好

大多数到新西兰的游客都知道几维鸟，但从来没有近距离看到过野生的个体。位于该国最南端的斯图尔特岛可以说是世界上观赏它们的最佳地点。

斯图尔特岛距离南岛（South Island）海岸 24 公里，中间隔着不时狂风大作的福沃海峡（Foveaux Strait）。斯图尔特岛的面积非常大（1 680 平方公里），那里人烟稀少，只有 25 公里的道路。岛上约 80% 的地区被划定为斯图尔特国家公园（Rakiura National Park）。这里每年平均下雨 275 天，因此大部分土地被茂密的森林所覆盖，其中以新西兰特有的针叶树桃柘罗汉松为主，也有一些灌木丛和草地。在岛上，可以沿着 245 公里的步道观鸟，有时徒步旅行还可以看到几维鸟。这种鸟仅分布在这个岛上，它们有时会在白天出来觅

■ 上图：新西兰秧鸡是典型的秧鸡科鸟类，杂食性的它们捕捉的猎物包括青蛙乃至小型哺乳动物，当然幼鸟也在它们的食谱中。

■ 对面图：几维鸟是每个到新西兰的观鸟者都最想看到的鸟类。斯图尔特岛是寻找它们的最佳地点之一。最近的分类学研究表明，该岛上的几维鸟是一个单独的种，也就是大家所知的褐几维。

食，大多是在下午的中间或稍晚些时候。

不过，在这里观察几维鸟还有很多更可靠的方式。当地的鸟类养成了一种非同寻常的习惯，它们会在晚上离开森林，到海滩潮位线处的开阔地带觅食，在漂浮物中寻找等足类动物和其他好吃的东西。它们这种非凡的行为促使了一项观测几维鸟的活动繁荣开展。每隔一晚，就有一艘游船离开岛上唯一的定居点——奥本（Oban），全年如此。游船会停靠在欧申海滩（Ocean Beach）附近，从那只需步行 20 分钟，游客们（每晚 15 人）就可以进入到几维鸟的领域范围。几乎每一个到这里的游客都能看到几维鸟，所以那些没看到的观鸟者真的是很不幸运。岛上几维鸟种群密度最高的地方是在岛屿另一边的梅森湾（Mason Bay）附近。从奥本到那里单程需要徒步两天，或者先乘坐 1 小时渡轮再徒步 4 小时，抑或搭乘飞机飞行 20 分钟。飞机会在退潮时降落在梅森湾的海滩上。

当然，几维鸟是一种神奇的鸟类。它们看起来很像小型哺乳动物，而且有一种许多哺乳动物都有的习惯，那就是通过嗅觉来感知周围的环境。几维鸟的鼻孔位于它那长而略微下弯的喙的末端，它们通过探测土壤底部来寻找一些蚯蚓、昆虫和植物为食。这种鸟似乎也能通过气味来识别人类，如果你冲一只鸟走过去，它通常会跑开直到离你有一

定的安全距离，然后抬起它的喙，显然是闻到了一些风吹草动。

自 20 世纪 80 年代以来，几维鸟的分类状况发生了很大改变。遗传学研究表明，斯图尔特岛的几维鸟与其他地方的几维鸟有很大的不同，足以使它们独立成一个新种。现代基因测试已经确定这些几维鸟可以分为 5 个物种，而更多的测试可能会将这些物种进行进一步的区分。斯图尔特岛上这种"新"分出来的几维鸟被命名为褐几维，它还有一个毛利语的名字，叫作斯图尔特岛托考加（Stewart Island Tokoeka）。这种几维鸟也喜欢在开阔的海滩上觅食，但是与其他几维鸟相反的是，它喜欢独居而不是以家庭为单位的群居。

"托考加"这个名字有一个独特的含义，它与这里发现的另一种独特的秧鸡——新西兰秧鸡有关。新西兰秧鸡在颜色和体型上都与褐几维非常相似，但是它的喙部粗短，用来抓取像青蛙、幼鸟和无脊椎动物等这样的动物为食。新西兰秧鸡在斯图尔特岛上很常见，毛利人给褐几维取名为"托考加"以示区分，意为"带着棍子的新西兰秧鸡"。

新西兰秧鸡的出现表明斯图尔特岛不仅仅是一个只能观赏几维鸟的地方。事实上，它可能是整个新西兰最好的鸟点。这里的本土鸟类包括歌声甜美的簇胸吸蜜鸟、色彩斑斓的新西兰鸠，还有生活在森林冠层的白顶啄羊鹦鹉，这是一种略带粉色的大型鹦鹉，此外还有一些体型较小的鸟类，比如声音悦耳的新西兰吸蜜鸟、难以捉摸的新西兰大尾莺、灰噪刺莺和新西兰刺莺。这些鸟在很多步道的沿线都可以很容易看到。

然而，对于那些没有多少时间观鸟的人来说，阿尔瓦岛（the island of Ulva）上那个开放式的鸟类保护区是个很好的选择。从距离奥本很近的黄金湾码头（Golden Bay Wharf）出发，只需要乘坐水上渡轮行驶很短的一段距离就能到达那里。这里的森林中生活着上述提到的许多鸟种，但它的面积却只有 2.6 平方公里。这个保护区还因其新西兰稀有物种引进项目而闻名。

自 1997 年以来，该岛一直没有捕食者入侵。在 2000 年 5 月，岛上引进了 30 只鞍背

■ 右图：黄眼企鹅是世界上最稀有的企鹅。它仅在新西兰繁殖，目前的种群数量可能不足 5 000 只。

鸦，不久之后又相继引进了新西兰鸲鹟、刺鹩和黄头刺莺。以其悦耳歌声而闻名的鞍背鸦在新西兰大陆是受胁物种，它是新西兰垂耳鸦科鸟类中的一种。垂耳鸦科鸟类是一群体型中等、翅膀短小的森林鸟类，已经灭绝

的北岛垂耳鸦也是其中的一员。黄头刺莺恰如其名，头部为明亮的黄色，它是一种与澳大利亚的刺嘴莺有亲缘关系的小型食虫鸟类，在树洞中筑巢，但在大陆上，它们的巢穴经常被引进的白鼬侵袭。在这里，在阿尔瓦岛，它们终于有机会在没有捕食者恶意存在的情况下重建种群。

斯图尔特岛靠近有大量海鸟繁殖地的亚南极群岛（Subantarctic Islands），这意味着这里的海域很适合观赏远洋鸟种，其中包括至少 5 种信天翁。从大陆上的布拉夫（Bluff）出发，乘坐 1 小时的渡轮到达那片海域就可以看到一些海鸟。不过近年来，有些公司也开发了从奥本出发的远洋旅行项目，专门搜寻这片海域。到如今这里已经积累了一份引人瞩目的鸟类名录，包括灰头信天翁和新西兰信天翁，罕见的鳞斑圆尾鹱、银灰暴风鹱和鹈燕。

这里的海洋和海滩也为斯图尔特岛的 3 种企鹅提供了适宜的栖息地。小企鹅在这里很常见，但想看到黄眼企鹅（世界上最稀有的企鹅）和黄眉企鹅就得费点功夫了。不过，观鸟游轮上的导游知道它们筑巢的位置，所以参加一次这样的观鸟之旅还是值得的。

■ 右图：没有捕食者的阿尔瓦岛的森林非常接近欧洲人到来之前新西兰的样子。

塔里山谷

Tari Valley

鸟点排名 ② 信息

印度尼西亚
阿德默勒尔蒂群岛
巴布亚新几内亚
新不列颠岛
新几内亚岛
● 塔里山谷
莫尔斯比港
澳大利亚

栖息地类型	山地森林、林地、草地
重点鸟种	各种天堂鸟（包括蓝极乐鸟、华美极乐鸟、新几内亚极乐鸟、萨克森极乐鸟），公主长尾风鸟和绶带长尾风鸟以及各种园丁鸟
观鸟时节	全年都很好

■ 右图：雄性萨克森极乐鸟那夸张的头部饰羽能有身长的两倍。

　　一个世界上拥有最多天堂鸟[①]的地方，无疑是声名显赫的。而这个殊荣现在属于巴布亚新几内亚中部高地的塔里山谷。在山谷两边的山地森林中生活着十多种声名远扬、美丽得无与伦比的天堂鸟，以及一系列其他令人垂涎欲滴的新几内亚鸟类。

　　这里最吸引人的也许是天堂鸟，不过这并不是在天堂观鸟，实际情况是，看到它们可能是一个艰难而令人沮丧的任务。在森林中时常会间歇性地听不到任何声音，如死寂一般宁静，被苔藓和附生植物覆盖着的大树把鸟儿藏得很好，大多数天堂鸟会躲在高高的树冠中或者藏在林下灌丛里。显然，漂亮的雄性天堂鸟是当家明星，但它们的数量远远不及雌性和亚成体的雄性个体，因此看到它们很难。这些都与天堂鸟的婚配制度有关。大多数的天堂鸟都是一夫多妻制的，少数成熟的雄鸟会占据求偶炫耀的位置并与雌鸟进行交配，而其余的则在一旁观看。一只雄鸟可能需要长达7年的时间才能成为求偶场的主人，并拥有与其相配的漂亮羽毛，有些雄鸟甚至从未成功过。大多数情况下，雌鸟通常会独自承担所有的繁殖任务，因此与配偶相比，它们通常都显得很邋遢，但也更容易被看到，不像每一次目睹雄性天堂鸟的风采都得需要艰苦跋涉。

　　观鸟过程虽然很艰苦，但有时它的回报也是惊人的。毕竟，世上任何一只雄性天堂鸟都是不俗的。即使是羽毛长得比较朴素的，造型也会显得有点怪异，比如短尾肉垂风鸟，这是一种黑色的小鸟，眼睛周围有明亮的淡蓝色和

黄色的肉垂，尾巴短得几乎不像样。与此同时，那些华丽的鸟更是令人震惊、难以置信，比如塔里山谷的双星——蓝极乐鸟和黑镰嘴风鸟，这是两种被国际鸟盟评为"易危"（vulnerable）等级的鸟种。蓝极乐鸟是一种中等体型的鸟，除了下腹部有两块砖红色的半月形斑外，背部和整个胸腹部都是黑色的。不过，它的翅膀是亮蓝色的，而且大多数如鸵鸟羽毛那般松散的尾羽也具有同样的蓝色，给人一种乌鸦穿着蓝色短裙的感觉。此外，它还有两条细长的尾带，末端椭圆，就像触角一样。当雌性蓝极乐鸟靠近求偶场时，雄鸟会马上进行一段奇特的求偶炫耀表演，它们倒挂在树枝上，左右摇摆，蓝色的羽毛闪闪发光，它们发出的金属般的嗡嗡声，就像天线受到静电干扰时发出的声音。能够目睹这一惊艳景象的游客并不多，但是那些看到过的人在离开后内心都会有所改变。

　　与此同时，雄性黑镰嘴风鸟的外形比蓝极乐鸟更令人印象深刻。它的个头大得多，全身主要是具有光泽的深色羽毛，长而下弯

---

① 指极乐鸟科的鸟类，别称为天堂鸟。——译者注

■ 上图：像图中这几只新几内亚极乐鸟一样的成年雄性天堂鸟很难见到，因为它们的数量在各自的种群中占比很低。

的喙部让它看起来有点原始的感觉。然而，它最引人注目的是那剑状的尾羽，长度可达 1 米。在山谷中的安布阿小屋（Ambua Lodge）附近有一处特别受黑镰嘴风鸟喜欢的山脊，在那里偶尔可以看到雄鸟进行求偶炫耀。只见它费力地将胸部两侧呈扇形的具有金属光泽的蓝色胸羽举过头顶，而巨大的尾羽也会展开，同时鸟的身体下蹲，使整体几乎呈水平状。

塔里山谷的森林里有丰富的水果和昆虫，而且鸟类也没有天敌和竞争者。这里没有松鼠或猴子，也没有像猫或鼬这样的陆地杀手。人们认为，正是这种良好的环境促使天堂鸟进化出了令人惊艳的羽毛，并且可以在不影响其生活和觅食能力的情况下进行求偶炫耀。因此，上述鸟种只是天堂鸟盛宴中的一部分。

这里还有著名的新几内亚极乐鸟，它们跟蓝极乐鸟一样，会在求偶场进行集体表演。新几内亚极乐鸟的大部分羽毛是红棕色的，且具有醒目的黄色头部和绿色喉部，但是当它们进行求偶炫耀时，会站在森林中部靠上的位置，从胁部展开两丛如同羽毛扇一样的柔顺的橙色羽毛，那羽毛在其背上熠熠发光，仿佛一团燃烧的火焰。这里还有两种风鸟——公主长尾风鸟和绶带长尾风鸟，向人们展示着那一身暗黑的羽毛和长得出奇的华丽尾羽。华美极乐鸟炫耀着它那滑稽的羽毛；劳氏六线风鸟的头顶上则装饰着 6 根末端为勺状的丝状羽毛，每侧 3 根；非凡的萨克森极乐鸟有过之而无不及，它头顶两侧的饰羽超过了身长的两倍还多，饰羽呈粉蓝色，仅在一侧具有片状羽支，看起来就像古时的羽毛笔。

■ 右图：在森林群落中较为常见且引人注目的冠啄果鸟恰如其名，以啄食小果子为食。

■ 下图：在新几内亚分布着世界上9种裸鼻鸱中的8种，图中是一只斑裸鼻鸱。

确实，与世界上的其他鸟类相比，天堂鸟向人们展示了更多样的羽毛结构，而这一事实也引起了新几内亚人的注意。这里的土著部落是胡里部落（Huli），它出名的原因有两个。首先，这里的人们一直生活在石器时代，在20世纪30年代，寻求黄金的澳大利亚人第一次踏上这片土地之前，这里完全不为外界所知。其次，他们会用森林里的花朵和羽毛来装饰头发，这倒是很符合他们"假发男"的绰号，这是他们传统的日常装扮，并不是为了游客才这样做的。天堂鸟和其他物种的羽毛在这些土著人的文化和经济生活中占有很重要的地位，几个世纪以来这些物品在当地一直被广泛交易。与此同时，胡里人的传统舞蹈也模仿了他们尊崇的鸟类邻居的各种表演套路。

胡里人并不是唯一懂得欣赏天堂鸟羽毛的生物。森林中的另一种鸟类——阿氏园丁鸟，看起来也是如此。它本质上是一种颜色暗淡的鸟，已经不奢望能够长出一身漂亮的羽毛了，于是将兴趣转至建造一个精致的求偶亭。它会在树上放置许多材料，比如兰花，在地上还会有一个非常显眼的长满青苔的垫子，上面排列着萨克森极乐鸟靓丽的蓝色羽毛。阿氏园丁鸟这种利用其他鸟类的羽毛来吸引潜在配偶的例子也真的是与众不同。

塔里的园丁鸟并不比天堂鸟逊色，它们以自己的方式给人们留下了深刻印象。例如，冠园丁鸟就以建造"五月柱"式求偶亭而闻名。只见一棵细长的树苗周围环绕着像辐条一样排列的短枝，形成了一座高达3米的锥形塔。它们不是华丽的羽毛，更像是建筑物。有幸看到这些的游客，对它们的印象跟看到的那些华而不实的森林鸟类一样印象深刻。

巴布亚新几内亚的另一个奇特之处是，这里存在着世界上为数不多的几种有毒鸟类。毒素存在于鸟类的羽毛中，这些得天独厚的鸟类包括黑林鹟鸫和蓝顶鹛鸫。也许这些神奇的森林并不是那么温和。

塔韦乌尼岛
Taveuni

鸟点排名 ㊹ 信息

栖息地类型	热带山地森林、礁石、农田
重点鸟种	橙色果鸠、丝尾阔嘴鹟、红胸辉鹦鹉、绿领鹦鹉、多色果鸠、岛鸫、黑喉鹛嘴鹟、绿裸吸蜜鸟
观鸟时节	除雨季（12 月到来年 2 月）外的任何时候都可以

■ 右上图：斐济的天然林有很大一部分分布在塔韦乌尼岛。

如果你是那种喜欢自虐的观鸟爱好者——比如冒着狂风暴雨去数海鸭——那么塔韦乌尼岛不是你该去的地方。这里是一个热带岛屿，到处棕榈树环绕，海滩空无一人，近海有珊瑚礁，内陆有茂密的丛林，还有瀑布从参差起伏的高山上倾泻而下。这里到处都是漂亮的度假式酒店，更重要的是，斐济的当地人是世界上最热情、最幸福的居民（这是官方证实的事实）。在这样一个舒适宜人的田园诗般的地方很难观鸟，你可能会舒服地睡一觉，做一个在这里观鸟的白日梦。

你可能会做梦，但这是幻觉吗？必须指出的是，世界上有很多热带岛屿看起来如同美轮美奂的仙境，但事实真相却是老鼠的引入和森林过度砍伐带来了生态灾难，造成了很多本土物种的灭绝。还好，塔韦乌尼岛并非如此。该岛长 42 公里，宽 15 公里，岛上 4/5 的面积是波玛国家遗产公园（Bouma National Heritage Park），那里依然存在着 60% 的原始森林。当然，那里也并不是十全十美，也有一些引进的植物和鸟类，但是这个岛足够原始，目前正被考虑列入世界遗产名录。

这里有很多鸟类。整个斐济至少有 25 种特有鸟种，另外还有其他一些在南太平洋地区狭域分布的鸟种。在塔韦乌尼岛上生活着 15 种斐济特有鸟种，尽管没有一种是该岛特有的，但其中一些在别的地方很难找到。再加上一些分布广泛的本地鸟种，一些引入的鸟种（比如黑背钟鹊，引入它是为了帮忙控制农田里的蠕虫），以及一些鸻鹬类的鸟和海鸟（包括白斑军舰鸟、红脚鲣鸟和褐鲣鸟，还有白顶玄燕鸥），这个岛上的鸟种名录中大

约有 100 种，这数量对于世界上这个如此偏远的地方来说是相当瞩目的了。在海拔 1 195 米的德辅峰（Des Voeux Peak）周围是一片以羽毛状的桫椤占主导地位的神奇森林，这里也是斐济鸟类多样性最丰富的地方。

然而，并不是那些统计数字让塔韦乌尼与众不同。这个地方的奇妙之处，以及把它写进这本书的原因，主要在于生活在这里的那些特色鸟种。它们就像电影里的演员一样，一个个俊俏靓丽，无论是单独一只还是一群，都充满了魅力，让这里的观鸟活动成为一种独特的体验。

这场鸟类盛宴的主角是一种名为橙色果鸠的鸟，它生活在岛屿中心森林密布的山坡上。这是一种小巧玲珑的，体型有点像球形的鸽子。它的雌鸟全身仅有点绿色，不得不承认，确实有点单调。但雄鸟就与众不同了，它全身覆盖着鲜艳、华丽、十分耀眼的橙色，

■ 上图：绿领鹦鹉是斐济的特有鸟种，它们已经适应了在花园和农田等人工栖息地中生活。

再加上橄榄黄色的头部，在树上觅食的它，乍一看还真像个水果——一个橘子，但仔细观察，它的羽毛有点毛茸茸的。除了奇特的外貌，这种鸽子还有最古怪的叫声，那声音几乎跟钟表的嘀嗒声一模一样。真是种奇怪的鸟！

这里的另一种明星鸟是一种非常小的名叫丝尾阔嘴鹟的森林鸟类，在德辅峰和维达瓦雨林步道（Vidawa Rainforest Trail）最容易看到它们。这一森林鸟种的亲缘关系一直备受争议，它甚至被归入了极乐鸟科，只是因为其头部和上体为带有金属光泽的天鹅绒般的深蓝色，而且上面点缀着亮片般的斑点。然而，它身上真正引人注意的是那明亮的白色尾部，此处与其他羽毛形成了强烈对比。它的尾部很短，呈圆形，明亮的白色覆盖住了尾羽的大部分，仅在末端留下一条很窄的黑色。这是一种非常活跃的小精灵，它一边翘起尾羽来回摆动，一边用它那相当长的、稍微带点钩的喙撕开树皮或者把落叶推到一边。它们像䴓一样沿着长满青苔的树干爬行，还会不时向空中发动袭击，这种行为暴露出它们可能与王鹟科鸟类之间存在某种关系。

另一个斐济特有种——绿领鹦鹉是岛上最常见的鸟类之一。除了可以在森林中找到这种瑰丽的鹦鹉外，它们还会出现在村庄和种植园中，在那里它们可以尽情享受从椰林中采集花蜜的乐趣。虽然它的名字平淡无奇，但它是色彩最艳丽的吸蜜鹦鹉之一，其下体大部分都是亮红色的，头顶和腹部为深紫色，翅膀深绿色。比它大得多的红胸辉鹦鹉是一种双色鹦鹉，下体为很深的褐红色，上体为

明亮的绿色，尽管它不喜欢椰子树，但它也能在森林的外围生存。

在所有颇具魅力的鸟类中，也不乏一些善于表演的角色。其中一个引人注目的鸟种是在森林及其边缘地区分布的点胸扇尾鹟，同扇尾鹟科的其他鸟类一样，它是一种不时会向空中的飞虫发动袭击的小型食肉鸟类，而这通常是在荫蔽的树冠中进行的。它以水平姿势落在栖木上，双翅下垂，经常张开它的尾羽，左右摇晃，它的鸣声清脆，有观察者看它时，它还会飞过来瞅一瞅。另一个与之相似的同类是身体为黑橙两色、同样好奇的瓦岛阔嘴鹟，它甚至会出现在建筑物的屋顶或花园里，也以捕捉飞行中的昆虫为食。

在塔韦乌尼岛还有一种小丑鸟，或者说是身着如同小丑那般艳丽衣服的鸟——多色果鸠。在斐济的所有鸟类中，雄性多色果鸠的羽色可能是最奇特的。那是一种混合了粉色、奶油色、绿色和黄色的配色，看起来特别不真实。这是一种可能只有孩子才能创作出来的一种奇异的热带鸟类图案。即使在塔韦乌尼，这种鸟的羽毛看起来也是有点过于多彩了。

■ 塔韦乌尼岛上有许多色彩斑斓的鸟类，尤其是果鸠。羽色惊艳的橙色果鸠雄鸟（对面下图）在树冠上看起来十分耀眼，它的光芒几乎超过了那只羽色奇特的多色果鸠（右图）。

185

南极洲

Antarctica

　　人们很容易忘记南极洲是一个大陆，它看起来那么与世隔绝，从鸟类学角度讲，那里看起来也不像能有鸟的样子。尽管如此，这里拥有 1 430 万平方公里的土地，理论上是潜在的栖息地。然而，这一地区的大部分被冰层覆盖，而且基本位于海拔 2 000 多米的高原上，最高峰海拔 5 140 米。地球上有记录的最低温度零下 89.2 摄氏度是在这里测量的，更糟糕的是，南极大陆的大部分地区都非常干燥，它实际上是个不毛之地。

　　然而，南极地区的可取之处在于它周围的海洋，那里蕴藏着极其丰富的海洋生物。这是因为强烈的海流形成了上升流，将食物从海洋深处带到了海面。南极辐合带（Antarctic Convergence）是指向北流动的南极地表水下沉到向南流动的亚南极水以下的地方，而南极辐散带（Antarctic Divergence）则是指从大陆向东流动的洋流与从南冰洋向西流动的洋流相遇的地带。这些上升流可以说为地球上数量最丰富的海洋生物提供了食物，反过来这些海洋生物又成为大量鸟类的食物。这样，那些信天翁、企鹅、鹱、圆尾鹱和海燕等种群才得以繁盛。此外，因为食物丰富，在北极圈北部繁殖的北极燕鸥也会在南极的夏天飞达这里。

　　南极大陆的坚硬地面，加上南乔治亚岛（South Georgia Island）、赫德岛（Heard Island）等各种亚南极岛屿，甚至包括南美洲南部的部分地区，为许多上面提到的鸟种提供了繁殖地。特别是在这里发现的庞大的企鹅群，是世界上最壮观的鸟类景观之一。

　　除以上提到的那些海鸟之外，还有一类鞘嘴鸥科的鸟，仅在这个地区繁殖。人们经常发现这个鸟科中的两种鞘嘴鸥在大群的海鸟和海豹中觅食也就不奇怪了。

■ 右图：南极半岛上的帝企鹅。

南乔治亚岛
South Georgia

鸟点排名 ㉞ 信息

栖息地类型	基岩岛、悬崖、高草丛、海洋
重点鸟种	各种企鹅、信天翁、鹱、海燕、鹈燕，南乔治亚鸬鹚、黄嘴针尾鸭指名亚种、南极鹨
观鸟时节	从 11 月到来年 2 月

位于南大西洋，南纬 55°，距离南美洲大陆以东约 2 150 公里的南乔治亚岛是一个偏远且气候恶劣的地方。这座 160 公里长的岛屿一半被冰川覆盖，山顶积雪终年不化，由于频繁受到由海洋掀起的狂风的冲击，陆地不断被侵蚀，使这里成为地球上最不适宜居住和最具挑战性的边远地区之一。没有多少人有机会到这里来冒险。

然而，正是由于南乔治亚岛的孤独和与世隔绝，才使其受到博物学家和唯美主义者的青睐。远远望去，高耸的悬崖和积雪覆盖的群山就像被施了魔法一样从汹涌的大海中升起。靠近再看，高耸的悬崖、深邃的海湾和迤逦的峡湾雄伟壮丽，黝黑的岩石、明晃晃的白雪、暗绿的草丛和灰褐色的海滩，构成了一幅神奇的画卷，那微妙的色彩让人心生愉悦。此外，该岛靠近南极辐合带，并且深入世界上一些最具生物生产力的水域，使这里成为数百万只海鸟和海豹的完美繁殖地。一年当中有几个月的时间，岛上非但不寂寞，反而到处都是懒惰的鳍足类动物和精力充沛的鸟类。

一些繁殖海鸟的数据向人们表明了南乔治亚岛以及整个南极地区物种的丰富程度。例如，据估计，岛上有 2 200 万对鸽锯鹱——数量如此众多的一种鸟，大多数人却从来没有听说过。此外，这里还有大约 270 万对长眉企鹅、380 万对鹈燕和 200 万对白颏风鹱。

■ 右图：一只王企鹅冲到了岸边。算上幼鸟，南乔治亚岛的这个种群有将近50万只个体。

即使是那些不太常见的鸟类，如优美的雪鹱，数量也能达到3 000对。换作是北大西洋的任何一个地方，这样的数目足以使那里变得与众不同。很显然，这个地方与世界上其他地方完全不同。

然而，尽管这些鸟在数量上占有优势，但它们也不一定能赢得大家的喜爱。相反，这里有两种富有明星气质的鸟，通常在人们令人沉醉的回忆中留有深刻的印象。第一种是漂泊信天翁这种至高无上的海鸟，它们或在空中展示那4米长的翼展，让人们看看空气动力学之美，或在陆地上像鸭子一样踱步，那庞大的身躯令人生畏。南乔治亚岛大约有4 000对漂泊信天翁，主要分布在西北端相对较小的鸟岛（Bird Island），其他的分布在阿尔伯特罗斯岛（Albatross Island）和普里昂岛（Prion Island）。目前，游客只能登上普里昂岛去欣赏它们。毫无疑问，大家希望看到漂泊信天翁那无与伦比的表演，想象一下它把喙指向天空，张开双翅，就像要抓住一个大的沙滩球一样，同时伴随的还有它那铿锵的叫声。对大多数游客来说，仅仅是亲眼看到这些鸟，就已经是一种非常令人动容的体验了。但如今，与漂泊信天翁的邂逅中会略带一丝惋惜，因为这种神奇鸟类的数量正在急剧下降，主要是因延绳钓这种捕鱼方式造成

■ 下图：两只漂泊信天翁飞落下来。这种鸟直到11岁才开始繁殖。

■ 上图：这种极其喜欢在远洋生活的灰背信天翁的大部分食物都是通过潜到水下获得的。

的。它的种群数量每年下降 4%，自 20 世纪 90 年代中期以来已经下降 50%。

漂泊信天翁并不是这里唯一的信天翁，实际上，有 4 种信天翁在这里繁殖。其中最常见的是黑眉信天翁，有 100 000 对，紧随其后的是灰头信天翁，有 80 000 对，几乎占了其全球种群总数的一半。黑眉信天翁每年繁殖一次，而灰头信天翁每两年繁殖一次。之所以不同，是因为灰头信天翁幼鸟的离巢出飞期更长，平均为 141 天；而黑眉信天翁幼鸟的离巢出飞期为 116 天，这主要是因为灰头信天翁在较深的水域寻找食物，那里远离岛屿，乌贼较多，磷虾较少。此外，罕见的灰背信天翁的数量也达到了 8 000 对。

南乔治亚岛另一个极受欢迎的明星鸟种是王企鹅，它是世界上体型第二大的企鹅。岛上大约有 400 000 只在此繁殖的王企鹅，其中 100 000 只分布在东北海岸的圣安德鲁斯湾（St Andrews Bay）。在这片区域，所有的企鹅与南象海豹和南极毛皮海狮混在一起，如果说这里是地球上野生动物种群密度最大的区域，应该没人会有反对意见吧？这些身着精致外衣的可

爱企鹅，身上由白色、灰色、黑色和橙色组成，与它们那一身寒酸、身体笨重、毛茸茸的棕色幼鸟形成了鲜明对比，这场景既有趣又令人难忘。和漂泊信天翁一样，王企鹅每两年繁殖一次。同样，雏鸟在羽翼未丰之前也得应对南极严酷的冬天，难怪它们穿得有点难看。

除王企鹅和长眉企鹅外，南乔治亚岛还有其他企鹅。白眉企鹅的种群数量一直维持在 105 000 对左右，纹颊企鹅的种群数量大约为 6 000 对，而数量不多的阿德利企鹅偶尔也会在这里繁殖。

除了海鸟，南乔治亚岛也有一些奇特的鸟种。其中最具特色的是一种雀形目鸟类，即这里特有的南极鹨。据推测，这种鸟类的祖先在 150 万年前来到了这个岛上，并进化成为这种具有浓重条纹特色的鸟类。人们经常看到它们在海岸线上觅食，但它的主要栖息地实际上是溪流旁浓密的高草丛。不过，由于被引入的褐家鼠捕食，目前其繁殖种群仅存在于大约 20 个近海岛屿上。为了挡风，这种小鸟喜欢躲在茂密的草丛后面觅食，而它那编织整齐的巢则具有部分穹顶。如今，南极鹨的种群数量大约

■ 上图：圣安德鲁斯湾王企鹅群的部分场景。这种企鹅每两年繁殖一次，但估计不是为了躲避拥挤的鸟群。

有 4 000 对。

另一种奇特的鸟类是一种鸭子——南乔治亚针尾鸭，它是广泛分布于南美洲的黄嘴针尾鸭的一个亚种，比其他亚种的颜色更偏棕一点。这种鸟的种群数量大约是 2 000 只，它们主要在潮间带觅食，与其大多数在水中啄食的鸭科同类不同的是，它可以自由潜水。

这些只是这个神奇之地的一些亮点。除此之外，游客还会得到来自白鞘嘴鸥这些食腐鸟类的问候，它们所在的鞘嘴鸥科是唯一仅存在于南极地区的鸟科。还有大贼鸥，以及两种巨鹱——巨鹱和霍氏巨鹱，也在此繁殖。同时因为它们掠夺食物的本性，也给其他许多鸟类带来了麻烦，迫使很多在此繁殖的小型海鸟只能在夜间造访它们的栖息地，比如各种锯鹱、蓝鹱、黄蹼洋海燕以及黑腹舰海燕。南乔治亚岛也是世界上为数不多的拥有两种鹈燕的地方之一：一种是鹈燕；另一种是高度狭域分布的南乔治亚鹈燕，种群数量保持在 50 000 对左右。这里还有南乔治亚鸬鹚和南极燕鸥，其中南乔治亚鸬鹚是一种眼睛蓝色、黑白相间的鸟种，它们在偏远的近海岛屿上繁殖。在如此壮丽的环境中，在一个很少有人有幸造访的地方，你还能奢望什么呢？

南美洲
South America

　　南美洲被称为"鸟类大陆"。它是世界上近 1/3 已知鸟类的家园，这意味着它是世界上大陆鸟类资源最丰富的地区，比最接近它的竞争对手非洲大约多 800 种。在过去的 40 年里，也是在这里，发现了最多的新鸟种。有两个重要的地理特征使南美洲的生物多样性如此丰富，一个是低地（亚马孙）雨林，一个是安第斯山脉。这两者中的物种都非常丰富，在它们相遇的地方存在着地球上种类最多的鸟类群落，例如，在秘鲁的马努（Manu）就记录了1 000 多种鸟类。

　　当然，这里的雨林不是一个单一的生态系统，而是根据土壤、海拔和水位的状况，由许多不同的类型组成。在不同的生态类型中生活着一些不同种类的鸟，此外还有一些广布的鸟种。而在森林的不同层次中也会有一些其他的区别，比如冠层鸟类和底层鸟类之间也有区别。

　　安第斯山脉是南美洲拥有惊人的生物多样性的主要原因。山脉起到了隔离的作用，将无法飞越它们的鸟类种群隔离开来，而安第斯山脉的绝对长度和宽度确保了这里有许多独特鸟类的残遗种保护区。此外，从西到东的气候变化（西坡处于东风的雨影区，因此比东坡干旱得多）和从低海拔到高海拔地区的气候变化也使鸟类的多样性倍增。

　　除了森林，南美洲还有许多其他重要的观鸟栖息地。这里有世界上最干燥的沙漠，沿太平洋海岸的阿塔卡马沙漠（Atacama），还有北部的委内瑞拉大草原（Llanos）和南部的潘帕斯草原（Pampas），以及卡廷加群落（caatinga）的灌木丛和塞拉多群落（cerrado）的稀树草原。而且，南美洲还拥有世界上最大的湿地——潘塔纳尔湿地（Pantanal）。此外，在其西海岸和南海岸还生活着企鹅和各种海鸟。

　　南美洲有许多特有的鸟科，包括美洲鸵鸟科、籽鹬科和喇叭鸟科。对于某些类群，这里的鸟种也非常丰富，比如蓬头䴕、巨嘴鸟、䴕雀、灶鸟、蚁鸟、冠伞鸟、娇鹟、蜂鸟和霸鹟。除了与中美洲共有的那些鸟种，这其中有许多都是南美洲特有的。

■　右图：秘鲁的纹头蚁鹩。

马努
Manu

栖息地类型	各种森林类型（包括湿润热带森林、湿润山地热带森林、湿润亚热带森林和湿润温带森林），河流、湖泊、泛滥平原林地
重点鸟种	各种蚁鸟、蜂鸟、裸鼻雀科鸟类，安第斯冠伞鸟，各种金刚鹦鹉及其他鹦鹉，马努蚁鸟
观鸟时节	全年都可以

■ 右上图：在较低海拔的陆地菲尔梅森林中，华丽的仙唐加拉雀是鸟浪中的常见鸟类。

如果你想知道哪个地方是世界上鸟类最丰富的地区，答案就是这里了。马努国家公园（Manu National Park）的鸟类名录上大约有 1 000 种鸟类，占了南美洲丰富鸟类资源的 1/3，将近全球鸟类种数的 1/10。更甚的是，丰富度如此之高的这些鸟类全都生活在一个国家单独的一个保护区之内，尽管它的面积很大。

马努位于秘鲁东南部，在著名的旅游热点库斯科（Cuzco）和马丘比丘（Machu Picchu）的东北部，繁华的边境城镇马尔多纳多港（Puerto Maldonado）的西部。其物种丰富的部分原因是，该区域涵盖了在潮湿的安第斯山脉东部斜坡各个海拔范围生活的鸟类，从海拔 365 米到海拔 4 000 米都有。还有一部分原因是它的生物地理位置，这里是 3 个特有鸟类区域交会的地方：秘鲁东南部低地、秘鲁境内安第斯山脉的东部和西部，其内生活着 50 多种狭域分布的鸟类。当然，马努国家公园的面积也相当大，包括 1.5 万平方公里的核心区、2 570 平方公里的"保留区"和 9 129 平方公里的"文化区"。这足以容纳

■ 上图：可能会有多达 100 只小金刚鹦鹉聚集在布兰基约的黏土舔地。

■ 对面图：一只雄性的安第斯冠伞鸟在求偶炫耀表演中鞠躬。尽管在适宜的环境中，这种鸟在马努很常见，不过在以这种鸟命名的一个木屋附近有一个视野比较好的求偶场。

几乎整个马努河（Manu River）流域和秘鲁境内马德雷德迪奥斯河（Alto Madre de Dios）的大部分支流。然而，在其他热带地区，许多面积相当的公园的鸟种数量却难以达到这里记录的一半。顺便说一句，1986 年 9 月，两位伟大的鸟类学家斯科特·鲁宾逊（Scott Robinson）和已故的特德·帕克（Ted Parker）正是在这里于 24 小时之内成功记录了 331 种鸟类。

鸟类多样性如此惊人，显然这其中有很多高亮鸟种。也许位于公园东部保留区内的马努木屋（Manu Lodge）和马努野生动物中心（Manu Wildlife Centre）的详细介绍会让你对那些纯理论的生物多样性有深入了解。野生动物中心位于马德雷德迪奥斯河流域，在一大片原始的陆地菲尔梅森林（terra firme forest）中间，这里还零星分布着一些泛滥平原森林（varzea forest）（季节性泛滥）和过渡性洪泛森林（transition floodplain forest）。截至 2006 年底，该中心附近地区记录到了 556 种鸟类，而且仍有大量鸟种有待发现。这里是那种你可以待上几个月，并且几乎每天都能看到新鸟种的地方。马努木屋配备了令人倍感舒适的观鸟设施，它对于野生动物

观察者的意义，就像游乐园对孩子的意义一样，里面塞满了一系列令人兴奋的东西。其中最著名的是布兰基约（Blanquillo）的黏土舔地，每天都有数百只鹦鹉来到这里的裸露河岸去吃上面富含矿物质的黏土。这其中最著名的是壮观的小金刚鹦鹉群，有时可能多达 100 只左右，而另外一些常到此地的体型较小的鸟类还有蓝头鹦哥、斑点鹦哥和黄冠鹦哥、靓丽的橙颊鹦哥、白眼鹦哥以及绣眼蓝翅鹦哥。没有人完全清楚为什么这些鸟要冒着生命危险去舔食那些黏土（那种地方完全暴露在捕食者的视野中），因为它们多为素食鸟类，以水果和种子为生。有人认为，这些矿物质可能有助于减轻食物中所含植物毒素对它们的影响。不管什么原因，仅仅是可以从河上漂浮的那些掩体观看这些鸟类集会的壮观景象，就足以成为参观马努的理由了。不过，这附近并不是只有布兰基约这一个黏土舔地。森林深处的另一块黏土区域是貘和野猪等大型哺乳动物的最爱，同时也是大型森林鸟类的喜爱之地，尤其是凤冠雉以及更多的鹦鹉。

要欣赏马努野生动物中心周围的森林，一个好方法就是爬上建在一棵巨大的吉贝树

■ 右图：马努的森林是世界上鸟种最丰富的地区。

■ 下图：亚马孙木屋附近的森林是观察蚁鸟科鸟类的热点地区，图中为一只大蚁鵙，是最容易看到的种类之一。

上的木屋——树冠塔。在这里，仅黎明时分的几个小时内，你就会看到一系列在树冠层活跃的靓丽鸟类。通常有 70 多种鸟类混成一个大群，尤其是那些色彩缤纷的裸鼻雀科鸟类，比如有点过于华丽的仙唐加拉雀和白腰唐加拉雀。而到瓜多竹密林去探险是另一种完全不同的体验，那是一片蕴藏着森林底蕴的阴暗世界。这里的特色鸟种包括新近被描述的马努蚁鸟、白颊哑霸鹟，如果还不满意，这里还有好奇的秘鲁拾叶雀。沿着这条河到不同地点的旅行本身就是一个奇迹，你可能遇到大量同样有特色的鸟类，比如南美白额燕鸥、巨嘴燕鸥、绿翅雁和沙色夜鹰，这种世界上最喜欢在白天活动的夜鹰。

所有的这些鸟都只生活在马努国家公园的一小片区域内。其他的重要鸟种主要分布在海拔 500 米的亚马孙木屋（Amazonia Lodge）和公园西南部海拔 1 600 米的冠伞鸟木屋（Cock-of-the-rock Lodge）附近的过渡性森林中。前者位于热带和亚热带森林之间的过渡带，有大约 550 种鸟类，包括许多在稍高海拔生活的鸟种，如蓝头金刚鹦鹉、军金刚鹦鹉、凯氏隐蜂鸟和古氏蜂鸟。这里蚁鸟科鸟类的多样性可能是世界上最高的，有几十种，这其中还包括大蚁鵙以及像斑背蚁鸟和纹胸蚁鹪这样的珍奇鸟种。而冠伞鸟木屋显然主要因其住处附近的安第斯冠伞鸟的求偶场而闻名，人们可以从一些固定的掩体中悠闲地欣赏冠伞鸟的求偶表演。这里还有许多高地鸟类，包括盘尾蜂鸟这种令人惊艳的蜂鸟，以及金头绿咬鹃和凤头绿咬鹃，还有一些令人心情愉悦的安第斯山脉的主要鸟种，比如条纹簇颊灶鹟、鳞斑爬树雀、黑头山裸鼻雀和白顶锥嘴雀。

在海拔最高处还可以看到更多的鸟类，那里有高山矮曲林（elfin forest），还有开阔的美洲热带高山草地。这里生活着很多鹟科鸟类以及一些特殊的高海拔鸟种，比如高山棘尾雀、拟山雀锥嘴雀和须刺花鸟。迄今为止，在这个人迹罕至的公园里，有关鸟类学方面的探索还很少。物种总计达到 1 000 的情况最有可能的就是发生在这里了，这必将巩固马努那无可争议的鸟类种数世界第一的地位。

阿布拉·帕特里夏
Abra Patricia

鸟点排名 ⑬ 信息

哥伦比亚
基多■
厄瓜多尔
●瓜亚基尔
马拉尼翁河
阿布拉·帕特里夏
莫约班巴
秘鲁
特鲁希略●
太平洋

栖息地类型	安第斯山脉东坡的各种森林类型，包括湿润山地森林和高山矮曲林
重点鸟种	叉扇尾蜂鸟、皇领蜂鸟、长须鸺鹠鹠、红头哑霸鹟，以及许多裸鼻雀科的鸟类
观鸟时节	全年都可以

任何访问阿布拉·帕特里夏的观鸟者都是在探索鸟类学知识的前沿。过去的30年中，在秘鲁北部的这个角落里发现的新鸟种比地球上任何地方都要多。这个地区也是世界上最奇特的蜂鸟——叉扇尾蜂鸟的家园，在这里，像安第斯冠伞鸟和亚马孙伞鸟这样令人难以置信的物种只是配角。在凤梨科植物密布的雾林中，色彩缤纷的裸鼻雀科鸟类和机智的灶鸟随处可见，而拥有起伏沟壑和茂密森林的这片山脉斜坡，让这里成为了世界上最令人兴奋和最具挑战性的观鸟活动之地。

计划通过沿路观鸟将阿布拉·帕特里夏地区扫视一遍的观鸟者一般都会从安达韦拉斯省波马科查区（Pomacocha）附近的地方开始，叉扇尾蜂鸟就生活在此地附近的山上。这种蜂鸟的罕见程度和它的外表一样令人吃惊，它几乎是沿着乌特库班巴河（Rio Utcubamba）峡谷分布，分布区域局限在100公里的范围内。这种蜂鸟体型中等，因只有4根尾羽，而不是蜂鸟科鸟类通常具有的10

根尾羽，使其显得独树一帜。在成年雄鸟中，其中两根与鸟身体一样长的尾羽笔直地伸出，而另外两根（主要是裸露的轴）则向外倾斜，然后在前面提到的那两根笔直的尾羽末端处相互交叉，继续延伸一段后以一片球拍状或勺状的羽毛结尾。当它们飞行时，这些球拍状羽毛可以向各个方向自由活动，人们认为这些奇怪的动作是为了迷惑捕食者——当然，也可以迷惑观鸟者。这种蜂鸟的主要食物好像是一种生长在海拔2 100~2 900米灌木丛中的红花百合。

从波马科查开始，一条新修的公路蜿蜒而上，通往阿布拉·帕特里夏山口（海拔2 400米）之后从斜坡上陡然而下，蜿蜒前行，最终到达遥远的亚马孙低地森林。这里最著名的鸟类栖息地是离山口只有几公里的阿尔塔涅夫（Alta Nieve），海拔约2 000米。湿润的高山矮曲林在那里变得更加矮小，灌木丛中长满了地衣、苔藓和其他附生植物，此外还有成片的竹子、棕榈树和桫椤。1976年，一个空气潮湿的早晨，就是在这里人们发现了举世瞩目的长须鸺鹠，它被一位研究人员的雾网困住了。这种非常小的猫头鹰有着深色的毛发状胡须，从喙的底部一直延伸到头部侧面。虽然已经捕获了5只标本，但人们对它的野外状态依然一无所知。人们通过这些捕获个体的特征提出了一个大胆的推测，即这种猫头鹰甚至可能不会飞。如果这是真的，那这真是一种不凡的猫头鹰。到目前为止，还没有人能够成功地在野外观测到它们，因此没有人能够证实或否认它是如何四处游荡、捕获食物或繁殖的。

长须鸺鹠并不是这里唯一一种谜一般的鸟类。鲜为人知的赫额蚁鸫是1976年在这里发现的另一种鸟，直到最近才第一次在野外被见到。它生活在这些森林茂密的下层，与大多数陆生的蚁鸫相比，人们没有得到更多的信息，因此它的生活史细节完全是未知的。不过，观鸟者在这里应该有更好的机会亲眼看到一些其他新近被描述的鸟种。可爱的皇领蜂鸟（被描述于1979

■ 下图：一只雄性叉扇尾蜂鸟正在炫耀它那令人惊讶的尾羽。

年）似乎更喜欢那些矮小森林与高大森林并存的地方。其雄鸟全身都是宝石蓝色，具有很强的领地意识，不愿意离开它最喜欢的灌木——一种具有红色管状花的锦铃丹属的植物；而雌鸟好像生活在较低的山坡上，以不同的植物为食。斑翅林鹩（1979 年）看

■ 1979年是值得纪念的一年，因为斑翅林鹩（上图）和皇领蜂鸟（右下图）均于此年在阿布拉·帕特里夏被发现，并首次被描述为科学上的新物种。

■ 对面图：阿布拉·帕特里夏附近的雾林。满布附生植物的树冠是这种栖息地的典型代表。

起来非常像一只小的蚁鸟，仔细搜索那些低矮灌木的下层通常可以找到它们，而棕胸哑霸鹟（1979年）则通过在空中捕捉昆虫来吸引人们的注意。华丽的红头哑霸鹟（2001年）在竹林密布的雾林中分布更广泛，令人感到奇怪的是，为什么它会在那些更神秘的鸟种之后才被发现。这种小鸟有着明亮的橙红色的头、亮黄色的下体和灰色的颈背，现在人们知道这种鸟类在整个地区是相当常见的了。

这些明星鸟种只是阿布拉·帕特里夏雾林和高山矮曲林鸟类群落中很小的一部分。

除非你去过这样的栖息地，否则你几乎理解不了那里的物种是何其丰富，无论是植被的密度，还是鸟类那令人惊艳的五彩斑斓的华丽色彩。在雾林里，黎明时分最典型的景象是那由多种极其鲜艳的裸鼻雀科鸟类组成的鸟浪，它们的名字与这场视觉盛宴也十分相符：白顶唐纳雀、黄领彩裸鼻雀、辉斑唐加拉雀、草绿唐纳雀、蓝翅岭裸鼻雀。此外，蜂鸟也会飞来飞去，它们的名字也同样传达着丰富多彩的感觉：彩虹星额蜂鸟、翠腹毛腿蜂鸟和蓝额矛嘴蜂鸟。几乎所有这些鸟类都有特定的海拔偏好，所以在海拔2 100米处与海拔1 500米处鸟浪中的鸟种有很大的不同。

事实上，当你到达阿弗伦特斯村（Afluentes）时，一套全新的鸟种就会出现了。这里是湿润的山地森林，植被更高一些，安第斯冠伞鸟在这里很常见。虽然离山口只有20公里，但如果你想辨认出在这里树冠上四处乱窜的鸟浪中有哪些鸟类，你可能得重新看一遍。

尽管这里存在着很多奇特的鸟类，但山上的森林仍然受到了威胁。当地人正在以惊人的速度进入森林并进行砍伐。到21世纪初，所有富饶的林区，包括叉扇尾蜂鸟的所在地，都没有受到任何官方的保护。不过，自2004年以来，山口以东1 820平方公里的森林得到了保护，并建立了阿布拉·帕特里夏鸟类保护区（Abra Patricia Bird Reserve）。希望这是一个开始，希望大部分富饶的森林能被保留下来，供子孙后代享用。

圣玛尔塔

Santa Marta

栖息地类型	这里有各种森林类型，从低地森林到雾林再到高山矮曲林；高寒草原、耕地
重点鸟种	圣马塔鹦哥、花顶蜂鸟、髯蜂鸟、黑头王森莺、白眼先王森莺、哥伦比亚薮雀
观鸟时节	尽管人们通常认为 5 月是最好的观鸟时节，但这里全年都不错。雨季会从 9 月一直持续到 12 月

■ 右上图：哥伦比亚薮雀是最容易看到的一种当地特有种。

■ 下图：这种哥伦比亚丛霸鹟生活在海拔 2 100~2 900 米的温带森林中。

多年来，哥伦比亚一直因其是世界上鸟类种数最多的国家而闻名。目前，这里的鸟类总数刚刚超过 1 800 种，但还在继续增加，例如在 2007 年又有一种新的蜂鸟首次被描述。其鸟种数量惊人的一部分原因是这里栖息地种类繁多，这里有委内瑞拉大草原（Llanos of Venezuela）的西部延伸，北部有一些几乎像沙漠植被一样的旱地植被，内陆有大量的低地雨林，还有许多山脉。另一部分原因是受安第斯山脉地形的影响，它在哥伦比亚隆起并分裂成 3 个南北走向的山脉，其间被宽阔的峡谷隔开。这些山脉被充分隔离开来，山中分布着各种不同的鸟类，每个山脉各自都有一些特有鸟种，而山谷里也同样生活着很多当地特色鸟种。正是这种强有力的融合，使得一位近代作家热衷于哥伦比亚

的"高度多样性"。

然而，在安第斯山脉之外，哥伦比亚还有一种更奇怪的地形。可以说，正是这一地区鸟类数量的增加使得该国的鸟类总数达到了秘鲁和巴西这两个最接近的竞争对手难以企及的地步。这个奇特之地就是圣马尔塔内华达山脉（Sierra Nevada de Santa Marta），它是一座位于北部海岸，远离安第斯山脉的独立山脉，四面被长满旱地灌丛和多刺植被的低地包围，有着独特的气候和自然历史。它为哥伦比亚的鸟类名录贡献了很多鸟种，尤其引人注目的是，其中包括了近 20 个特有种。

从地形上看，圣马尔塔内华达山脉这片三角形的山体非同寻常，其山体高达 5 775 米，但距离海岸仅有 45 公里，因此白雪皑皑的山峰隐现在远处的热带海滩之上，使其成为世界上海拔最高的海岸山脉。随着山体迅速爬升，就不难得知那些不同的栖息地类型是如何被塞进一个相对较小的区域里了。事实上，山脉底部被旱地多刺灌木丛所覆盖，而常年积雪的山顶之下就是寒冷多风的高寒草原。在这两者之间，没有被人类开垦的土地上生长着各种类型的森林，从湿润的低地森林到海拔约 1 000 米处的亚热带、温带雾林，最后是海拔约 3 000 米及以上、高寒草原以下的高山矮曲林。

如果算上丘陵地带的旱地多刺森林，这里共记录了大约 630 种鸟类。不过，大多数观鸟者想要寻找的特有鸟种大部分都分布在高海拔地区。当观鸟者向上攀登时，第一个遇到的特有鸟种通常是哥伦比亚薮雀，人们在海拔低至 600 米的地方记录过这种鸟。这种华丽的鸟有着灰黑色的上体和亮黄色的下

■ 上图：这里最好的那些鸟类并不全是当地的特有种，这种白尾梢绿咬鹃在海拔2 000米以下的地区相当常见。

体，眼睛略带红色，并具有银色的耳羽，它们大量出现在各种栖息地中，包括耕地和次生林。在较低处的山坡上还能发现两种蜂鸟：一种是铜色翠蜂鸟，其雄鸟全身都是青铜色的；另一种则是极其漂亮的花顶蜂鸟，它主体是绿色的，在头顶后部有一小块玫粉色，眼后还有一点白色。这两种蜂鸟都不常见，而后者主要分布在森林中较稀疏的地区。

再往上走，特有鸟种的数量激增，其中包括3种可爱的林莺。活泼的黄顶鹛莺是雾林鸟浪中的活跃分子，它们成双成对地四处飞行，不停地叫唤着，尾羽不停地摆动着。这种黑脸的黄色小鸟经常与黑头王森莺同时出现，与之形成鲜明对比的是，黑头王森莺是一种害羞的、喜欢躲藏在浓密竹林中的鸟。一旦看到它，你就会发现它的外表与众不同，在黄绿色的身体上长着一副黑白相间的面孔。此外还有白眼先王森莺，这是一种淡黄色的鸟，头部灰色，主要分布在森林的边缘地区。

尽管这里的雾林像其他地方的雾林一样鸟种丰富，但这些鸟都是断断续续地飞来飞去。在其他的特有鸟种中，人们认为颜色相当暗淡的圣马塔蚁鸫比其他大多数塔蚁鸫更容易看到，它们通常在清晨时分出现在空地

上。此外，还有圣岛窜鸟，一种经常在地面觅食的灰色鸟种，以及两种经常混入鸟浪的针尾雀——锈头针尾雀和纹冠针尾雀，前者的觅食地通常比后者的更低一些。这个区域的其他特有鸟种还包括哥伦比亚丛霸鹟以及非常罕见的圣马塔鹦哥和黑颊岭裸鼻雀。

在高山矮曲林和高寒草原地区还可以找到其他特色鸟种，其中就有几种蜂鸟。华丽又害羞的圣马刀翅蜂鸟经常出现在这个区域，其雄鸟全身主要是带有金属光泽的绿色，喉部和胸部深蓝色。此外还有黑背刺嘴蜂鸟，它是一种颜色非常暗的鸟，对于蜂鸟来说，它的喙显得又细又短。这两种蜂鸟经常与华丽的髯蜂鸟同时出现，这是一种典型的高海拔鸟类，经常站在栖木上觅食，甚至有人观察到它们在草甸上行走，捕捉昆虫。这一令人惊叹的鸟种，在委内瑞拉也有分布，它那艳丽的冠羽黑白相间，雄鸟还有一簇垂到上胸部的深紫色羽毛，看起来像胡子。它可谓一道奇特的风景，尤其是在圣玛尔塔山脉壮观的山景映衬之下。

最近，在雾林中发现的一种小猫头鹰让来这里观鸟的人倍感惊讶。它是一种角鸮，以前从没被记录过，很可能是科学界的新发现。

加拉帕戈斯群岛
Galapagos Islands

太平洋

加拉帕戈斯群岛

科隆群岛

栖息地类型	拥有悬崖、海滩、森林和半荒漠地区的火山岛
重点鸟种	各种"达尔文"雀（包括拟鸦树雀），各种嘲鸫，加岛企鹅、弱翅鸬鹚、加岛信天翁、燕尾鸥和岩鸥，以及其他海鸟
观鸟时节	全年都可以，海鸟种群在 2~9 月状况最好

■ 右上图：总的来说，著名的达尔文雀是一个令人失望的旅游景点，图中是一只中地雀，仅分布在圣玛利亚岛（Floreana）。

■ 下图：加拉帕戈斯群岛的典型生境——这些岛屿是由火山形成的，许多岛屿看起来荒凉又干旱。

这些位于赤道上的岛屿坐落在厄瓜多尔以西 1 000 公里的太平洋上，是世界上最著名的野生动物观赏地之一。它们的名声一部分来自于美学，一部分来自于科学。首先，这些岛屿位置偏远，异常美丽，而且相对来说没有受到过破坏。这里的许多岛屿，甚至像小西班牙岛（Española）那样面积很大的一些岛屿，至今无人居住。这里的野生动物生性温顺、数量众多，而且景象通常十分壮观。其次，1835 年，英国的博物学先驱查尔斯·达尔文（Charles Darwin）访问了这些岛屿，在这里进行观察的过程中，尤其是在那最著名的对本土雀类的观察中，他对进化论这一现代科学的伟大里程碑进行了反复思考。

追随达尔文的脚步是一种让成千上万游客无法抗拒的兴奋，无论这些岛屿是否被过度炒作（例如，达尔文在他的著作中实际上很少提到群岛上的雀类，这些鸟类对他的思想的重要性也存在争议）。对于那些为了难忘的景象和声音来到这里的人来说，这些都无关紧要。重点是加拉帕戈斯群岛上的很多物种都是独一无二的，比如象龟、海鬣蜥，当然还有鸟类，其中大约有 30 种是当地特有的。你在这里见到的生物，通常可以离得很近，而且在其他地方看不到。

糟糕的是，现在通常被统称为达尔文雀的那些著名雀类，看起来很无趣，而且很难辨别，所以对一个偶尔来此的造访者来说，

■ 右图：罕见的受
胁鸟种弱翅鸬鹚仅分
布在两个岛上，全球
种群数量仅剩 900 只。

这些鸟类可能会非常令人失望。它们基本上体型都很小，颜色较深（以便与火山土壤的颜色相融合），而且具有条纹，雌鸟的颜色要比雄鸟更发棕一些。这些达尔文雀之间的差异主要体现在其喙的形状上，而这些又与它们的捕食行为密切相关，最终反映的则是不同的岛屿生态。不过，不要期望那些区别能有多么明显，因为现实中往往很难区分，比如大仙人掌地雀的喙与大地雀的喙，除非是在教科书的图表中，不然看不出有太大的区别。

不管这些雀类之间的差别有多么细微，它们之间的差别确实令人着迷。例如，人们惊叹于大地雀的喙是如此之大，以至于它可以叼取比中地雀或小地雀大得多的种子。此外，下面两种树栖食虫树雀之间的区别也很复杂：大树雀的喙厚且为钩状，用来撕裂树皮，而小树雀的喙较窄，主要用于从树表面抓食昆虫。不过有一种鸟你可以毫不费力地辨识出来，那就是莺雀，因为它的喙要细得多，主要用来在裂缝和树叶间探寻。不过它最近被分成了两种鸟，一种还叫莺雀，另一种叫灰加岛莺雀，这大概是为了让观鸟者更加忙乱。

这些雀类中有一些表现出了明显的奇特行为。例如，拟鴷树雀会使用工具。它从灌木上拔下小树枝（或从仙人掌上拔下刺），然后用它们从树皮里撬出或从树洞里掏出白蚁和昆虫幼虫。尖嘴地雀的行为更是奇怪，在有大量海鸟繁殖的赫诺韦萨岛（Genovesa Island）上，它会漫不经心地靠近停歇着的红脚鲣鸟，啄食它们羽毛基部，这样它们就能够吸血了。没错，这种雀喝的是血！

在这里，不寻常的行为似乎相当普遍。例如，加岛叉尾海燕是海燕科鸟类中唯一在白天回到营巢区的种类，而不是像其他海燕一样在晚上回巢。这大概是因为这里的掠食鸟类相对较少，这里没有贼鸥，其他鸥类总体上也表现良好。而以乌贼为食的燕尾鸥则是在夜间活动，与其他鸥类不同。不过，加岛叉尾海燕会受到短耳鸮的捕食。最近人们又发现了加岛鵟的一种行为习惯，尽管它们体型庞大，翅膀很宽，但这种猛禽显然更擅长猎捕小型陆地鸟类，而不是你可能认为的大型猎物或腐肉。

除了那些雀类，可能嘲鸫是岛上最受欢迎的物种，至少对观鸟者来说是。加岛嘲鸫分布广泛，但其他种类的嘲鸫分布范围都很

■ 上图：加岛信天翁是加拉帕戈斯群岛的特色鸟种，这种鸟在小西班牙岛上繁殖。

■ 右图：优雅的燕尾鸥是加拉帕戈斯群岛特有的两种鸥之一（另一种是岩鸥），它们基本上只在夜间觅食。

小。圣岛嘲鸫和冠嘲鸫仅分布在其英文名称所代表的岛屿上，而查尔斯嘲鸫只生活在与其同名的岛屿附近的两个小岛上，全球种群数量不超过 260 只。与加拉帕戈斯群岛上的许多动物一样，这些嘲鸫也生性好奇，而且无所畏惧，有些嘲鸫显然无法抑制住啄游客鞋带的冲动！

无疑，这些陆生鸟类是迷人的，但加拉帕戈斯群岛的海鸟也向人们呈现了很多壮观的景象。这里是大量红脚鲣鸟和蓝脚鲣鸟的

聚集地，同时还有散布在整个群岛的数量较少的华丽军舰鸟和大军舰鸟。岛上最令人印象深刻的景象之一是小西班牙岛上的加岛信天翁群，大约有 18 000 对。人们经常可以看到这些鸟朝天空飞行的滑稽表演。这里还有两种非常罕见的特有鸟种：一种是世界上分布最靠北的企鹅——加岛企鹅，它们在中西部的岛屿上有少量分布；另一种是弱翅鸬鹚，仅分布在伊莎贝拉岛（Isabela）和费尔南迪纳岛（Fernandina）上，它是唯一一失去飞行能力的鸬鹚。据估计，这两种受威胁鸟种的全球种群数量分别为 1 200 只和 900 只。

当然，任何仅在单一岛屿或岛群分布的受威胁鸟种比大多数其他鸟种更容易灭绝，加拉帕戈斯群岛的鸟类也不例外。近年来，加岛企鹅和弱翅鸬鹚都受到了厄尔尼诺现象的影响。而一种叫作红树林树雀的鸟也由于未知的原因种群数量正在减少，它们分布在伊莎贝拉岛的 3 个地方，种群数量在 100 只上下浮动。此外，在 20 世纪 90 年代，游船带来了寄生蝇，现如今它们大量出现在雀类的鸟巢中，降低了鸟类的繁殖成功率。尽管这些岛屿给人一种远离现代生活、与世隔绝的印象，但似乎连它们也无法免受来自于外部世界的威胁。

坦达亚帕
Tandayapa

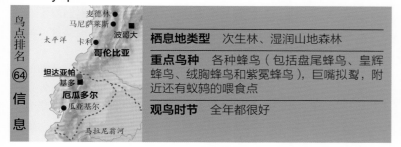

鸟点排名
⑥④
信息

栖息地类型 次生林、湿润山地森林

重点鸟种 各种蜂鸟（包括盘尾蜂鸟、皇辉蜂鸟、绒胸蜂鸟和紫冕蜂鸟），巨嘴拟䴕，附近还有蚁鸫的喂食点

观鸟时节 全年都很好

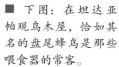

■ 下图：在坦达亚帕观鸟木屋，恰如其名的盘尾蜂鸟是那些喂食器的常客。

这个位于厄瓜多尔西北部小村庄的观鸟木屋（Bird Lodge）及其周边地区可能是世界上蜂鸟种类最多的地方。到 2007 年，在这座小木屋的露天平台上共记录到 31 种，这一数字十分惊人，它几乎占了蜂鸟科这一世界上种类最多的鸟科中鸟种数的 10%（事实上，拥有大约 330 种鸟类的蜂鸟科目前排在第二位，位于霸鹟科之后，后者以 400 种遥遥领先）。在离坦达亚帕不远的地方，蜂鸟爱好者还可以加上 10 多种蜂鸟。

在南美洲的众多地区中，其他一些地方的蜂鸟种类可能也很有竞争力。然而，每天都有多达 20 种蜂鸟前来光顾喂食器和开花植物，而且还可能同时看到多达 100 只蜂鸟出现在人们的视野中，坦达亚帕的这种景象实在是太惊人了。

观鸟木屋位于海拔 1 750 米的湿润热带森林地带（雾林）。它最初建在一片因森林全被砍伐而裸露的山脊上，但之后人们种植了 3 万棵树，使得该地区被次生林包围了，森林里的鸟也定居了下来。这里蜂鸟种类丰富的原因不仅在于它所处的位置——北安第斯山脉（North Andes）中间，在那与世隔绝的山谷里形成了大量的新鸟种——还在于它所处的海拔。无论是像绒胸蜂鸟这样高海拔的蜂鸟，还是像白颈蜂鸟这样来自低海拔的蜂鸟，都会偶尔与适宜此地海拔的蜂鸟混群。

在一个地方有这么多种不同的蜂鸟，使我们很容易就能了解到它们的不同特征和特性。例如，有一些蜂鸟全天都会待在喂食器旁，而另一些蜂鸟每天只短暂出现一两次，甚至更少。这些差异与它们的进食习惯有关，看它们更倾向于两种主要策略中的哪一种，是"领地捍卫者"还是所谓的"有序觅食者"。顾名思义，领地捍卫者要花很多时间来守护一个丰富可靠的食物来源不受其他鸟类的侵害。作为领地捍卫者，它们也试图吸引雌鸟到该取食地来。因此，在坦达亚帕，像辉紫

耳蜂鸟这种拥有宝石蓝胸部和尾部以及深绿色上体的大型蜂鸟，具有很强的侵略性，它会试图阻止其他种类或同类的竞争对手靠近

花蜜来源。其他的领地捍卫者还包括黄尾冕蜂鸟，这是一种具有鳞斑的绿色蜂鸟，其肩部有一簇浅黄色的羽毛，腹部苍白色。在消灭整个喂食器中的食物之前，它们似乎永远不会满足。看到蜂鸟如此具有侵略性、如此无情，人们通常会感到惊讶。

有序觅食者则是在一天中沿着已知的花蜜来源走一圈，在每一个地方都短暂停留一下。尽管当有序觅食者较多、喂食器略显忙碌时，小规模的冲突还是会经常发生，但采取此策略就不需要守卫蜜源了。因此，大多数少见的蜂鸟种类都是有序觅食者，包括坦达亚帕唯一的一种隐蜂鸟——茶腹隐蜂鸟，它每天在这里就待几分钟。其他的有序觅食者包括数量很多的安第斯蜂鸟，其体表主要为带有金属光泽的绿色；以及数量少得多的紫长尾蜂鸟，它们有时会成对出行有序觅食，这在蜂鸟中还是不常见的。

有些蜂鸟的习性很特别，这样很快就能把它们与其他蜂鸟区别出来。例如，体型非常小的林蜂鸟飞行异常平稳，如昆虫一般，不像其他蜂鸟那样急促又不流畅。当它们在

■ 上图：华丽的巨嘴拟䴕是这个地方的特色鸟种。

■ 对面上图：紫长尾蜂鸟几乎可以算是哥伦比亚的特有种，但它的分布区恰好延伸到了厄瓜多尔的这个地方。

■ 对面下图：这片雾林位于中部海拔大约 1 750 米的地方，所以一些在高低海拔分布的典型鸟种偶尔也会飞到这里。

空中悬停时，姿态要水平得多。下体白色、喉部紫色的白腹林蜂鸟，也能用翅膀发出类似昆虫振翅的声音，以警告靠近它的观鸟者。而另外一边，体型巨大的绿莹莹的皇辉蜂鸟则有一种有趣的怪癖。与其他蜂鸟不同，它经常站在喂食器的栖木上喝水，而不是悬停着喝，这与它在森林中的行为相似，在那里它会停歇在某些森林植物的苞片中饮水。

皇辉蜂鸟是在这里存在的几种狭域分布的鸟种之一，因此它也是这里最受欢迎的鸟种之一。其他蜂鸟主要是长相华丽或令人惊叹。任何人都能欣赏到美丽的紫长尾蜂鸟，它那长长的如叉子般的尾羽占了整只鸟长度的一半多，美艳极了；还有盘尾蜂鸟，它那毛茸茸的白色"靴子"甚是可笑。后者是一种常见的鸟种，游客有时可以看到它们的展示行为，那时它的"靴子"更是蓬松。蜂鸟通常都有闪亮的、带有金属光泽的羽毛，大多数看起来都很漂亮，但是紫冕蜂鸟肯定是

世界上最漂亮的蜂鸟之一。这种非比寻常的鸟有着亮闪闪的绿色后背，黑白相间的醒目尾羽，以及呈现出深浅不一的深紫色或粉红色的腹部和头部，它的出现能把观鸟木屋里的所有人员吸引到外面来观赏。

在这样一片富饶的栖息地上，除蜂鸟之外，自然还有很多其他鸟种让游客们忙个不停。在这个山谷里记录的鸟类已经超过 300 种，其中包括巨嘴拟䴕、褐镰翅冠雉、鳞斑食果伞鸟和金头绿咬鹃等特色鸟种。对黑得发亮的蚁鸟来说，森林地面层是它们的绝佳藏身之地。在这附近还有一个私人的自然保护区——帕斯德拉斯鸟类保护区（Pas de las Aves Reserve），那里有许多在森林地面活动的害羞鸟类，包括黄胸蚁鸫、须蚁鸫和巨蚁鸫，它们已经习惯了吃人类投食的蠕虫，而且它们能靠近游客到几米之内。不过，在那些有幸来到这里的游客的头脑中，记忆最深的景象还是那些嗡嗡作响的蜂鸟。

潘塔纳尔湿地
The Pantanal

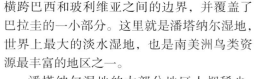

栖息地类型 河漫滩湿地、（沿河道生长的）长廊林、巴西热带稀树草原（塞拉多群落）

重点鸟种 各种水鸟（包括日鳽、裸颈鹳和船嘴鹭）、大美洲鸵、紫蓝金刚鹦鹉、栗腹冠雉、冠叫鸭、红头黑鹂

观鸟时节 道路只在 7~12 月可以通行，雨季从 10 月开始

每年的 12 月到来年 4 月，在南美洲腹地深处，马托格罗索州（Mato Grosso）的降雨会导致气势磅礴的巴拉圭河（Rio Paraguay）及其众多的支流决堤。洪水决堤时会淹没一片面积约 14 万平方公里的巨大冲积平原，它

横跨巴西和玻利维亚之间的边界，并覆盖了巴拉圭的一小部分。这里就是潘塔纳尔湿地，世界上最大的淡水湿地，也是南美洲鸟类资源最丰富的地区之一。

潘塔纳尔湿地的大部分地区人烟稀少，那里散布着一些大型牧场或庄园，在那些平坦的草原上放养的牛大约有 800 万头。这种生活方式已经持续了 200 多年，对潘塔纳尔湿地数量惊人的野生动物几乎没有什么有害影响。包括各种鹭、鹳、鹮和野鸭在内的许多水鸟的繁殖种群数量多达数千只或数万只，而该地区的整体生态状况可以从多达 20 种的猛禽种类中得到说明，它们似乎无处不在。潘塔纳尔湿地也是哺乳动物的绝佳生活之地，包括对栖息地非常挑剔的美洲豹。

该地区被一条名为潘塔纳尔公路（Transpantaneira）的土路一分为二，这条路从库亚巴（Cuiabá）附近的波科内（Poconé）镇出发，向南 148 公里，一直延伸到库亚巴河（Rio Cuiabá）岸上的若夫里港（Porto Jofre）。尽管这里跨越不同水道的桥梁超过 100 座，但在 1~5 月洪水退去之前的这段时间内，潘塔纳尔公路基本上是无法通行的。当水位开始下降，鸟类就会变得越来越集中，直到 9 月，湿地上留有水的地方就会挤满成千上万的鸟类，有几十种。对观鸟者来说，这是参观的最佳时间。

这片平原的洪水期也是数百种鱼类的季节性迁徙期，这种迁徙现象也被称为"巴拉圭鱼类迁徙"（piracema）。在旱季（5~10 月），这些鱼向上游的潘塔纳尔地区移动，然后随着河水上涨，在那里繁殖。受到某种未知信号的影响，它们迅速进入洪泛区的积水中，并在那里觅食，直到雨季结束。许多鱼随后会回到它们来时的河流中，但由于数量众多，它们很容易在洄游途中遭到贪婪的食鱼鸟类的围困或伏击。这也是能够维持大量鸟类，包括黑头鹦鹳、黑尾鹳、裸颈鹳、雪鹭、大白鹭、蓝嘴黑顶鹭、黑冠白颈鹭、美洲鸬鹚、美洲蛇鹈、黑剪嘴鸥、巨嘴燕鸥、南美白额燕鸥，以及大型捕食者，比如大黑鸡鵟和黑

■ 右图：该区域最著名的紫蓝金刚鹦鹉是世界上体型最大的鹦鹉。

■ 对面图：在潘塔纳尔湿地上通行并不总是一帆风顺的，许多在雨季被毁的木桥经常需要重建。

领鹰在此地生活的原因。

　　这里也有很多不依赖鱼类生存的湿地鸟种。像秧鹤和食螺鸢这样的鸟以软体动物为食，紫青水鸡和冠叫鸭是植食性的，而各种鹮类（包括在这里比其他任何地方都常见的铅色鹮）则以小型无脊椎动物为食。潘塔纳尔湿地上种类繁多的湿地类型使所有这些不同的鸟种都能找到适合自己的栖息地。除了被洪水淹没的草原，这里还有永久性的草本类沼泽、林木类沼泽和池塘，还有季节性被洪水淹没的林地以及生长在河道两岸的长廊林。因此，像日鸻、栗虎鹭和日鹛这样的鸟可以在河流和小溪的僻静之处捕食，肉垂水

雉可以在睡莲（包括世界上最大的睡莲亚马孙王莲）上漫步，环颈鸭和巴西凫可以行走在浅滩上寻找种子，而头部及上胸部为鲜红色的华丽的红头黑鹮则会在深水区上方高大浓密的草本沼泽中捕食昆虫。

　　这里有如此多的湿地鸟种，但也许令人惊讶的是，在观鸟者心中，潘塔纳尔湿地多样的森林和灌丛鸟类同这里丰富的水鸟一样闻名。事实上，当地最著名的鸟类是依靠棕榈树生活的，那就是靓丽的紫蓝金刚鹦鹉。这种世界上体型最大的鹦鹉，除了喙基部和眼睛周围的黄色裸皮外，全身几乎都是深钴蓝色的。这种高贵的鸟采用的是大型金刚鹦

■ 上图：三种南美洲的鹳在潘塔纳尔都有分布，包括高大的裸颈鹳。

■ 右图：蓝嘴黑顶鹭一般很少见，而且它们不合群，经常在水边独自觅食。

鹳那种典型的飞行方式，即缓慢地拍打着翅膀、霸气十足的飞行。因为笼鸟贸易的非法采集，它的野外种群数量变得越来越少。在一些地方，紫蓝金刚鹦鹉已经减少到不到 1 万只，而潘塔纳尔是其中最重要的一个栖息地。

事实上，紫蓝金刚鹦鹉并不是潘塔纳尔唯一受欢迎的金刚鹦鹉。金领金刚鹦鹉的全球分布范围实际上比紫蓝金刚鹦鹉还小，但它比紫蓝金刚鹦鹉的适应性更强。它不依赖棕榈树，在该地区的热带稀树草原（又被称为塞拉多群落）、长廊林和牧场均发现过其身影。虽然它的体型比紫蓝金刚鹦鹉小，但依然十分引人注目，其全身大部分的绿色羽毛被颈背上一片令人惊叹的金黄色斑块所打破，此外还有个黑色的前额。

金刚鹦鹉等大型鸟类的存在是新热带区没有过度捕猎压力的象征。凤冠雉也是如此，而潘塔纳尔的干燥森林是寻找它们的好去处。大多数观鸟者会来这里寻找巴西特有的栗腹冠雉，而在这里生活的其他鸟种还包括陆栖的裸面凤冠雉、蓝喉鸣冠雉以及聒噪的乔科小冠雉。这些鸟的出现是潘塔纳尔所有栖息地鸟类资源丰富的象征。

在旱季末期到这里观鸟，通常每天会看到 100 多种鸟类。这个地区的一个特殊优势是，不仅鸟类的数量和质量都很好，而且通常也很容易看到它们。所有这些都使潘塔纳尔成为世界上最迷人的观鸟地之一。

卡纳斯特拉山

Serra da Canastra

鸟点排名 45 信息

栖息地类型	巴西热带稀树草原（塞拉多群落）、开阔草地、（沿河道生长的）长廊林、溪水和河流
重点鸟种	褐秋沙鸭、巴西窜鸟、鸡尾霸鹟、飘带尾霸鹟、盔娇鹟、红翅鹦、大美洲鸵、红腿叫鹤
观鸟时节	全年都可以

虽然巴西最出名的是热带雨林，但在这个幅员辽阔的国家里，还有许多对野生动物也很重要的其他栖息地。其中一种被称为塞拉多群落，这是一种拥有草地和零散树木的热带稀树草原。在过去的40年里，巴西近2/3的塞拉多群落或被改造成农业用地，或因用于开发而遭到破坏。作为一种栖息地，塞拉多群落受到的威胁甚至比巴西内陆著名的热带雨林还要严重。大片的塞拉多群落已经所剩无几，但其中最好的一块位于米纳斯吉拉斯州（Minas Gerais）的卡纳斯特拉山国家公园（Serra da Canastra National Park）内。

这座大型的国家公园由两座高原山脉及它们之间宽阔幽深的山谷组成，如果算上外围名义上受保护的缓冲区，其面积有2 000平方公里。这片区域布满了江河和湍急的溪流，其中的圣弗朗西斯科河从这里开始，一路奔腾2 700公里汇入大西洋。这里还有几十条瀑布和众多陡峭的悬崖，使其成为巴西最美丽的国家公园之一。

翻滚的河流是目前卡纳斯特拉山最著名的鸟类——极度受胁鸟种褐秋沙鸭的家园。这种奇特的秋沙鸭，有着灰褐色的身体，深绿色的头和细长的冠羽。在过去30年里，它的种群数量急剧下降，现在全球只有不到250只个体。为了拯救这一物种，人们已经发起了一项重大的保护计划，但可能已经太晚了，因为目前人们对导致该物种种群数量下降的原因了解的还不是很全面，而且该物种的种群分散度也很高。在这片为数不多的种群分布地之一，人们通常看到它们在岩石上或悬伸的树枝上打发时光，但想在河水或溪流中找到它们是很难的。

寻找塞拉多群落自己的特色鸟种会更加容易。保护区内大部分偏远之地的生境与更著名的非洲稀树草原惊人地相似，那里有着高高的草和零散分布的大树，因此能看到与非洲鸵鸟相当的大美洲鸵在南美洲的稀树草原上游荡也就不足为奇了。美洲鸵鸟属的鸟类比鸵鸟属的鸟类体型要小，它们的羽毛更暗，为灰褐色，但它们站起来仍然有1.5米高，这使它们成为南美洲最大的鸟类。冬天，它们常常会集群活动，以它们能找到的任何树叶、水果和种子为食。另一个与非洲稀树草原相似的有趣现象是，这里也有一种像蛇鹫那样长腿的、以蛇为食的食肉鸟类。与它的相似种一样，红腿叫鹤也是一种陆栖为主的鸟类。它们在草地上四处搜索找寻蛇类，以及一些小型哺乳动物、大型昆虫、青蛙和幼鸟，当它的视线中出现可食用的东西时就会突然奔跑起来。叫鹤与鹤或鸨的亲缘关系比与猛禽的亲缘关系更为密切，而且它们经常会打破自己的捕食模式，去吃一些植物性的东西。它们是警惕性非常高的鸟，有时会被当地人驯服，为易受攻击的家禽放哨。

在这种栖息地上，真正独特的鸟类是一种精力充沛的叫作鸡尾霸鹟的小鸟。它以昆虫为食，停歇时呈直立状态。捕食时，它会

■ 下图：卡纳斯特拉山国家公园的湍急河流是极度濒危的褐秋沙鸭的最后一片乐土。

■ 上图：当褐秋沙鸭在湍流中时，想要在岩石和植被中找到它们是极其困难的。

■ 下图：大美洲鸵是南美洲最大的鸟类，也是该国家公园内众多的草原特色鸟种之一。

突然向空中的飞虫发动袭击或者悬停捕食。雄鸟的炫耀行为非常精彩，这也成为在塞拉多群落观鸟的亮点之一。通过像昆虫一样的极速扇翅，它能够有条不紊地像直升机一样在离地 5~100 米的高度飞行。与此同时，它会一直不停地抬起和放下那浓密的黑色尾羽，并发出轻微的嘀嗒声。这种展示是一种需要在开阔的栖息地引起注意的鸟类的典型行为，而且它确实有效。鸡尾霸鹟是众多塞拉多鸟类中的一员，随着栖息地的丧失，它们的活动范围正在迅速缩小。这些可爱又独特的小鸟还没有受到威胁，可是卡纳斯特拉山已经是能观赏到它们的最佳地点了。

这里发现的另一种有趣的鸟类是草原掘穴雀，它是灶鸟科鸟类的一员。它喜欢站在那些散布在塞拉多景观中的高大白蚁丘上，与鸡尾霸鹟一样，是为了努力引起外界的注意。在炫耀行为中，它也会频繁地飞向空中，

唱着歌，缓慢地拍打着翅膀，以展示它那迷人的栗色翅斑。和所有的掘穴雀一样，它在地下筑巢，通常是在犰狳的洞穴里。它具有一个奇怪的生态学特征，那就是偏爱刚刚被烧毁的地区。定期焚烧是这一景观的必要条件之一，它可以控制灌木的生长，保持开阔的空间。火灾发生后，草原掘穴雀就神秘地出现了，显然不知道它们是从哪里冒出来的，它们甚至可能会在地面还冒烟的时候开始探查坑洞。

该国家公园内另一种重要的栖息地类型是生长在较大的河流周围的长廊林，它大大增加了该地区整体的生物多样性。这片森林是国家公园内另外一种罕见鸟类的生存之地，即生性隐秘的巴西窜鸟。作为一种塞特窜鸟属的鸟类，它身上的颜色可以说是很丰富了，其胸部白色，下体为水洗蓝色，胁部还有一小块赭色。当观鸟者寻找它的时候，它又完全恢复到窜鸟典型的习性，虽然很吵，但是基本上看不见它。森林中其他比较好的鸟种还包括稀有的灰眼绿莺雀、盔娇鹟和白纹王森莺。

正是绵延起伏的稀树草原和开阔的巴西草原（坎普群落）界定了这片壮丽的区域。除了鸟类，吸引人们的还有珍稀的鬃狼和大食蚁兽，它们会在草原上巡逻，分别寻找啮齿动物和蚂蚁为食。威武雄壮的鵟雕经常会从头顶飞过，寻找豚鼠、兔子和兔鼠为食，而其他的特色鸟种还有红翅鹀、白尾鸢、赫氏鹦和赭胸鹦，以及各种各样的雀类和蜂鸟。这才是新热带区草原的最佳状态。

马瑙斯
Manaus

鸟点排名 ㉘ 信息

栖息地类型	低地陆地菲尔梅雨林、白沙林、永久性和季节性的洪泛森林
重点鸟种	白翅林鸱、紫须伞鸟、绯红果伞鸟、佩氏哑霸鹟、凯氏蚁鹩、鳞斑针尾雀
观鸟时节	全年都可以，但是雨季是从 11 月到来年 4 月，那时观鸟会面临一些挑战

每个人都知道亚马孙流域物种丰富，它通常被认为是世界上最大的生物多样性中心，尤其是在它的西部边缘地区。然而，如果你问普通的观鸟者，如果有机会去那里，他们最希望看到什么鸟种，许多人会难以给出一个答案。除了众所周知的鹦鹉和蜂鸟之外，那里有多少种鸟，有哪些鸟，都是鲜为人知的。因此亚马孙流域（Amazon Basin）是一个特殊的目的地。不过，那里到底有些什么鸟呢？

距大西洋约 2 250 公里的马瑙斯是亚马孙河流域中心的一座大城市。它是世界上两条最大的河流——亚马孙河（Amazon River）和内格罗河（Rio Negro）交汇处的一个主要港口，其中亚马孙河在巴西境内到达马瑙斯这一段被称为索利默伊斯河（Rio Solimões），而内格罗河则流经亚马孙流域北部的大部分地区。众所周知，在这两条河流交汇的不远处，它们颜色各异的河水便彼此并排流动，一边是浑浊的白色，另一边是黑色。这也成了一个主要的生态边界，亚马孙河南岸的鸟类与马瑙斯城市北部内格罗河流域的鸟类有许多不同。以蚁鸟这种喜阴鸟类的分布为例，它们不愿意穿越大面积的开阔地带，通常沿河分布。

这里水量巨大，毫不奇怪，河流的水位变化也很大，最高时可达 12 米，而且正是这些水成为该地区大片森林的救世主，因为它们的存在限制了城市的发展和耕作活动。因此，令人高兴的是，这里的森林仍然是一望无垠的，里面充满了各种神秘和奇特之处，而其中一个奇特之处就是，这里的森林并非都是一样的。马瑙斯附近至少有 4 种主要的森林类型：陆地菲尔梅雨林，一种生长在长期干燥、排水良好的土壤上的典型热带雨林；白沙林，一种生长在沙地上的矮小树林；还有被称为伊加波（igapó）的一种在岛屿上生长或长期被洪水淹没的森林；以及被称为瓦尔泽亚（várzea）的一种季节性的洪泛森林，这里的树木会更高一些。

每一种森林类型都有它们自己独特的鸟类，而且通常是一整套的，而这种多样性也确保了马瑙斯成为地球上鸟种最丰富的地区之一。这里记录的鸟种超过了 600 种，其中还包括数十种罕见并鲜为人知的珍稀鸟种。

距离马瑙斯仅有 20 公里的杜克森林保护区（Ducke Forest Reserve）拥有一片极好的陆地菲尔梅雨林。令人高兴的是，这里有一座 42 米高的气象塔，观鸟者可以在上面看到树冠。在这里的众多树木中，所谓的圭亚那特有种占了很高比例，它们多生长在具有沙质土壤的地区。这里的常见鸟种包括鹰头鹦哥、圭亚那小巨嘴鸟、圭亚那红伞鸟、斑翅鹟鴷、在树冠栖息的扇尾蜂鸟和在地面栖息的棕背蚁鸟。再往北，在同样的栖息地，有一座更好的塔，即巴西国立亚马孙研究所塔（INPA Tower），其在观鸟界享有盛誉。从那里有时可以看到角雕，以及其他大型鸟类，包括紫须伞鸟、绯红果伞鸟、黄嘴鹟鴷、红嘴唐纳雀、小金刚鹦鹉和琉璃金刚鹦鹉。这

■ 下图：鹟鴷是马瑙斯周边地区众多有代表性的鸟类种群之一。不同种鹟鴷位于略有不同的生态位中，例如黄嘴鹟鴷通常更喜欢森林下层。

片陆地菲尔梅雨林也常被戏称为"世界林鸱之都"。这是少数几个能相对容易地看到非常罕见的白翅林鸱和棕林鸱的地方之一。

白沙林成斑状分布，并且拥有大量的特色鸟种。曾经只被一个人看到过的佩氏哑霸鹟在人们的视野中消失 160 年之后，于 1992 年在这一地区被重新发现。此外，这里还有一些其他的珍稀鸟种，包括铜色鹟鸳、斑蓬头鸳和黄冠霸娇鹟。

然而，对许多人来说，马瑙斯地区的真正乐趣在于那些受河流本身直接影响的森林，即位于河岸或河道中众多岛屿上的森林。在不同类型的岛屿上，甚至在同一个岛屿的不同方位，鸟类都会有所不同。后一种情况在马尔坎塔里岛（Marchantaria Island）上得到了很好的证明，那是一座位于索利默伊斯河的大岛，距离马瑙斯不远。索利默伊斯河的水流不断冲刷着这座岛，岛屿西端的土地不断被侵蚀，而东端则有泥浆沉积。这确保了岛屿的下游端植被一直处于演替的早期状态，而上游端的森林则更古老、更高。岛上的大多数特色鸟种生活在较新的森林那端，其中包括一些不太为人所知的鸟种，比如绿斑蜂鸟、珠胸锥嘴雀以及种类繁多的针尾雀，包括暗胸针尾雀、红白针尾雀和帕氏针尾雀。生长时间较久的那片更茂密的森林则会吸引鳞斑针尾雀、卡氏蚁鹛和亚马孙鸳雀等鸟类。因此，岛上这两块区域鸟种之间的区别还是非常明显的。

从马瑙斯向北航行 5 小时，在水流平缓的如同池水一般的内格罗河上坐落着世界上最大的河心岛之一——阿纳维利亚纳斯群岛（Anavilhanas Archipelago）。这些岛屿给人们提供了一个欣赏亚马孙河流域这一地区微妙的生态分化的极好机会。在伊加波这种长期被洪水淹没的森林中生活着一些特色鸟种，比如黑灰蚁鹛、小哑霸鹟以及铅色蚁鹟和凯氏蚁鹟，而像红蚁鹟、灰胸绿莺雀和令人惊艳的亚马孙伞鸟这些鸟类，则大部分或全部分布在瓦尔泽亚这种树木较高、季节性被洪水淹没的森林中。诚然，发现和识别这些鸟种是一个相当专业的问题，不过你可以认为这里的鸟导和那些鸟类一样专业。

■ 右图: 尽管角雕的体型很大, 但人们很难发现它, 因为它通常喜欢待在森林的树冠层。位于马瑙斯附近的巴西国立亚马孙研究所塔因能看到这种鸟而享有盛誉。

■ 对面图: 令人惊叹的赤叉尾蜂鸟是该地区体型最大并且最引人注目的蜂鸟之一。它特别喜欢内格罗河和溪流附近那些鲜花盛开的开阔之地, 在那里它可以捕捉飞虫。

　　然而, 乐趣存在于细节之中, 在这个地区进行一两周艰苦的观鸟之旅会让人们对不同鸟种细微复杂的生态需求有非常深刻的了解。当然, 不是每个人都有这样的收获, 但对于专业人士来说, 这里就是天堂。

伊瓜苏瀑布

Iguassu Falls

鸟点排名 ⑥⑨ 信息	
栖息地类型	瀑布、河流、湿润亚热带森林、城镇和花园
重点鸟种	大黑雨燕、巨嘴鸟、黑额鸣冠雉、黑领燕、点嘴小巨嘴鸟以及各种蜂鸟
观鸟时节	全年都可以

■ 右上图：点嘴小巨嘴鸟是在瀑布周围的森林中生活的众多特色鸟种之一。

■ 下图：瀑布的鸟瞰图显示了它们的分布情况，当水量最大时，据说总共有 270 个不同的瀑布。

毫无疑问，伊瓜苏瀑布是南美洲的著名旅游景点，它们给人们留下了深刻的印象。据说，在长达 2.7 公里的伊瓜苏河（Iguassu River）中，有 270 个不同的瀑布（最高的有 82 米），而且几乎每一个都比尼亚加拉瀑布（Niagara Falls）还要高。因此，可以说伊瓜苏瀑布是世界上最大的瀑布体系。然而，令人震惊的并不是那些数字，而是这里的氛围。这里有许多不同的瀑布，它们分布在广阔的地区，大多被郁郁葱葱、密密麻麻的亚热带森林所环绕，以至于你可能会在惊叹中迷失自己，并产生一种荒谬的感觉，仿佛自己置身在一个从未有人去过的地方。此外，你可以通过空中廊道、步道或乘坐小船去靠近湍急的水域，让自己沉浸在雾气和浪花之中，你会感觉到除了顺瀑布而下，一切都已经历了。而且，一定不要错过接近那令人敬畏的魔鬼之喉（Garganta do Diablo）的机会。它是一个 700 米长的 U 形洞穴，你可以沿着一条空中走廊慢慢靠近那里，在通行过程中会

■ 右图：一眼就能认出来的巨嘴鸟在伊瓜苏很常见。它生活在瀑布周围，有时甚至会出现在附近酒店的花园里。

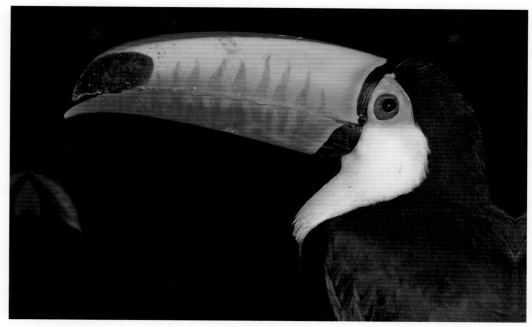

有水从三面呼啸而下。这可以说是一次惊险刺激的邂逅。

如果不是去伊瓜苏，任何一个头脑正常的人都不会去阿根廷或巴西的这个角落（瀑布位于这两个国家的边境处），所以这个壮观的地方也很适合鸟类生活。它的鸟类资源没有南美洲一些热带地区那么丰富，但在瀑布区域以及边境两边的国家公园内看到的200多种鸟类中，有一些是非常受欢迎的。事实上，这是一种令人愉快且易于管理的南美洲观鸟方式。

大黑雨燕是一种即使不观鸟的人也能看得很清楚的鸟，它是一种通常可以在悬崖附近看到的体型较大的黑褐色雨燕，在傍晚时分会成群聚集在一起。这种善于飞行的鸟类生命中一半的时间似乎都是在水雾中度过的。大部分时间里，它是一种正常的雨燕，在森林中四处飞行，寻找像浮游生物一样停落在树叶上的昆虫。然而，当它进食回来时，这些大黑雨燕就会贴在瀑布周围潮湿的悬崖上，它们会在一块突出的岩石下甚至是一片永久性的水帘后面栖息和筑巢。还有比这里更安全的繁殖场所吗？在平坦开阔的悬岩上，这些引人瞩目的鸟会结群营巢，将它们的唾液与粗细不匀的藓类和苔类植物混合，为自己做一个小型的杯状巢。持续受到潮湿雾气影响的幼鸟身上覆盖的是具有防水性能的温暖

的绒毛。

另一种对瀑布着迷的鸟类是黑领燕，伊瓜苏是其分布范围中非常靠南的一个地方。这种鲜为人知的鸟类，是一种优雅的尾羽飘飘的燕子，上体为高贵的蓝色，白色的下体上有一条细长的深色胸带。它在河岸的石缝中筑巢，经常栖息在水面上方。纵观它的整个活动范围，你会发现它只出现在水流特别湍急的地方，而且在水面上觅食时飞得很低，可能是专门以在瀑布和激流附近飞行的昆虫为食。

至于河流本身，则吸引了各种各样的水鸟。优雅的白翅树燕活动所在的水面比其他同类的更平静、更宽阔，而像绿鹮、紫青水鸡、大白鹭和雪鹭这样一些腿比较长的鸟则会在河岸边涉水而行。绿鱼狗或栖息在水面上方的树上，或悬停在浅滩之上；而在森林边缘的沼泽植被中，可以看到秧鸡，暗色秧鸡也包括在内。

在伊瓜苏还分布着一些虽然为森林鸟类，但依然依赖水面生活的鸟。这其中包括神秘的灰胸林秧鸡以及羽色暗淡但是很有特色的河王森莺。后一种鸟是一种真正具有个性的鸟，它在小溪和水洼上方来回飞行，身体呈水平状，与北美洲的灶莺习性相似，而且尾部还会不断左右摆动。这种长腿的雀形目鸟类，下体发白，上体呈较深的橄榄绿色。如

■ 上图：大量的大黑雨燕在水墙后面繁殖和栖息，欣赏它们的最佳时间是在下午的晚些时候，那时大群的雨燕会聚集在瀑布上方。

■ 对面图：尽管大部分地区安第斯神鹫的种群数量都在减少，但在火地岛上它们依然十分常见。

果不是因为它那响亮、欢快、流畅的鸣唱以及在水声掩盖下也很容易能听到的响亮的，类似"克利～克利～"的鸣叫声，那种体色很容易让人错过。

伊瓜苏最稀有的鸟类是黑额鸣冠雉这种受胁鸟种，其生态状况令人十分感兴趣，因为虽然它是一种森林鸟类，但这种有着巨大红蓝色肉垂的黑白相间的鸣冠雉只有在河流附近的森林地带才能找到。伊瓜苏是观赏它的最佳地点之一，有时它甚至会沿着瀑布旁的步道漫步。

瀑布周围 660 平方公里的国家公园保护了大量优良的亚热带森林。不过，其最近对游客的限制使进入那里变得相当困难。那里的高亮鸟种有奇异的红领果伞鸟，其胸部有一块橙红色的鳞状斑块，还有特别好看的点嘴小巨嘴鸟以及淡黄冠啄木鸟，它全身羽毛的黑色调被奶油色的冠羽冲淡了一些。此外还有一些艳丽的鸟种，比如名字很好听的黑脸唐拉格雀和绒冠蓝鸦。而在马库卡步道（Macuca Trail）沿线还有一个白须娇鹟的求偶场。

有些森林鸟类也会飞入该地区的花园中，特别是那些大酒店中的花园，它们本身就是很有吸引力的地方。许多花园里都有花，有些花园还有蜂鸟喂食器，在这个新热带区，喂食器可以引来大约 6 种蜂鸟。这其中包括两种高度狭域分布的隐蜂鸟，鳞喉隐蜂鸟和普拉隐蜂鸟，此外还有迷人的紫顶妍蜂鸟。然而，这里最受欢迎的是超级聪明的黑蜂鸟。如果你觉得一只黑白相间的蜂鸟会让你失望的话，你应该好好看看这些聪明的靓鸟。

在伊瓜苏地区的城镇和花园中的其他鸟类包括很多在南美洲地区常见的鸟种，比如圭拉鹃、阔嘴鹟、白眼鹦哥、棕榈裸鼻雀、鹊色唐纳雀以及红领带鹀。还有一个你绝不能错过的角色，在某种程度上说，它是一种能够代表伊瓜苏的鸟——巨嘴鸟，巨嘴鸟科中体型最大的一种，也是唯一一种不完全属于森林鸟类的巨嘴鸟。这一标志性鸟种随处可见，一群群的。它们会排成一列扑腾着穿过木板路，或者在酒店花园的果树中觅食。如果伊瓜苏需要增加一点异国情调的话，这些巨嘴鸟可以提供。

乌斯怀亚

Ushuaia

鸟点排名 ㉜ 信息

栖息地类型	安第斯 – 巴塔哥尼亚森林、湖泊和泥沼、巴塔哥尼亚草原、海岸和岛屿
重点鸟种	麦哲伦鸬、阿根廷啄木鸟、安第斯神鹫、棕头草雁、白喉爬树雀
观鸟时节	南半球的夏季比较好，从 11 月到来年 3 月

乌斯怀亚（Ushuaia）位于南美洲大陆南端的火地岛（Tierra del Fuego）上，是世界上最南部的城镇。它位于南纬 55°，是一个港口，大多数向 800 公里之外的南极洲

航行的游船会停靠这里。不论是否打破了纪录，在这个偏远地区确实有一番壮丽的景致，四周环绕着森林和起伏的山丘，还有狂暴的天空，而通往附近火地岛国家公园（Tierra del Fuego National Park）的轻轨也被称为"世界尽头的铁路"。

在这个地区观鸟不会在鸟种数量上打破任何纪录，但在这里看到的鸟类往往带有自己的鲜明特色。例如，安第斯神鹫，尽管其他分布区内的种群数量都有大幅度下降，但在这里它的数量仍然相当可观。那往往是一幅壮观的景象，在这片南部腹地，拥有着巨大的身躯、不可思议的宽阔翅膀以及时髦的黑白配色的安第斯神鹫，经常在海狮栖息地和其他大型动物聚集地巡逻，寻找尸体。这里的其他标志性鸟类包括在比格尔海峡（Beagle Channel）的岛屿上繁殖的南美企鹅，在近海的海风中嬉戏的黑眉信天翁，以及掠夺食物，给所有鸟种带来困扰的智利贼鸥。

然而，即使是不太出名的鸟类也会令人兴奋，到火地岛国家公园一游就可以证明这一点。在这里，有很多苍翠繁盛的原始森林，它们多由高大多叶的矮假水青冈组成，其树干和树枝上布满了地衣，森林下层则以羽毛状的蕨类植物和多刺灌丛为主，在这些森林中生活着像阿根廷啄木鸟和可爱的白喉爬树雀这样的鸟。其中阿根廷啄木鸟是世界上最大的啄木鸟之一。这种机智的啄木鸟有着醒目的黑色羽毛，并配有红色的冠羽（雄鸟）以及白色的臀部和翼下覆羽。它们在树枝间跳来跳去，啄啄这里，探探那里，有时还会进行深度的挖掘。有趣的是，它们经常三只一起活动，通常由两只头部为红色的雄鸟和一只雌鸟组成，后者长着一簇类似吹干的头发一般的冠状羽毛。相比之下，白喉爬树雀虽然不会头朝下爬行，但它基本填补了鸸的生态位，紧贴着树干和树枝爬行。尽管它属于灶鸟科，但它的体型与鸸非常像，有一个又长又直又尖的喙以及较大的头部和丰满的身体。不过它的尾羽在其爬行时会给予支撑，这使它看起来更像一只旋木雀。白喉爬树雀

第斯窜鸟做着窜鸟最擅长的事情——躲避观鸟者。南美鸫在地面上找寻食物，长着铜色尾羽的南鹦哥则在南极假水青冈树上觅食，与欧金翅雀长相极其相似的黑颏金翅雀会成群地在林缘觅食。而这些鸟又都会成为南鵟鹛的食物。

国家公园内更开阔的区域包括湖泊、泥沼和潮湿的草地。在这里可以看到许多水鸟，特别是 3 种独特的雁鸭，它们对栖息地的要求略有不同。灰头草雁从某种程度上说使森林和开阔地之间形成了某种联系，因为它通常出现在空地上，偶尔也会在中空的枯树上筑巢。它有一个浅灰色的头部，胸部及上背被红棕色环绕，两胁则为黑白相间的条纹。斑胁草雁个头较大，脖子更长，胸部有斑纹，雄鸟头部为白色，雌鸟头部为棕色，这是一种主要在草地和沼泽生活的鸟类。而在公园南部的海滨，有一种白草雁以海草为食。这种鸟的雄鸟是纯白色的，喙部黑色，腿部黄色；而雌鸟主体是深棕色，下体具有白色斑纹。令人惊讶的是第四种鸟——棕头草雁，其雄鸟和雌鸟长得都像一只小型的斑胁草雁雌鸟。它们分布在火地岛的北部，在那里它们喜欢在类似于潘帕斯草原的草地上吃草。

另一种在海岸线常见的鸟类是灰船鸭。之所以这样命名，是因为它精力充沛，在匆忙之中会像"划船"一样在水面上移动，就像老式的桨式汽船一样形成湍流。这种体型巨大的会潜水的鸭子，有一身棕紫色呈大理石花纹般的羽毛，以及亮黄色的喙部和足。它的脾气很坏，大家都避而远之。它会与大鸬鹚、智利蛎鹬以及南美蛎鹬这些鸟共享这片海岸。

沿着比格尔海峡，从乌斯怀亚到哈伯顿（Harberton）的旅行带来了景色和鸟种的变化。在海峡的东端有一大群南美企鹅，观鸟爱好者有时还会从那一大群个体中发现来自南极洲的迷路的企鹅，比如白眉企鹅，甚至是王企鹅。同样，白鞘嘴鸥有时也会出现。在这些多岩石的海岸上，更常见的繁殖鸟种是麦哲伦鹈燕、智利贼鸥以及两种很棒的鸬鹚——一种是红脸的岩鸬鹚，另一种是体型较大的蓝眼鸬鹚。任何到比格尔海峡的旅行都是欣赏"远洋"海鸟的好机会，这些海鸟

■ 上图：阿根廷啄木鸟赖以生存的环境是具有大树的原始森林。其雄鸟头部为红色，雌鸟头部黑色并具有一簇卷曲的羽冠。

是一种干净、敏捷的鸟，它的胸部和喉部都是明亮的哑白色，背部则是搭配巧妙、略显神秘的棕色。

这些森林最多只包含 6 种树种，其中 3 种是"南山毛榉"，也就是南青冈属的植物。这里有一种相当于山雀的鸟类，它是另一种可爱的灶鸟——棘尾雷雀。这种具有丰富棕色的小鸟成群地在森林中飞来飞去，它们在探寻和采集食物时还常常倒挂着。棘尾雷雀具有独特的黑色过眼纹和顶冠纹，尾羽边缘呈锯齿状，末端呈刺状。藏在森林下层的安

■ 右图：白腹籽鹬被描述为南半球的雷鸟，因为它填补了一个非常相似的生态位。

■ 下图：以南青冈属植物为主的森林赋予了火地岛国家公园鲜明的特征。

通常包括白颏风鹱、巨鹱和银灰暴风鹱。

　　然而，如果观鸟者没有去欣赏那些火地岛的特色鸟种，乌斯怀亚之旅是不完整的。在乌斯怀亚北部的马舍尔冰川（Martial Glacier）地区仔细寻找，通常会让你欣赏到罕见的白腹籽鹬（以及黄纹雀鹀），而想要看到罕见的麦哲伦鸻，则需要继续北上，到里奥格兰德（Rio Grande）附近的海岸去。后者

是一种浅灰色的涉禽，腹部白色，腿略带粉红色。从某种程度上讲它是分类学上的一个难题，但几乎可以确定的是，它不是一种鸻。它经常用其短小的喙翻动石头或其他物体来寻找食物，甚至会用它的短腿挖食物，这可不像鸻的行为。事实上，有证据表明，它可能是鞘嘴鸥的一个分支。在火地岛北部海岸的草原地区，人们很容易找到这种好奇的鸟类。

拉埃斯卡莱拉

La Escalera

信息	
栖息地类型	热带山地森林、热带稀树草原
重点鸟种	三色伞鸟、圭亚那冠伞鸟、孔雀冠蜂鸟、白翅紫伞鸟、红领伞鸟、白钟伞鸟、须钟伞鸟、尖喙鸟、红斑食果伞鸟、红斑尾雀
观鸟时节	全年都可以

■ 右上图：红斑尾雀是在拉埃斯卡莱拉狭域分布的鸟类，它主要以苔藓和附生植物为食。

在委内瑞拉东南部有一片壮观的平顶山，当地人称为特普伊山脉（Tepuis）。这些巨大的岩石相互分离，就像一个内陆群岛。它们庄严地耸立于周围肥沃的低地森林中，高达 1 500~2 800 米，几乎是拔地而起。一些陡峭的悬崖高耸入云，可达 1 000 米。高高在上的平坦峰顶是一片与世隔绝的沼泽高原，那里遍布稀树草原和奇异的高山矮曲林，林中长满了兰花、苔藓、地衣和凤梨科植物。发源于这些高原的一些河流从其边缘倾泻而下，形成瀑布。著名的安赫尔瀑布（Angel Falls），从奥扬特普伊山（Auyan Tepui）下落，是世界上落差最大的瀑布。

特普伊山脉有着陡峭的悬崖和浓密的植被，除了那些经验丰富、意志坚定的登山者外，几乎没有人能到达那里，而有些云雾缭绕的山顶从未被人探索过。这里很可能会有新的鸟类学发现。尽管阿瑟·柯南·道尔爵士（Sir Arthur Conan Doyle）的著名小说

■ 右图：圭亚那冠伞鸟在特普伊山的山坡上很常见，与它在安第斯山脉的同类相比，这种鸟的雄鸟在求偶场进行表演时异常安静。

《失落的世界》（The Lost World）的灵感就来自于这一地区，但任何一个高原都不太可能隐藏得住一个有凶猛的恐龙居住的世界。即便是这样，在如此令人敬畏的景色中，那种情景也不难想象。

恐龙可能没有了，但鸟类还在，该地区拥有约 40 种特有鸟类。它们大部分都生活在海拔 600 米以上的浓密雾林中，除了专门的探险活动，否则几乎无法到达那里。然而，在特普伊山的中心地带，附近土地上升得比较平缓，从那里可以到达一片叫作大萨瓦纳的高原草甸。有一条路沿着斜坡从低地森林一直延伸到悬崖。因为那看似无穷无尽的弯道，这条路被称为"阶梯"。这条路也许不是通往天堂的阶梯，但这条路给观鸟者提供了唯一一个可以去探索特普伊山脉那些鸟类宝藏的有效机会。

一些当地鸟类与它们周围壮丽的环境堪称绝配。其中最引人注目的特有鸟种是小巧的孔雀冠蜂鸟，它是一种主体绿莹莹的蜂鸟，在脸颊附近伸出两丛较长的绿色羽簇，使它看起来好像戴着围巾一样。这些羽簇上有一些比较大的黑色眼斑，看起来似孔雀的羽毛，它因此得名。另一种珍贵的鸟类是红斑食果伞鸟，其雄鸟干净的蓝灰色羽毛上有一条亮橙色的胸带，并有一对泛着金色和铜色的翅膀。而红领伞鸟则是一种暗烟灰色的鸟，但其雄鸟有着令人惊艳的深红色颈环和肛部。更不同寻常的乐趣来自于极其聪明的红斑尾雀，它是一种灶鸟，拥有布满整洁棕色条纹的胸腹部以及栗色的眉纹。它像鸸一样，在布满苔藓的树枝上爬行，与同一科的爬树雀有亲缘关系。此外，还有像费氏黑雨燕这样

■ 右图：华丽的红斑食果伞鸟常被果树吸引，特别是在新热带植物界广泛分布的野牡丹科的植物。

的大型鸟种，它的头部、颈部和上胸部都具有浓重的红褐色。

与雾林中的鸟类一样，这里的鸟类都喜欢混群。那些鸟浪经常以令人眩晕的速度在茂密的森林中穿梭，这意味着：其一，观鸟者很难从鸟浪中辨识出那些鸟种；其二，在两拨鸟浪之间可能会有很长的时间间隔。因此，可能要花四五天的时间才能观察到足够数量的特有鸟类，而且想把那些鸟看清楚也很难。想要在这里玩得开心，你需要高超的观鸟技巧。当然，寻找开花的野牡丹科植物，也会对你有帮助，因为这些花能吸引一公里之内或更远一点的鸟过来。

并不是所有生活在雾林中的鸟都是特普伊山脉特有的，事实上，有两种备受追捧的鸟的分布稍微更广泛一点。其中之一是尖喙鸟，它瞪着一双橙色的眼睛，布满斑点的羽毛有些奇怪。作为一种已被证实的群居鸟类，尖喙鸟拥有一种不寻常的能力，它能展开卷曲的叶子并捕食里面的节肢动物，而且还能倒挂在树枝的末端。另一种是圭亚那冠伞鸟，这种闻名世界的橙色小鸟，有一个弧形的帆状冠，如同它在安第斯山脉更出名的同类一样，它也是会在求偶场进行表演的鸟。然而，与安第斯冠伞鸟不同的是，它的雄鸟仅在地面或略高于地面的位置进行展示。当雌鸟到来的时候，所有的雄鸟就像一个整体一样同时振翅而下，伴随着扇动翅膀发出的呼呼声，清理着自己林间求偶场地面上多余的杂物。在这里的山麓地区，通常可以在湍急的河流附近看到圭亚那冠伞鸟。

这个地区盛产伞鸟科的鸟类。除了冠伞鸟、皮哈伞鸟和食果伞鸟外，这里还有其他几种华丽的鸟类，包括羽色为令人难以置信的天鹅绒色的白翅紫伞鸟，以及两种钟伞鸟：一种是鸣声为两声一度的白钟伞鸟；一种是鸣声异常洪亮的须钟伞鸟，在两公里之外都能听到。这些钟伞鸟的鸣声给森林带来了一种特殊的气氛。

在拉埃斯卡莱拉底部的森林是低海拔的湿润热带森林，在那里有一条小路通往另一种伞鸟的求偶场。即使没有其他高亮鸟种，这个地方也会吸引观鸟者来到南美洲的这片

神奇之地。这就是神秘的三色伞鸟。坦率地说，这是一种相当丑的鸟，它有着松散丰富的红棕色羽毛和一个光秃秃的蓝灰色的脑袋。你可以通过聆听一群"牛"在树梢上哞哞叫的声音来找到这种鸟，因为这正是三色伞鸟的叫声，它们与牛叫声的相似之处确实令人毛骨悚然。在求偶场，这种三色伞鸟进行炫耀展示时，会笔直地栖息在树上，并抖动着那橙色的尾下覆羽，使它们看起来更加难看。与大多数伞鸟科鸟类的求偶场一样，只有一只雄鸟占据着关键的栖枝，并尽可能多地独占交配机会，但这是一件非常难以完成任务。求偶场上的其他雄鸟会不断地试图通过武力或诡计来篡夺它的统治地位。处于亚优势地位的雄鸟有一种习惯，它们在整个繁殖季节都会联合起来，以一个团队的方式来恐吓处于顶级地位的鸟。其他雄鸟则会假装成雌鸟（它们的羽色相似），从而获得接近栖木的机会。最后，雌鸟之间会互相攻击，而且为了赶走竞争对手，它们会假装自己是雄鸟。这个体系可能是有序的，但必须指出的是，它并没有给人留下这样的印象。

尽管三色伞鸟比拉埃斯卡莱拉的许多其他特色鸟种的分布范围更广，但依旧是它让许多观鸟者对特普伊山脉的这一地区留下了最美好的回忆。

洛斯亚诺斯

Los Llanos

鸟点排名 ㉗

信息

栖息地类型　热带稀树草原和草地，有一些会被季节性地淹没，还有长廊林

重点鸟种　各种鹭（包括波斑鹭和栗腹鹭），各种鹮（包括美洲红鹮），各种鹳，日鳽、各种猛禽（包括食螺鸢和黑领鹰）

观鸟时节　11月到来年3月的旱季观鸟最高效，那时水鸟会聚集在一些面积比较小的区域

　　洛斯亚诺斯（西班牙语为"平原"的意思）是南美洲北部一大片平坦的稀树草原，三面被高山环绕：西部是安第斯山脉（Andes），北部是委内瑞拉沿海山脉，南部是圭亚那地盾（Guianan Shield）[1]。它自西向东长约 1 200 公里，占地 30 万平方公里，覆盖了委内瑞拉几乎 1/3 的国土面积，以及邻国哥伦比亚的部分地区。委内瑞拉人对这片内陆地区有着深厚的感情，那里的大部分土地都被用来饲养牲畜。这是一个富有情怀的地

----

[1]　地盾是指陆地上有大面积基底岩石出露的地区，圭亚那地盾已具有 17 亿年的历史。——译者注

■　下图：在委内瑞拉的这个地区，黑领鹰是一种常见的湿地猛禽。

方，艰苦劳作的人们靠土地在这里勉强度日，就像美国西部的牛仔一样。毫无疑问，这里必定是天旷地阔。

　　洛斯亚诺斯丰富的野生动物资源来源于它的高降雨量。该地区的季节分布不均衡：5~10 月是雨水极其充沛的雨季，而从 11 月至来年 3 月是旱季。每年 1.5 米的降雨量中，有 90% 来自于雨季。届时这片平原会变成一系列的浅湖，而到 3 月，地面就又干透了。该地区有几条大河，其中最著名的是阿普雷河（Rio Apure），在雨量较少的困难时期，是它维持着许多湿地生物的生活。

　　洛斯亚诺斯无疑是世界上最适合水鸟生活的地方之一。正如你所料，在这里可以看到几十种鸟类，包括 7 种鹮和 20 种鹭，而且它们的数量之多令人难忘。当鸟类往返此地时，或是外出寻找食物，或是归巢，一大群鸟类待在一起的景象是人们再熟悉不过的了。也许令人惊讶的是，欣赏这种大场面的最佳时节是在旱季，这是因为随着地面变干，鸟类的觅食地数量逐渐减少，于是它们就成大群聚集在为数不多的几个地方了。

　　其中最引人注目的鸟类就是大型涉禽，比如各种鹭、鹳和鹮。一般来说，这些长腿的鸟很容易看到，而且你还可以快速鉴别出它们在取食技巧和微生境方面的不同。以鹮为例，洛斯亚诺斯无疑是世界上欣赏鹮科鸟类的最佳之地。其中最常见的种类是羽色令人难以置信的美洲红鹮和羽色同样鲜明的美洲白鹮，还有彩鹮。它们主要在深度不低于 3 厘米的静水中取食，探寻食物时，喙部和头都会浸入水中。它们都以小型节肢动物为食，如甲壳类动物和水生昆虫，但彩鹮取食的食物通常比其他鹮类的体型小，而与美洲红鹮相比，美洲白鹮则倾向于选择略浅的水域作为觅食地。与此同时，还有 3 种鹮类则把精力集中在潮湿的土地上，而不是被水淹没的土地。裸脸鹮是一种黑色的鸟，其喙和腿部为深橙色，主要生活在完全没有地表水的沼泽地带；绿鹮全身是带有古铜色光泽的橄榄绿色，而不是绿色，颈部羽毛浓密，其

■ 上图：在洛斯亚诺斯生活着很多野鸭，图中主要为黑腹树鸭。

■ 右图：令人惊艳的美洲红鹮在洛斯亚诺斯很常见。

主要分布在距离湖边 2 米内的浅水区；长尾鹮，则是一种体型比较大的黑色鸟种，躯体呈水平状态，尾部较长，同样也在潮湿的土地上觅食，但它比裸脸鹮探测的深度要深得多，而且捕食的猎物也更大。最后，第七种鹮——黄颈鹮，多在干燥的地面上捕食，以昆虫为主。

这样不同的觅食方式也将该地区的两种鹳分开了。它们都以典型的鹳的方式进食，涉水而行，通过视觉寻找猎物，而不是用喙探寻，但与旧大陆著名的白鹳相似的黑尾鹳吃的食物，比它体型巨大的亲缘物种裸颈鹳

■ 上图：一只日鳽在其引人注目的炫耀表演中放低翅膀，竖起尾部。

吃的食物要小一些。前者捕食青蛙和鱼类，最大的鱼与黄鳝大小差不多；而后者，这种具有黑色头部和红色喉囊的白色的鸟，其巨大的喙如刀鞘一般，甚至能够对付得了幼年的凯门鳄。至于鹭类，它们比鹳和鹮占据了更广泛的生态位，但它们全部靠视觉猎食，通常如雕像般站在那里一动不动，耐心地等待猎物出现。在洛斯亚诺斯，比较著名的鹭类包括色彩鲜艳但是神出鬼没的栗腹鹭，以及体型很小、近乎神话般的波斑鹭，它可能是世界上最不知名的鹭，也是整个南美洲最难见到的鸟类之一。如果你看到了，一定要掐自己一下，确保不是在做梦。

有这么多潜在的食物，所以洛斯亚诺斯也是猛禽生活的绝佳之地就不足为奇了，这里包括一些有趣的具有湿地特色的猛禽。深灰色的食螺鸢可以用它异常弯曲的上颚撕开个头硕大的苹果螺的螺轴肌，从而把它们从壳里取出来。食螺鸢在开阔的沼泽地上飞来飞去寻觅食物，看到后俯冲下来用一只爪子

抓住猎物，而与之亲缘关系较近的黑臀食螺鸢则会在河边的森林中捕捉同样的食物，它猎食时是从栖木上往下冲。而另一边，锈红色的黑领鹰以鱼类为食，在靠近水面时把鱼抓走。它的爪子上有锋利的尖刺，可以像鹗一样抓住湿滑的猎物。大黑鸡鸳则会捕猎各种各样的湿地生物，通常只是涉足于浅水中捕食。最后，小黄头美洲鹫是沼泽地里的食腐动物，它是 3 种仅凭气味就能发现尸体的美洲鹫科鸟类之一。

对于这些湿地鸟类来说，最好的地方是在这片广阔的自然综合体的南部，那里的降雨量最大。那里有几家牧场，他们对所在的洛斯亚诺斯的管理抱有生态友好的态度，可以为来访的观鸟者提供服务。

在洛斯亚诺斯北部还有一些不会季节性被淹没的草地。那里还生活着一些其他的特色鸟种，包括草原鸡鸳和双纹石鸻。然而，这个地区真正吸引观鸟者的还是水鸟。

劳卡国家公园
Lauca National Park

栖息地类型	高海拔湖泊和泥沼，普纳群落
重点鸟种	黑顶鸻、大骨顶、银䴙䴘、白额地霸鹟、秘鲁红鹳、安第斯红鹳、智利红鹳、小美洲鸵、灰胸籽鹬、棕腹籽鹬
观鸟时节	最好在 10~11 月南半球的春天前往

■ 右上图：在劳卡国家公园的壮观景象中包括海拔超过 6 000 米的火山群。

作为勇敢的观鸟者的天堂，劳卡是整个美洲最壮观的国家公园之一。其面积为 1 379 平方公里，大部分都位于阿尔蒂普拉诺高原（altiplano）上，即从秘鲁南部一直延伸到玻利维亚的安第斯高原，它曾经是一片广阔的内陆海。这里大部分的栖息地都在 4 500 米以上，有时观鸟者可能会面对寒风刺骨、呼吸困难的恶劣条件，胆小者不适合到这里来。

然而，回报也是很高的。许多游客来这里仅仅是为了欣赏风景，因为这里有一望无垠的灰褐色的普纳群落。这是一种草原类型，其特点是裸露的土壤将一丛丛的草地分隔开来。这里还有让草原相形见绌的两座巨大的被积雪覆盖的火山，海拔 6 342 米的珀木拉普火山（Pomerape）和海拔 6 282 米的帕里纳科塔火山（Parinacota），它们一起被称为帕亚查塔火山群（Payachata）。虽然夏季也有短暂的雨季，但这里的水源主要来自融雪。因此，虽然郊野地区通常非常干燥，但这里也有一些湿地，大多数鸟类都聚集在那里。这些湿地包括当地称为博费戴尔（bofedale）的以垫状植物为主的泥沼，以及比较浅的高盐湖泊。

■ 右图：神秘的黑顶鸻生活在劳卡国家公园的博费戴尔地区，但是想找到它需要下很大的功夫。

■ 下图：一只小美洲鸵漫步在劳卡国家公园中，这种在阿尔蒂普拉诺高原生活的美洲鸵与其在低海拔地区生活的同类相比，腿部比较短。

阿尔蒂普拉诺高原生活着一系列极具独特性的鸟类。其中最占优势地位的是地霸鹟，它们通常会几种鸟一起出现。地霸鹟是一类体色朴素的陆生雀形目鸟类，它们的腿很长，直立的站姿很独特。大多数地霸鹟都生活在比较干燥的多岩石地区，比如棕颈地霸鹟和灰地霸鹟。但地霸鹟中体型最大的白额地霸鹟为高度狭域分布的鸟类，仅生活在博费戴尔地区。与其共享狭窄生态位的是漂亮的浅灰色的白翅迪卡雀，它不捕食昆虫，而是以垫状植物的种子为食。

然而，普纳群落中最受欢迎的鸟类是一些体型比地霸鹟和雀类稍大的鸟。它们包括体型大得多的丽色斑鸫和北山鹨。奇怪的是，后者比叫作丽色斑鸫的前者更加华丽，它的颈部具有漂亮的黑白色条纹，腹部和尾下均为红褐色。此外，还有两种籽鹬：一种是与斑鸠长得很像的灰胸籽鹬，它在泥沼地区生活，很容易见到；而另一种是与雉鸡长得很像的棕腹籽鹬，找到它要更难一些。籽鹬是一类非常奇怪的鸟，很像鸻鹬和鸽子杂交得到的个体。它们的一生都在啃食植物的尖端，比如枝芽和叶子。尽管它们通常生活在水边，但没有人看到过籽鹬饮水。

不过，这里体型最大的鸟是小美洲鸵。它通常喜欢待在泥沼地区，所以尽管它天生害羞，但找到它还是相对比较容易的。这些健硕的鸟不会飞，在它们细密的灰棕色羽毛上布有整齐的白色斑点，看起来像是在它们背上撒了一片糖霜，它们通常集小群生活。在南半球的夏天，雄鸟会与一小群雌鸟进行交配，雌鸟将绿色的卵全部产在一个由雄鸟搭建的巢中，多达 50 枚。人们认为，由于某种未知的机制，这些卵会相互刺激，使它们差不多同时孵化出来。而这些雏鸟完全由雄鸟照顾。

在劳卡国家公园有许多湖泊，其中之一的琼加拉湖（Lake Chungara）海拔为 4 514 米，据说是世界上海拔最高的湖泊。它又大又浅，水草丰富，但几乎没有挺水植物，使其成为大骨顶的完美家园。人们在这里曾数过 10 000 只大骨顶，那是世界上大骨顶数量最

■ 上图：安第斯红鹳是南美洲体型最大的红鹳，它们以藻类为食，在海拔2 500～4 800米的湖泊中生活。

多的集群。大骨顶就是典型的骨顶鸡的样子，但是它体型巨大，脾气暴躁，争夺巢材就是它们的日常生活。大骨顶会一直生活在它们各自的领域内，巢穴就是它们的城堡。那些巢非常大，边缘长达3米、高1.5米，巢内有一个深杯状的结构。雏鸟很长时间都会待在那里躲避风吹雨打。那些巢是如此之大，以至于都可以很容易地将一个人装进去。

与大骨顶相伴的是头部为黑白两色的银鹬鹬位于阿尔蒂普拉诺高原的亚种，它们在这里的数量也是成千上万的。这些成群的鹬鹬生活的湖泊中有大量的水生无脊椎动物，如蠓和一些昆虫的幼虫。这些银鹬鹬身体为灰白色，它们高高地漂浮在水面上，就像它们的名字一样，在湖面上闪闪发光。

在这种高海拔的地区，湖水的蒸发速度非常快，大部分湖泊的盐度都很高。这使它们对红鹳（火烈鸟）很有吸引力，包括以节肢动物为食的智利红鹳以及两种阿尔蒂普拉诺高原的特色鸟种，安第斯红鹳和秘鲁红鹳。后两种红鹳的喙部过滤系统比智利红鹳的更加有效，这使它们可以吃得到小得多的食物。在这些长腿的鸟旁边还生活着安第斯反嘴鹬，它们在浅滩上来回划动喙部，捕食与智利红鹳类似的食物。

大骨顶很有趣，各种红鹳也非常吸引观

光客，但对于铁杆的观鸟者来说，有一种鸟排在所有鸟的前面，是他们在劳卡国家公园最渴望看到的，那就是黑顶鸻。这种鸟具备的所有特征，使它几乎成为神话般的存在。它很奇特，鲜为人知，极具吸引力，很难被发现，而且极为稀少。虽然它在公园的一些泥沼地区繁殖，但人们对它具体需求的生态环境并不确定。它个头很小，比一只体型较小的鸻大不了多少，而且它有一个令人恼火的习惯，就是会在泥沼的各个角落里觅食，而且经常躲在垫状植物后面那些人们看不到的地方。它的喙部细长，可以在水中进行探寻，也可以用来从植物中拾取昆虫。当它飞行时，其翅膀会在水平方向以下的位置快速拍打。奇怪的是，它的飞行轨迹是一条略微起伏的路线。这种敏锐聪慧的黑顶鸻的下体具有细密的横纹，而且具有一个由栗色、白色和黑色构成的头部。

尽管在这个神奇的地方还有很多其他奇特的鸟类，但黑顶鸻绝对是最卖座的鸟。如果一个观鸟团体技术高超又足够幸运地能够找到它，那么这种鸟绝对是所有人的首选，并且会在长途车返回文明世界的旅途中主导着那些令人兴奋的话题。它就是劳卡国家公园那沉甸甸的王冠上的宝石。

中美洲和
加勒比地区

Central America and
the Caribbean

中美洲的鸟类资源十分丰富，它同时受到了新北界和新热带界的影响，如果把墨西哥包含在内的话，这里的鸟类种数多达 1 300 多种，但在中美洲没有特有的鸟科（最接近的是丝鹟科，其中一种在北美洲有分布）。

连接南北美洲两片大陆之间的地区大部分是山区。这一简单特征丰富了中美洲的生物多样性，因为这些复合山脉被低地相互隔离，这样在每个区域内都可以进化出许多新的鸟种。此外，在高原地区，人们发现干旱山坡和湿润山坡存在着区别，就同南美洲安第斯山脉两侧的山坡一样。受到偏东信风的影响，东坡的降水量大大增加。相应地，那里的森林也更加繁茂。在这里生活的鸟类与在气候干旱、灌木丛生的西坡生活的鸟类大不相同。再加上海拔梯度的变化，结果就是在这片不大的区域内生活着 340 种特有鸟种，这一数字着实引人瞩目。其中具有代表性的鸟类种群包括猛禽、蜂鸟、咬鹃、鹦鹉和鸳雀。再往北，在墨西哥生活着大量沙漠和干旱地区的鸟种，包括弯嘴嘲鸫、鹌鹑和一些蜂鸟。

与此同时，加勒比海是一片完全不同的区域，那里是一个独特的鸟类区系，包含大约 160 种当地特有鸟种。不用说，这在很大程度上是因为它是一个群岛，而且这个岛链还横跨了两大洲。加勒比海的特有鸟种中包括两个完整的鸟科，短尾鸼科和棕榈鹀科，后者仅分布在多米尼加。这里具有很强代表性的鸟科包括蜂鸟科、鹦鹉科以及雀鹀科。此外，在加勒比海还生活着很多热带海鸟，比如军舰鸟、鹲和燕鸥。

■ 右图：危地马拉的厚嘴巨嘴鸟。

蒂卡尔
Tikal

鸟点排名 **③** 信息	
栖息地类型	亚热带雨林、开阔区域、小型湿地
重点鸟种	眼斑火鸡、大凤冠雉、紫冠雉、橙胸隼、丽鹰雕、各种鹦鹉（包括北斑点鹦哥、红眼鹦哥、白额绿鹦哥）
观鸟时节	全年都可以

■ 右上图：在蒂卡尔经常能看到白南美鹫，它们擅长捕食蛇和蜥蜴。

地球上没有多少地方可以像危地马拉的蒂卡尔（Tikal）这座伟大的城市一样，把观鸟和古代文化结合在一起。在这个地方，即使是最专注的观鸟者也会将目光投向考古学上的奇迹，而研究古代历史的学生也会被在废墟之间漫步的眼斑火鸡所吸引。

玛雅文明的考古遗址完全被高大的亚热带森林包围，与其他大多数伟大的考古遗址相比，它给人一种更亲密的感觉。在这里你无法逃避历史，它们无处不在。五座金字塔形的庙宇，呈细长而整齐的阶梯状，意味深长地诉说着失落的文化。当你在遗址周围漫步，发现一些尚未挖掘的土堆上面仍然覆盖着厚厚的植被时，你会很容易把自己想象成第一个遇到它们的人，而它们的秘密就藏在你的脚下。

黎明是一个特别有气氛的时刻，在晨曦中，你只能辨认出庙宇高耸的形状，而森林已开始苏醒。大鹎那略带忧郁的颤音常常是人们最先听到的声音之一，但很快就会有鹦鹉的高声尖叫加入。在中美洲，蒂卡尔这座城市中晨飞的鹦鹉群是最令人印象深刻的景象之一，那数百只的鸟群中包含了至少 5 种鹦鹉：北斑点鹦哥、红眼鹦哥、白额绿鹦哥、白冠鹦哥以及体型较小的绿喉鹦哥。这些鸟儿会离开它们的栖息地，飞过废墟，前往广袤的森林里觅食，而蒂卡尔就位于整个中美洲最大的森林地带的中心。

一些食肉鸟类可能会被这些通勤的鹦鹉吸引，在过去的几年里，有一种特别的鸟类受到了观鸟者的喜爱。那就是非常机敏的橙胸隼，它是一种分布广泛的大型隼，但这种隼几乎在任何地方都十分罕见。不过，在蒂卡尔，它有时会蹲在庙顶，搜寻着那些将成为它口中食物的中型鸟类（它的猎物也包括鸽子和松鸦）。它经常在黎明和黄昏时分捕猎，而体型更小、更瘦，也更常见的食蝠隼同样也会在此地出现。届时，观察者可以将它们一起进行比较。后者通常会捕食一些较小的

■ 右图：尽管一些寺庙可以让人们俯瞰森林，但是想在蒂卡尔周围的森林冠层中发现色彩鲜艳的领簇舌巨嘴鸟还是很难的。

■ 对面下图：玛雅那金字塔状寺庙的顶部耸立于森林的树冠之上。

猎物，比如唐纳雀，甚至还有一些蜂鸟。

当气候开始变暖时，爬到一座寺庙的顶部，俯瞰整个森林是一种不错的观鸟策略。四号神殿（Temple Ⅳ）是最好的制高点，它是五座寺庙中最高的，为60米。这座寺庙建于公元741年，在19世纪末东海岸的摩天大楼建成之前，它是北美洲或中美洲最高的建筑。在这里能见到的猛禽通常包括罕见的白南美鵟，它是一种冠层捕猎能手，以捕捉蛇和蜥蜴为食；还能看到灰头美洲鸢和季节性出现的燕尾鸢。丽鹰雕偶尔会出现，但可悲的是，角雕已经很多年没有被记录到了。

在一些拥有枪支和陷阱的地方，一些大型森林鸟类正在逐渐消失。作为一个拥有576平方公里的国家公园，以及严格执行禁猎令的城市，蒂卡尔是美洲最适合欣赏它们的地方之一。其中让人印象最深刻的也许是大凤冠雉，这是一种体型庞大的凤冠雉，雄鸟除了肛门处为白色，喙部蜡膜为黄色外，几乎全身都是黑色的，它还拥有相当可笑的冠羽，看起来像是被沾了水的梳子梳理和卷曲过一样。它们喜欢在森林地面捡拾水果为食，经常被人看到在森林边缘游荡。另一种鸟是更

喜欢在树上栖息的紫冠雉，它们拥有布满白色条纹的深棕色羽毛以及红色的喉部裸皮，在森林中心周围两公里的开阔森林地带很容易见到它们。

不过，这场鸟类盛宴的主角可能还是眼斑火鸡。作为世界上的"另一种"火鸡，这种火鸡仅在墨西哥东南部、危地马拉和附近的伯利兹狭域分布。在蒂卡尔，它既常见又温顺，事实上，它经常在废墟上游荡，仿佛自己就是一个游客。它比自己的近亲火鸡的体型略小一些，蓝色的脑袋上布满了红色的疣状物，橙色的尾部覆羽上布有蓝色的大眼斑（眼斑火鸡，因此得名），翅上覆羽具有漂亮的绿色光泽，比起它那著名的近亲，它是一种颜色更加丰富多彩的鸟。

寺庙的顶部是观鸟的好地方，或是仅仅欣赏那一眼望不到头的森林的壮丽景色也是可以的，不过蒂卡尔最初建造那些寺庙并不是为了作为观鸟者的观察站。这些寺庙大多是华丽的土冢。与公元250～900年蒂卡尔作为一个独立城邦的鼎盛时期相比，现在这里的鸟类可能要多得多，因为在那个时候，在玛雅文化的古典时期，整个面积为120平方

■ 右图：在禁止狩猎的蒂卡尔，大凤冠雉这些大型鸟类得以大量繁殖。图中为一只雄鸟。

■ 下图：在蒂卡尔，没有人会错过在废墟中自由活动的眼斑火鸡。

公里的城市是将近 9 万人的家园。对于那些又大又美味的鸟来说，这里是不安全的。不过，这座城市随着商业和贸易的发展而繁荣起来，在散布于遗址各处用于大型仪式的石碑上生动地叙述了这些内容。该遗址最出名的特色之一是著名的球场，人们在那里玩一种类似足球的奇怪游戏，目标都是标记出来的。这是一种高风险的游戏——失败者有时会被用于活人祭祀。

众所周知，蒂卡尔古城存在于大约公元前 800 年到公元 900 年之间，但后来，建造它的玛雅人在其发展的鼎盛时期，迅速将其彻底抛弃。为什么这座城市和它的文化消失得如此之快，至今仍是个谜，但各种理论比比皆是。不过，有一点是肯定的，覆盖在这片土地上的茂密森林对如今的社会是一个郑重的提醒，提醒着我们，这个星球上的人，并没有自己意识到的那么重要，存在的时间也比我们意识到的要短暂一些。

冠盖塔
Canopy Tower

栖息地类型	雨林、次生林
重点鸟种	蓝伞鸟、眼斑蚁鸟、褐霸鹟、大鹀、领簇舌巨嘴鸟，迁徙的各种猛禽以及各种蜂鸟
观鸟时节	全年都可以，迁徙季为 1~3 月和 9~11 月。8 月鸟类比较少

■ 右上图：从冠盖塔可以看到巴拿马城。

■ 下图：容易激动的白腹棕尾蜂鸟是塔上蜂鸟喂食器的常客。

在雨林中观鸟可能是一件令人沮丧的事情，因为地面上的观察者很难观察到在这种栖息环境中物种最丰富的树冠部分，只有通过长时间不舒服地向上凝视才能看到。因此，任何从高处观察树冠的机会都是值得庆幸的全新体验。世界上很少有地方能像巴拿马的冠盖塔那样，给人们提供如此舒适的方式。

这座建筑坐落在离巴拿马城不远的一座山上（海拔 300 米），1965 年由美国空军建造，用来放置雷达设备，帮助附近的巴拿马运河（Panama Canal）进行防御。1996 年，它被划分给巴拿马政府，并从那时起被开发成一个专属的生态旅游旅馆和观察站，这在很大程度上要归功于当地商人劳尔·阿里亚斯·德帕拉（Raul Arias de Para）。虽然它的圆形设计和顶部的巨大穹顶看起来很奇怪，但它非常适合这项任务。屋顶和上面的楼层可以让人们 360 度俯瞰莎柏兰尼亚国家公园（Soberania National Park）周围的森林，还可以远眺巴拿马城和运河。

在这里的观鸟活动免不了要从黎明开始，那时森林里的许多鸟类都变得活跃起来了。这其中包括两种吵闹的鹦鹉——北斑点鹦哥和红眼鹦哥，当它们在栖息地和觅食地之间来回穿梭时，那刺耳的叫声很快就会成为声景中熟悉的一部分。与此同时，在树顶处，雨林观鸟中最具特色的鸟浪群也迅速集结完毕。在这片森林中，裸鼻雀科鸟类占据了主导地位，在分布广泛的灰蓝裸鼻雀和棕榈裸鼻雀中混入了狭域分布的纯色唐加拉雀和金头唐加拉雀，还有一些其他混杂的鸟类，包括亮蓝色的红脚旋蜜雀以及各种各样的霸鹟和莺雀。在每年 10 月至来年 3 月的这段时间里，来自北美的候鸟也会加入其中，包括猩红丽唐纳雀和玫红丽唐纳雀以及各种各样的莺（如栗胸林莺和栗胁林莺）。因此，对于来自美国和加拿大的游客来说，这些鸟浪中混杂了各种熟悉的和不熟悉的鸟类。

从森林上方俯瞰，游客们还可以看到树冠上一些不混入鸟浪的独立鸟种。它们中的许多以水果为食，其中包括 3 种靓丽的巨嘴鸟——厚嘴巨嘴鸟、黑嘴巨嘴鸟以及华丽的领簇舌巨嘴鸟。但是，无论巨嘴鸟、鸽子和

咬鹃多么吸引人，却没有什么能比看到当地的特色鸟种蓝伞鸟更能在屋顶上的那些观鸟者中引起轰动了。其雄鸟身上覆着一身耀眼的带有光泽的翠蓝色羽毛，并在喉部和胸部各有一片浓密的紫色斑块——即使在这里众多璀璨夺目的鸟类中，它也是一种美得令人窒息的鸟。

在上午的晚些时候，猛禽就会出现了，它们借助热气流在空中翱翔。这些猛禽中包括各种各样的留鸟，如大黑鸡鵟、斑尾鵟和短尾鵟，以及偶尔出现的白南美鵟。然而，在迁徙季节，天空中几乎布满了成千上万的猛禽，它们沿着巴拿马狭窄的地峡从北美穿越到南美。2004 年秋季，沿着巴拿马运河的一系列统计数据显示，从 10 月到 11 月中旬，有近 300 万只猛禽经过，其中主要是红头美洲鹫（120 万只）、巨翅鵟（100 万只）和斯氏鵟（75 万只），后者经过漫长而艰难的飞行后到达阿根廷的北部和东部。最近在塔上每天的统计数据已经达到了 15 万，这表明，在适当的条件下，这里可能是一个主要的迁徙鸟类观察点。除了常见的种类外，这里也会出现燕尾鸢和密西西比灰鸢。

没有人在塔里停留太久，因为即使在这片田园诗般的乐土上，人们也受不了下面森林中的诱惑。不过，当你到达底部时，别忘了检查一下蜂鸟喂食器，在那里，好斗的白颈蜂鸟和白腹棕尾蜂鸟整天都在欺负其他种类的蜂鸟。

离开冠盖塔之后，沿着道路和步道，你可以进入林下灌丛中，那里有着与树冠层完全不同的鸟种，让你很难相信自己是在同一片森林里。在这些荫蔽的地方，鸟浪中的鸟类常以蚁鸟为主。人们对新热带界的这种混合鸟群进行了大量研究。结果表明，这种新热带界鸟群中的成员会共享同一块领地，以抵御其他的鸟群，尽管双方鸟群面对的挑战者可能是同种类的鸟。鸟群成员构成中，每种鸟类仅限一只单独的个体、一对或一个家庭，而且每个成员只能在群体领域范围内繁殖。鸟群中包括"核心"鸟种，即那些一直存在的鸟种，还有一些"随从"鸟种，它们会随时加入。在这里的森林中，斑翅蚁鹛、格喉蚁鹛和白胁蚁鹛经常一起出现，人们戏称它们为"神勇三蛟龙"。

当你在这些森林中行走时，如果幸运的话，你最终会遇到呈一纵队前进的蚂蚁群，以及常常跟随它们出现的高度特化的蚂蚁追随者。这些鸟通常不吃蚂蚁，而是扫荡许多从蚁群的前进行列中逃离的无脊椎动物（和小型脊椎动物）。这里有几种鸟是纯粹的蚂蚁追随者，它们不以任何其他方式觅食，其中最著名的是羽色华丽的眼斑蚁鸟。这种聪明的鸟，有着整齐的黑色鳞片状的羽毛和蓝色

■ 上图：蓝伞鸟可以算得上是当地的特色鸟种。

的面罩，它们的家庭成员组成简单，由一对鸟和它们的下一代以及下一代的伴侣组成，当受到入侵者威胁时，这些鸟会肩并肩地待在一起保卫自己的领地。

当然，在这些新热带界的森林里还有很多鸟种。在冠盖塔及其周围地区的鸟类名录中约有550种，观鸟者在这里待上几天通常可以记录到200多种。然而，尽管那些鸟种列表很有趣，而且在林下灌丛中发现一些不知名的鸟类也很值得，但这个地方真正的价值在于站在塔上，从这片鲜为人知的丛林树冠上方俯瞰时所看到的壮丽景色。

■ 右图：红脚旋蜜雀是树冠层鸟浪中的常见鸟种。

237

蒙特韦尔德

Monteverde

鸟点排名 ⑦ 信息

栖息地类型	山地森林

重点鸟种 凤尾绿咬鹃、肉垂钟伞鸟、铜头丽蜂鸟、紫刀翅蜂鸟、绿巨嘴鸟、黑镰翅冠雉、尖嘴拟䴕

观鸟时节 全年都很好，但是 9 月到来年 2 月的天气状况不太好

■ 右上图：紫喉宝石蜂鸟十分好斗，它在蒙特韦尔德的蜂鸟喂食器处占有主导地位。

世界上很少有国家像中美洲的袖珍国家哥斯达黎加那样适宜开展生态旅游。在那里，被划为国家公园或生物保护区的土地不少于 12%，自然遗产的重要性在其文化中根深蒂固。除此之外，这里还有完善的基础设施，以及令人羡慕的政治稳定性，于是你拥有了在舒适安全的环境中观赏一流野生动物的完美配置。在这 5.1 万平方公里的土地上记录到的鸟类有 850 种，所以这里有大量的野生动物供你观赏。

在哥斯达黎加众多的自然保护区中，最著名的要数位于北部高地的蒙特韦尔德雾林（Monteverde Cloud Forest）了。这一地区在许多方面就是该国的一个缩影，它位于比较干燥的太平洋斜坡（Pacific Slope）和比较湿润的加勒比斜坡（Caribbean Slope）之间的分界线上，覆盖了 1 000~1 850 米的中等海拔地区。在整个地区各种不同的森林类型中记录的鸟类约有 450 种。最高的山脊上生长着一些矮小的高山矮曲林，在其下方生长的是雾林，上面缀满了附生植物。在这片雾林之下，保护区之外的地方，树木变得更高，那里没有那么多附生植物，森林也更开阔。所有这些不同类型的森林中都生活着一套不同的鸟类。

也许令人惊讶的是，面对如此庞大的鸟种名单，蒙特韦尔德与其中一种出类拔萃的鸟联系在了一起。这到底是什么样的一种鸟啊？如果将世界上最美丽的鸟进行排名，凤尾绿咬鹃的雄鸟一定是位于前列的，几乎没有人会质疑。它具有明亮的深红色胸脯，闪烁着金属光泽的草绿色飞羽，短而柔顺的冠羽以及长达 65 厘米的飘带般的华丽尾羽。当其在树叶间悄无声息地出现时，总是令人惊叹不已。这不是一种普通的鸟，它是唯一一种被用来命名国家（危地马拉）官方货币的鸟，而且它在被观鸟者崇拜很久之前就被阿兹特克人和玛雅人所崇拜。当你第一次看到它的

■ 右图：尽管这里鸟种极其丰富，但毫无疑问蒙特韦尔德的明星鸟种是凤尾绿咬鹃。

■ 对面图：绿巨嘴鸟是一种在哥斯达黎加的山地森林中广泛分布的鸟类。

时候，它真的是那种能让你叹为观止的鸟。

蒙特韦尔德雾林保护区和热带科学中心无疑充分利用了这位最著名的"居民"。成千上万的游客慕名而来，这有时会让保护区变得相当繁忙。甚至在你去之前，你就可以通过在网上观看"绿咬鹃"节目来了解它们的繁殖状况，这无疑会让你更想去。

蒙特韦尔德还有另一种富有魅力的鸟，虽

■ 上图：一只鸣叫的肉垂钟伞鸟在展示它那宽阔的喙裂，这种喙是最适合吃水果的。

钟伞鸟都进行过深入的研究，而且它们之间也有一些有趣的相似之处。两者都主要以水果为食，而且都对樟科的植物情有独钟，尤其是野生的鳄梨。这两种鸟类宽阔的喙裂使得它们成为这些植物的重要传播者。有趣的是，追踪研究还显示，这两种鸟都不是完全生活在保护区内的，它们实际上会沿海拔进行垂直迁徙。肉垂钟伞鸟在 6 月完成繁殖，7 月聚集到附近的太平洋斜坡上，之后在尼加拉瓜近海平面的海拔待上几个月，然后返回加勒比海斜坡继续繁殖。而对于凤尾绿咬鹃，它们仅在 1~7 月出现在蒙特韦尔德，之后便沿着太平洋斜坡向下迁徙。然后它们转移到大西洋斜坡，最后再返回高地。这些鸟类的迁徙活动表明，保护哥斯达黎加的低地和保护该国较贫瘠的山区一样重要，而这一点以前一直被忽视了。

在蒙特韦尔德其他众多优秀的森林鸟类中，还有另外几种以水果为食的鸟，比如狭域分布的黑镰翅冠雉、独特的褐黄色的尖嘴拟䴕、绿巨嘴鸟和腹部橙色的白领美洲咬鹃。其他特色鸟种包括金眉绿雀、斑颊唐加拉雀、蓝黄唐纳雀和黑黄唐纳雀。为了看到这些鸟种，尤其是黑镰翅冠雉，距离公园主入口 6 000 米、面积 3.6 平方公里的圣埃伦娜保护区（Santa Elena Reserve）往往是最好的选择。

同样值得注意的还有蒙特韦尔德的蜂鸟喂食器，因为在该地区生活着几种狭域分布的蜂鸟，人们可以在所谓的"蜂鸟走廊"（Hummingbird Gallery）近距离欣赏它们，这其中包括哥斯达黎加大陆 3 种特有鸟类之一的铜头丽蜂鸟。它的羽毛由绿色和铜色构成，尾羽上有很多白色，这种蜂鸟和红喉林星蜂鸟是蜂鸟色彩光谱中比较暗淡的代表。与此同时，绿顶辉蜂鸟和紫喉宝石蜂鸟的色彩代表着中间水平，而以浓艳的色彩和炽热的性情在蜂鸟色彩中称霸的是华丽的紫刀翅蜂鸟。

这些蜂鸟的表演可以持续一整天。在一天中间鸟类比较安静的时候，那里是一个很好的消遣之地。然而，由于所处的海拔和相对较凉爽的温度，蒙特韦尔德从未真正变得完全寂静冷清。这里有很多让观鸟者满意的鸟种，几乎任何时间都是如此。

然名气没那么大，但它的聒噪声比艳丽的外表更出名。在一年的大部分时间里，从 11 月到来年 7 月，肉垂钟伞鸟那响亮的鸣叫声就会成为在森林里观鸟的背景音。看到这种鸟很难，它们通常栖息在高高的树冠上，但努力寻找肉垂钟伞鸟是值得的，因为从其喙部周围垂下的 3 根灰色肉垂给人一种奇怪的感觉，仿佛它们正在吃意大利面。雄性肉垂钟伞鸟的羽毛主要是栗色的，不过头部和上胸部被涂成了白色，如果没有那些奇特的装饰物，它们看起来相当漂亮。

人们对蒙特韦尔德的凤尾绿咬鹃和肉垂

圣布拉斯
San Blas

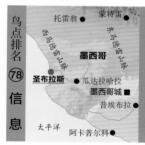

鸟点排名 ⑦⑧ 信息

栖息地类型	海滩、红树林、滩涂、近海岛屿、污水处理池、荆棘灌丛、落叶林、松树/橡树林
重点鸟种	船嘴鹭、华丽翎鹑、大瑰喉蜂鸟、军金刚鹦鹉、黄纹美洲咬鹃、黑喉鹊鸦、黑蓝冠鸦
观鸟时节	10月到来年4月最好

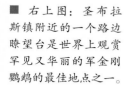

■ 右上图：圣布拉斯镇附近的一个路边瞭望台是世界上观赏罕见又华丽的军金刚鹦鹉的最佳地点之一。

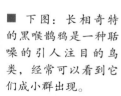

■ 下图：长相奇特的黑喉鹊鸦是一种聒噪的引人注目的鸟类，经常可以看到它们成小群出现。

当你从美国经墨西哥进行陆路旅行时，随着你往南行进，总会有那么一天，北方的元素会渐渐消失在远方，鸟类的生态平衡坚定地向新热带界倾斜。在墨西哥的西部，这种情况发生在海滨小镇圣布拉斯附近，在那里，像鸳雀和翠鸿这样的鸟类开始出现，而且你能明显感觉到生物多样性的增加，就如同进入到南美洲的富饶之地一般。这个太平洋沿岸的小型聚居点坐落在安静的海岸线上，它远离阿卡普尔科（Acapulco）和坎昆（Cancun）这些主要的旅游中心。因此，它可以说是一个具有生物前沿性的城镇，已经成为那些第一次涉足新热带界观鸟的人们的最爱。拥有丰富多样栖息地的圣布拉斯，包括方便到达的红树林和松树/橡树林，为观鸟旅行提供了绝佳又方便的条件。每年，这里

都会举行"圣布拉斯圣诞节鸟类调查"（San Blas Christmas Bird Count）活动，而一天之内的观鸟种数统计几乎都超过了250种，有时甚至达到300种。

在这个地区观鸟的众多优势之一是，人们不用出城就能找到大量墨西哥西部的特色鸟种。这个聚居点发展极其落后，因此这里有许多树木繁茂的街道、花园和灌木丛生的区域，在那里你可以找到当地特有的、如同麻雀大小的蓝腰鹦哥；以水果为食的黄纹美洲咬鹃，其胸腹部为香蕉色；羽色明亮、叫声为两声一度的黄翅酋长鹂；最令人兴奋的也许是优雅的黑喉鹊鸦，它有着超级细长的尾羽，而且头部还长着一簇奇怪的冠羽。快乐苇鹪鹩那可笑的咯咯声与斑臀苇鹪鹩同样欢快的口哨声竞相响起，这两种墨西哥的特

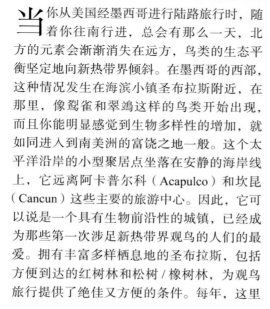

241

■ 上图：黑蓝冠鸦是一种采取合作繁殖的鸟类——一只雌鸟负责产卵，另一只雌鸟帮助者会帮忙进行孵化，而在喂养雏鸟时过来帮忙的雌鸟可能会多达 13 只。

有鸟种关系十分密切，以至于它们相互之间对对方的鸣唱声有了领域性的反应，它们的鸣声也为这种悠闲的观鸟活动提供了持久的欢快氛围。

在离城镇不远的内陆，尤其是在辛加塔村（Singayta）附近，有一片布满多刺植物，荆棘丛生的森林。这里是寻找该地区的标志性鸟种——黑蓝冠鸦的好地方。这是一种极其聪明、高度狭域分布的鸟种，它的头部和下身为黑色，翅膀和背部为绿松石色，可谓是最有品位的颜色搭配了，而且还有一对瞪圆的黄色眼睛作为陪衬。与此同时，在这片栖息地中给人留下深刻印象的配角还包括成群的华丽翎鹑和聒噪的棕腹小冠雉，以及机敏的、整体为绿色的锈顶翠鸲。而白嘴鸦雀也生活在这里，生活在这比其他灶鸟科鸟类可以忍受的更干燥的栖息地中。

在圣布拉斯城镇的郊外林立着大片的红树林，在这里游览的众多亮点之一是乘船前往上游拉托瓦拉（La Tovara）的淡水泉，在其安全网的两边游泳的人们可以和中美短吻鼍相互对视。这段轻松的旅程会带你穿过令人惊叹的红树林"隧道"，在那里你可以找

到一种罕见的、鲜为人知的红树林特色鸟种——棕颈林秧鸡。建议最好把这趟行程安排在下午的晚些时候，这样在你坐船巡航时就有机会遇到一群著名的喜欢在黄昏活动的鹭类：黄冠夜鹭、可以用喙舀取食物的船嘴鹭和裸喉虎鹭（虎鹭中为数不多的几个不那么神秘的成员之一）。在黑暗中进行的返程可能会让你近距离地看到林鸱，而且你还有可能看到捉鱼蝙蝠的滑稽动作。

这里还有很多更好的观鸟点。就在镇中心的西边有一系列的污水处理池，在那里你可以找到侏鸊鷉，还有必见的美洲水雉。而附近的虾池，毫无疑问，那是一个可以看到在浅水中左右摆动宽阔的喙部以甲壳动物为食的粉红琵鹭的可靠之地。在这些地点，连同潮汐滩涂上，几乎栖息着所有可以在北美洲大陆记录到的每一种鹭、鸻鹬、鸥和燕鸥。

的确，当北美观鸟者在冬季前往圣布拉斯地区时，会发现许多熟悉的面孔。许多西方的森莺科鸟类把墨西哥作为越冬地，包括黑喉灰林莺和灰头地莺。还有一些蜂鸟，包括黑颏北蜂鸟和科氏蜂鸟，前者的迁徙之旅可能是从加拿大开始的。对于许多观鸟者来说，在如此遥远的南方遇到这些喜爱的鸟种是行程中的一大亮点。

再稍远一点，在距离圣布拉斯大约一小时车程的地方有一座圣胡安山（Cerro de San Juan），在其周围的松树橡树混交林中可以看到一套不同的鸟种。那里山丘海拔较高，山中的特色鸟种包括华丽的大瑰喉蜂鸟，它们通过模仿大黄蜂的飞行来避免被具有领域性的蜂鸟驱逐。大瑰喉蜂鸟体长只有 7.5 厘米，是世界上体型最小的 10 种鸟类之一。身上图案精致的灰丝鹟也生活在这里，还有像红脸假森莺、彩鹀莺和红头丽唐纳雀等一些引人注目的鸟类，它们身上的深红色似乎在发着光。从这些山上往回返的途中，每一个观鸟者都会在路边的阿吉拉瞭望台（Mirador del Aguila）停留一下，这是世界上观看军金刚鹦鹉最可靠的地方之一。这些身着绿色和蓝色的鹦鹉，以庄重缓慢的节奏在山林中飞过。这一景象，尤其是在昏暗的光线下时，可以成为访问墨西哥西部这个物种极其丰富的地区的完美结局。

韦拉克鲁斯猛禽迁徙通道
Veracruz river of raptors

鸟点排名 98

信息

栖息地类型 热带地区低海拔处的城镇和农田区域

重点鸟种 各种猛禽，尤其是红头美洲鹫、斯氏鵟、巨翅鵟和密西西比灰鸢，包括钩嘴鸢和铅色南美鵟在内总共记录了 18 种

观鸟时节 这是一个迁徙通道，8 月中旬到 10 月最好，3~4 月也有大量鸟类存在

将"猛禽河"这一令人回味的名字，附予墨西哥东部的这个猛禽迁徙观测点并不夸张。有时，成群结队的鸟会连绵不断地从空中飞过，从早到晚，看不见头也望不到尾，这些移动的鸟仿佛形成了一条巨大的在空中涌动的河流，那些盘旋的鸟群就是河流中的漩涡。这种壮观的景象真的很特别，从几个热带的观察点都可以看到，尤其是在中美洲。但是，韦拉克鲁斯猛禽迁徙通道的不同之处在于在这里看到的鸟类数量绝对是令人震惊的。在每一次繁殖季过后的迁徙中，都会有超过 500 万只主要在北美洲繁殖的鸟类经过这里，这无疑是世界上鸟类飞行只次最多的地方。令人难以置信的是，有时一天之内就有超过 100 万只猛禽经过这个区域。

韦拉克鲁斯所在的纬度是北美大陆变窄形成漏斗的地方，即中美洲陆地廊道（Mesoamerican Land Corridor）的所在地。此外，它位于墨西哥湾（Gulf of Mexico）漏斗口的东侧，特别是它处于东部海湾和西部 7 000 米处的东马德雷山脉支脉之间狭长的海岸平原上。在这种炎热的气候中，候鸟们不需要山上的上升气流，因此它们避开高地，在这个山海之间的"瓶颈"处大量集中通过。

此外，这条猛禽迁徙通道位于几条主要迁徙路线交汇的地方。沿阿巴拉契亚山脉（Appalachian Mountains）南下的鸟类与沿落基山脉迁徙的鸟类相遇，而这些鸟类又会与那些在迁徙廊道迁徙的鸟类混在一起。就这样，大量的猛禽汇聚在韦拉克鲁斯，形成了世界上最大的鸟类迁徙通道，就类似于空中的交通枢纽。在这个瓶颈地区的南部，一些鸟种的迁徙路线出现了分歧，斯氏鵟和红头美洲鹫沿太平洋斜坡迁徙，而巨翅鵟则沿加勒比海斜坡迁徙。不过，它们似乎都经过韦拉克鲁斯地区。

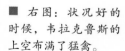 右图：状况好的时候，韦拉克鲁斯的上空布满了猛禽。

■ 上图：在这里记录的 18 种猛禽中，有一些是非常罕见的，比如斑尾鵟，每个迁徙季记录到的平均数量仅有 140 只。

在 9~11 月，猛禽的数量实在是太多了。比如，想象一下，在 2003 年 10 月 17 日，人们在一天之内就看到了 707 798 只红头美洲鹫；或者在 2002 年 9 月 1 日，人们记录到 95 989 只密西西比灰鸢。在 1999 年至 2003 年，主要鸟种在每个迁徙季的平均数量如下：红头美洲鹫略超过 200 万只、巨翅鵟 1 919 708 只、斯氏鵟 901 827 只、密西西比灰鸢 192 132 只、美洲隼 7 322 只、纹腹鹰 3 870 只、鹗 3 256 只、库氏鹰 2 716 只。这其中有些鸟类会在短时间内通过迁徙通道，因此在某些时候人们可以于一天之内看到数千只同种鸟类通过。这也难怪这个最近才被发现的非凡鸟点如今吸引了世界各地的猛禽爱好者前来。

像这样位于亚热带地区的猛禽观测点与北半球更传统的猛禽观测点在某些方面有些许不同，它们之中很多距离鸟类的繁殖地更近。除了记录到的猛禽数量很多之外，在韦拉克鲁斯地区迁徙的猛禽不像其他地方那样是断断续续的。这里的猛禽迁徙受天气影响比较小，因为这里的上升气流足够，鸟类有时会在通常人们认为不合适的条件下飞行。而且，随着太阳辐射量的增加，在迁徙通道上很容易形成上升气流，可以让鸟类在向南飞行时很轻易地从一个上升气流处翱翔到另一个上升气流处。另外，因为太阳角度的原因，这里的地面在早上升温很快，使猛禽的迁徙比在温带地区开始的早得多。总而言之，在这个纬度上的迁徙速度要比更远的北方或南方快得多。

在任何一个猛禽观测点，鸟种的多样性都会为人们增添很多乐趣。如同其他地方一样，在韦拉克鲁斯总能看到一些不太常见的鸟类。人们在这个观测点总共记录了 18 种猛禽，其中有 11 种是不常见的，而且来自南方和北方的都有。这其中包括黑鸡鵟、栗翅鹰、食螺鸢、铅色南美鵟，甚至还有苍鹰。毫无疑问，未来几年这里还会出现更多奇特的鸟类。

然而，更令人感兴趣的是一些真正的候鸟，它们的数量比较少，但是每年都会定期抵达。这其中包括一些在繁殖地基本不迁徙，但在这些纬度地区，已经变成了短距离迁徙的鸟类。它们包括钩嘴鸢（平均每个迁徙季 204 只）、灰纹鵟（323 只）和斑尾鵟（140 只），所有这些都让来自遥远北方的观鸟者兴奋不已。

目前，对猛禽的监测统计工作在相距 11 公里的两个地点同时进行，一处是在一个足球场边缘的平台上，另一处是在一家旅馆的屋顶上，后者设施比较齐全。志愿者，或者仅仅是好奇的人，都有可能见证这些统计数据的诞生，而相关的组织"善得自然"韦拉克鲁斯分部（Pronatura Veracruz）在当地拥有强大的教育和媒体影响力。

很难相信，20 年前，当这个世界上最壮观的日行性猛禽迁徙活动在那片不起眼的天空中进行时，竟然几乎没有人注意到。

■ 下图：在韦拉克鲁斯曾经有一天记录到超过 700 000 只的红头美洲鹫，数量之多令人震撼。

阿萨·莱特自然中心
Asa Wright Centre

鸟点排名	
㊼	
信息	

栖息地类型	次生林、洞穴
重点鸟种	油鸱、须钟伞鸟、白须娇鹟、金头娇鹟、凹嘴巨嘴鸟、南美栗啄木鸟、缨冠蜂鸟、红脚旋蜜雀
观鸟时节	全年

位于阿萨·莱特自然中心的主楼是观鸟界最著名的建筑之一，在那里的阳台可以俯瞰特立尼达北部的阿里马山谷（Arima Valley）。许多世界上最伟大的新热带界的观鸟者都在这里啜饮过朗姆潘趣酒，并对附近1.7平方公里范围内以及山谷更深处的热带鸟类，进行了几项行为方面的深入研究，尤其是威廉·毕比（William Beebe）、戴维·斯诺（David Snow）和芭芭拉·斯诺（Barbara Snow）。对于一个曾经的咖啡、可可和柑橘种植园来说，现在这种状况已经很不错了。自1967年政府从富有同情心的种植园主阿萨·莱特（Asa Wright）手中获得它之后，它一直是观察和研究森林自然史的中心。

这里的景色美极了，人们完全可以一整天都坐在阳台上，看着鸟儿飞过。眼前就是鸟食平台和悬挂的喂食器，被吸引来的色彩缤纷的鸟类络绎不绝，包括无处不在的曲嘴森莺、灰蓝裸鼻雀、棕榈裸鼻雀、银嘴唐纳雀和蓝顶翠鸿。而附近的蜂鸟喂食器迎来的蜂鸟种类多达10种，其中包括好斗的白颈蜂鸟和娇小玲珑、出奇漂亮的缨冠蜂鸟。与此同时，在山谷中的树梢上，凹嘴巨嘴鸟在那里觅食，蓝头鹦哥和橙翅鹦哥在那里消磨时间。而且，你还可以看到华丽的南美栗啄木鸟，这是一种喙部较短的华丽鸟种，有着不同寻常的棕色羽毛和金色冠羽。在头顶上空还有一些鸟类，包括双齿鹰和斑尾鸢，而最近还有一对丽鹰雕在距离主楼几百米的地方育雏。

尽管这场观鸟盛宴令人兴奋，但从自然中心下方森林传来的叫声显然是极度诱人的。在特立尼达丰富的新热带界鸟类中（在这里已经记录了160种新热带界的鸟类）你可以看到一些特殊鸟种，在这里人们第一次对它们进行了详细的研究。例如，白须娇鹟和金头娇鹟的求偶场所在地占据的森林面积与20世纪60年代几乎完全相同。当时，戴维·斯诺推测，这些鸟类通过吃水果，很容易就能满足自己的营养需求，从而有机会进化出复

■ 右图：20世纪60年代，人们在阿萨·莱特自然中心对金头娇鹟进行了开创性的研究。

■ 右图：体型娇小的缨冠蜂鸟是特立尼达最受欢迎的蜂鸟之一。这只雌鸟没有雄鸟那艳丽的冠羽。

杂的社会构成和炫耀表演这种行为习性。

如果你在黎明后不久造访娇鹟的求偶场，你很可能会观察到一些非常仪式化的行为，而且正是这些行为使它们如此出名。其中一种解释是，求偶场是雄鸟共同进行展示的聚集地。其意图是，雌鸟访问一个求偶场，就可以同时观察到许多雄鸟的展示，从而做出一个明智的选择，确定将谁作为自己的伴侣。基因决定了一切，而且，一旦雌性娇鹟完成交配，它便不会得到任何帮助，将自己完成孵化及抚育雏鸟的任务。当一只雌鸟到达乱哄哄的求偶场时，它一定会感到眼花缭乱，因为雄鸟们（可能多达 12 只）会同时在它们喜欢的栖木上跳跃，以吸引雌鸟的眼球。随后，进一步精心设计的仪式会促使交配行为的完成。雄鸟为了确保不会错过雌鸟的拜访，在白天 90% 的时间都会待在自己的位置上，而且除了换羽期，几乎全年都是这样。

阿萨·莱特这两种娇鹟的炫耀表演方式有所不同。白须娇鹟会在森林地面上清理出一块直径约 1 米的空地，它们从地面跳到其中一个垂直的栖木上，然后再跳回来，并在

起飞时猛烈拍打翅膀，发出像小鞭炮爆裂时一样的声音。当雌鸟到达时，两只鸟就会在喜欢的"求偶栖木"和地面之间跳来跳去，它们在半空中彼此擦身而过，直到最后雌鸟

■ 右图：多年来，成千上万的观鸟者拜访过邓斯顿洞穴，那里是这种名叫油鸱的鸟的著名栖息地。观鸟团参观时需要提前预约。

开始休息，雄鸟则停在雌鸟上方的求偶栖木上，再从上面滑到雌鸟背上。而另一边，金头娇鹟则在森林地面上方 6~12 米的水平栖木上玩耍。它们的常规动作之一是抬起头和尾羽，快速迈着小碎步沿着树干向后走"太空步"，就像迈克尔·杰克逊（Michael Jackson）那样。如果你有幸看到，这两种炫耀表演会让你感到既惊奇又愉悦。

在这些森林中还有另一种拥有求偶场的鸟类，它也是最聒噪的鸟——须钟伞鸟。天亮后不久，你就会第一次听到这种鸟的叫声，新的一天就在这种打铁一般的敲击声中开启了。这种由干净的棕色、黑色和白色构成的鸟会在处于特权地位的高处栖木上鸣唱，附近所有的鸟类都可能为这一权利展开激烈的斗争。通常，正是这备受追捧的鸣唱之地的所有权，左右着雌鸟的选择。

然而，在阿里马山谷的所有鸟类中，最著名的也许并不是一种拥有求偶场的鸟类。

在阿萨·莱特自然中心有一个邓斯顿洞穴（Dunston Cave），这里生活着一群可能是世界上最容易接近的，或者说是被参观次数最多的油鸱。人们认为这些奇特的鸟类与夜鹰的关系最为密切，它们会在夜间飞过森林时采摘所需的食物，是鸟类世界中唯一一种夜行性的食果动物。在觅食的过程中，它们依靠视觉和嗅觉导航，但回到洞穴后，它们会借助于回声定位系统在一片漆黑中找到方向。在邓斯顿洞穴里生活着 120~150 只油鸱个体，它们有时要飞行 120 公里去觅食，这意味着它们可能会越过大海到达特立尼达的姐妹岛多巴哥。

油鸱在洞穴里很容易受到干扰，因此进入洞穴观看它们是受到严格控制的。不过，当地目前正计划安装一套红外摄像系统，这样人们在监视器上就可以看到这些鸟，并最终可以将画面传到互联网上。当然，监视器会被安装在那神圣的洞口处。

■ 右图：雄性须钟伞鸟的叫声可以传得很远，这对于想找到它们的观鸟者来说非常有用。因此，在一年中雄鸟不叫的那段时间里，要找到它们是非常困难的。

萨帕塔沼泽
Zapata Swamp

鸟点排名 67 信息

栖息地类型	沼泽、旱地森林、红树林、滩涂
重点鸟种	扎巴鹪鹩、沼泽秧鸡、萨帕塔鹀、吸蜜蜂鸟、古巴扑翅䴕、古巴鹰、乌耳鸮、大蜥鹃、蓝头鹑鸠、红肩黑鹂
观鸟时节	全年都可以

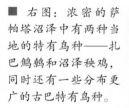

■ 右图：浓密的萨帕塔沼泽中有两种当地的特有鸟种——扎巴鹪鹩和沼泽秧鸡，同时还有一些分布更广的古巴特有鸟种。

萨帕塔沼泽位于古巴西端，距离首都哈瓦那（Havana）不远，那里有个叫猪湾（Bahia de Cochinos）的地方。从猪湾向西延伸出一个巨大的半岛，而萨帕塔沼泽占据了这座半岛的大部分地区。半岛长130公里，其中3 278平方公里，大约为半岛面积的一半被划定为萨帕塔国家公园（Cienaga de Zapata National Park）。这片有限的区域之内是一个独特的生态系统，这里拥有丰富的鸟类资源，包括两种极为独特的特有鸟种。

半岛的海岸线上遍布着红树林和咸水湖，在这里栖息着各种各样的水鸟，包括色彩鲜艳的粉红琵鹭和更令人惊艳的粉红色的美洲红鹳。而从这里往内陆走你可以看到两片旱地森林，每片森林都有1~2公里宽，这里的植物多样性、树木高度以及棕榈树的数量与海边都有所不同（所有这些都在远离海岸的地方有所增加）。在旱地森林之内就是沼泽，它们大部分由灌丛和高达2.4米的密不透风的克拉莎草组成。而这最后的沼泽区域就是当地两种特有鸟种的生存之地。

几乎没有栖息地比在长满克拉莎草的沼泽中找鸟更困难的了，尤其还是那种行踪诡秘的鸟。那些莎草除了又高又密，能刺痛皮肤外，它还会季节性地被淹没。因此，游客很快就会相信，他们能够看到超级害羞的沼泽秧鸡的机会十分渺茫。人们可能会听到它那奇怪的如同冒泡一般的叫声，但据说当地的观鸟者几乎都没见过这种鸟，更不用说到这里来的游客了。记录显示，沼泽秧鸡比黑水鸡的体型略小，其下体灰色，上体为不带斑纹的黄褐色，腿部红色。人们从未见过其幼鸟。

不过，游客们看到另一种特有种扎巴鹪鹩的机会可能会更多一些，因为它至少会赏脸站在灌丛顶上唱歌，而且它一次爆发性鸣

■ 右图：古巴鹰是捕食鸟类的能手。

■ 下图：与萨帕塔沼泽中的几种鸟类一样，古巴扑翅䴕也变得极为罕见。它们的全球种群数量可能已经低至 300 只。

仅是一种当地特有鸟种，而且十分不同寻常，足以自己归为一属。

尽管只有这两种鸟类是这片沼泽的特有鸟种，但在这里还生活着几种在其他地方已经很难找到的古巴特色鸟种。比如萨帕塔鹪，尽管它的名字是以萨帕塔命名的，但实际上在古巴的 3 个不同地区都发现了这种鹪，每个地方拥有的都是自己当地的亚种，但在这里生活的萨帕塔鹪数量最多，也最容易找到。这是一种迷人的鹪，它的飞羽基本没有明显特征，但它的下体有一层浓艳的柠檬黄色。古巴扑翅䴕是另一种十分罕见的鸟，它是一种长有浓密条纹的啄木鸟，头部呈淡黄色。这种鸟类的全球种群数量可能不足 300 只，其中近一半生活在萨帕塔沼泽的森林地区，主要是有大量菜棕生长的区域。这些啄木鸟通常会在这些具有奇特的"朋克树顶"的树上开凿巢洞。

在萨帕塔，不管你多么欣赏这些明星鸟种，它们的风头很有可能会被另一种鸟抢尽。那就是世界上体型最小、具有超凡魅力的吸蜜蜂鸟。这种蜂鸟小得可怜，无论你把它想象得多么小，现实都可能令你难以置信，在

唱持续的时间几乎可以和菲德尔·卡斯特罗的一次演讲相当！这种可爱的鹪鹩拥有厚重的尾羽，上体布满了浓密的黑色条纹，因刨地寻找食物而闻名。与沼泽秧鸡一样，它不

寻找它的过程中你很可能会遭受无数次的错判，因为这里的许多飞虫都和它一样大，甚至比它更大。它只有5.7厘米长，其雄鸟看起来十分华丽，背部呈深绿色，头部和喉部呈炽热的红色，色彩还会因光线不同而发生变化，而且其喉部还具有长长的侧羽。它们的体型比雌鸟稍微小一些，并且有一个可爱的习惯，那就是在高高的树顶上吱吱地唱着歌，好像这是某种力量的展示。事实上，在古巴的空气中一定存在着某种有利于小体型物种的因素，因为在这座岛屿上还生活着一种世界上最小的蝙蝠，以及一种北半球体型最小的蛙。

体型小的一个好处就是或多或少可以免受鸟类捕食者的攻击，吸蜜蜂鸟几乎不会成为沼泽中另一种罕见的明星鸟种——体型巨大的古巴鹰的食物。这种出色的猛禽是捕食鸟类的专家，为古巴的特有鸟种，相当于北美洲的库氏鹰。其雌鸟主要捕食体型较大的猎物，如古巴白额鹦哥和各种鸽子，甚至还

有古巴鸦这种当地特有的鸦科鸟类。顺便说一句，它的叫声听起来像一只喝醉了酒的鹦鹉。与此同时，体型较小的雄鸟更多时候会在森林里捕食，主要捕捉鸦和鸠鸽，包括沼泽中那些靓丽的引人注目的地鸠。人们曾一度认为这种猛禽已经濒临灭绝，但后来发现它们的分布范围很广，只是比较神出鬼没。

古巴鹰的故事与很多古巴鸟类的命运趋势背道而驰。一些鸟种，包括吸蜜蜂鸟、古巴扑翅䴕、沼泽秧鸡和扎巴鹪鹩已濒临灭绝。这片沼泽本身在旱季会被烧毁，而它同时还会受到一些非法砍伐和农业侵占的干扰。一些沼泽地区得到的保护既不充分又十分混乱，同时它们还受到了古巴糟糕的经济状况的连累。目前，人们还没有对当地的特有鸟种进行全面的调查，因此我们很难确切地判断上们提到的情况有多危急。

情况也许很糟糕，这里急需整治，因为萨帕塔沼泽不仅是古巴王冠上的一颗明珠，也是世界自然环境中的一枚瑰宝。

■ 下图：古巴特有的吸蜜蜂鸟是官方认定的世界上体型最小的鸟类，尽管其他几种蜂鸟的数据与它很接近。

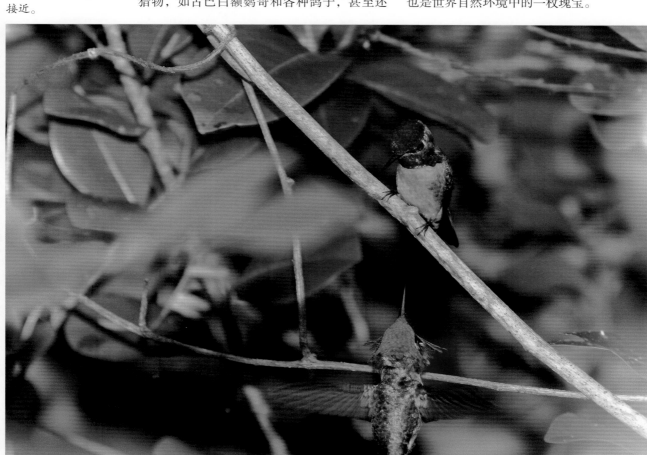

北美洲
North America

　　虽然同欧洲一样，北美洲只有大约 750 种常见鸟类，但这些鸟类却非常出名，深受人们喜爱，其中包括一些世界上研究得最透彻的鸟类。这里也有很多观鸟者，有很多对观鸟这一爱好的热情追随者。

　　尤其要注意的是，北美洲有一个独特之处，从白令海（Bering Sea）周边地区拥挤的海雀和其他海鸟到中西部的鹤和雁鸭，从墨西哥湾（Gulf of Mexico）滩涂上数不清的鸻鹬到大草原上引人注目的松鸡求偶场，到处都是壮丽的景观。纬度跨度从北极一直到亚热带的北美洲，也是世界上观测鸟类迁徙的好地方。当季节和条件都比较合适的时候，在一些观测点你可以看到猛禽沿着它们喜欢的路线蜂拥而过，抑或是看到大量小型鸣禽从天而降。

　　从北到南，这片大陆从苔原地带开始，那里的夏天到处都是鸻鹬类的鸟和鸭子，但到了冬天，就成为人迹罕至的地方。向南一点的大片针叶林带中的鸟类同样具有周期性，在大量针叶树中点缀着无数的沼泽和湖泊，为各种鸻鹬、鸫、莺和莺雀以及许多其他鸟类提供了昆虫性的食物。再往南，东北部有令人印象深刻的落叶林，西北部有高得出奇的长满苔藓的森林，一些世界上最高的树木就长在那里。中西部最著名的就是大平原（Great Plains）了，那是世界上最大的草原之一。而再往南，干燥的气候条件下产生了几种不同类型的沙漠，它们都有各自的鸟类生存其中。其中最著名的是索诺拉（Sonoran）沙漠，那里有巨大的仙人掌和世界上最小的猫头鹰。在遥远的西部，美国加利福尼亚州拥有一种独特的栖息地，一种被称为查拉帕尔群落的灌丛环境；而在东部有大片的柏木沼泽地和开阔的针叶林，在佛罗里达州南部则是亚热带沼泽和岛屿。

　　虽然北美洲缺少独特的鸟科，但在森莺、拟鹂、霸鹟、松鸡、海雀、鸥以及雀鹀等一些类群上的鸟种却极其丰富。

■ 右图：美国新墨西哥州的雪雁和细嘴雁。

博斯克·德尔·阿帕奇

Bosque del Apache

鸟点排名 ㊳ 信息	
栖息地类型	湿地、河岸林地、干旱丘陵
重点鸟种	沙丘鹤、雪雁、细嘴雁、白头海雕、黑腹翎鹑、白颈渡鸦
观鸟时节	鸟况最壮观的时候是 11 月初到来年 2 月，但全年都很精彩

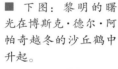

■ 下图：黎明的曙光在博斯克·德尔·阿帕奇越冬的沙丘鹤中升起。

野生动物管理能做什么？博斯克·德尔·阿帕奇为人们提供了一个范例。这个大型的野生动物保护区始建于 1939 年，它横跨新墨西哥州（New Mexico）的格兰德河（Rio Grande River），旨在保护种群数量急剧下降的沙丘鹤的越冬栖息地。1941 年，当只有 17 只沙丘鹤回到这里时，它们的前景看起来相当黯淡，但多年来，经过人们对沼泽栖息地的精心管理，加上与当地农民合作关系的建立，沙丘鹤的种群数量得以迅速回升。事实上，如今，在每年的 11 月，都会有多达 18 000 只鹤出现在这里，同时出现的还有其他成千上万的水鸟，这一切都是大家有目共睹的。自然资源保护主义者在这里做得最正确的事就是，他们让这里的环境恢复了正常。

即便如此，我们仍有理由认为，如今的博斯克·德尔·阿帕奇可能真的超出了那些自然保护主义先驱者们曾经对这里最疯狂的设想。他们创造的这个自然保护区拥有迷人的风景、引人入胜的野生动物、便利游客的举措和一群闪耀着明星气质的鸟类。这一切，无论对观鸟者还是普通游客来说，都会让他们应接不暇。博斯克·德尔·阿帕奇就是这样的地方！

博斯克·德尔·阿帕奇的旗舰鸟种仍然是沙丘鹤。在 11 月到来年 2 月之间，你可以很容易看到这种高大伟岸的鸟。这些鸟主要以当地农民种植的玉米为食，它们多与经济作物苜蓿种在一起。人们常看到这些鹤以家庭为单位或以更大一点的群为单位分散活动，但是在一天结束时，它们都会飞回到更潮湿的地方休息，这样比较安全。于是，你就可以看到一大群鹤排着整齐的 V 字形和 W 字形飞过天空，同时还会发出响亮而狂野的号

■ 上图：多如暴风雪般的雪雁是北美洲观鸟的一大景观，而这其中可能还混着一只细嘴雁！

角声。

这些鹤是如此特别，如此受人欢迎，以至于每年 11 月，当它们抵达这里时，当地的索科罗（Socorro）镇和野生动物保护区都会聚集在一起，举办一年一度的鹤节（Festival of the Cranes）。在被选定的那个周末，那里会开展一系列的讲座和参观活动，以及野生动物艺术展和其他活动。这也是整个北美洲最受欢迎的观鸟活动之一。

然而，令人惊讶的是，这些鹤并没有完全抢尽风头。与它们共享湿地的还有大量野禽，其中包括大约 30 000 只雪雁和 1 000 只细嘴雁，它们在当地被合称为"白雁"。这些雁和沙丘鹤一样，也有一个安全的栖息地点，每天早出晚归。尤其要说的是，目睹它们在日出时分离开栖息地这一常规性的"早出"活动，是整个北美洲最棒的野生动物体验之一。

在适度分散着过夜之后，保护区内几乎所有的雁都会在黎明前的黑暗中聚集在一个大湖上，这个湖位于一个被称为"飞行甲板"的观景平台附近，离游客中心不远。突然间，当逐渐增加的光强触发了出飞的信号，你将会听到翅膀拍打发出的轰鸣声。一瞬间，几乎所有的雁都会同时起飞，并用那刺耳的、有点歇斯底里的雁鸣彼此大声呼叫着。它们可能会盘旋一段时间，但大多数最终会飞向北方。有那么几个感动的瞬间，你会看到黑暗的田野和泛着微光的天空被暴风雪般的白色鸟类所淹没，而这种场景通常在清晨的红日下可以看到。仅仅几分钟之后，随着最后几声雁鸣的消失，又一场清晨的表演秀结束了，壮观的景象只存在于目击者的回忆和他们的数码相机之中了。

清晨出飞的好处之一就是，它给人们留了一整天的时间来探索核心保护区的其他地方。在湿地及农场部分设有一条单向环线，于黎明时分通车，每天的车辆通行费用不超过 3 美元。在这条 19 公里的环线沿途设有许多观景台、掩体和步道，所有这些都吸引着人们前去观察。而且，许多观景台上都装有望远镜，游客可以通过它们欣赏鸟类，并靠它们解决棘手的识别难题，比如把亲缘关系非常近的雪雁和细嘴雁区分开。实际上，这条环线被一分为二。在冬天，大多数游客都想沿着农场环线（farm loop）走，这条环路向北通往鹤类和雁类的主要觅食区。而沼泽环线（marsh loop）适合在

夏季观赏繁殖鸟，包括各种鸭子、鹭和秧鸡。

　　这么多鸟类的存在无疑会吸引食肉动物前来。一些游客得以有幸目睹一只郊狼从附近的山丘窜出来驱赶一大群鸟儿这种司空见惯的事情。更常见，但仍然令人惊叹的是在这里越冬的大量猛禽：包括 20 只或更多的白头海雕和数十只红尾鹭，还有一些奇特的王鹭。这些鸟常栖息在湿地旁的三角叶杨和其他树上，就那样等待着。

　　当观察这些湿地鸟类时，人们很容易忘记博斯克·德尔·阿帕奇实际上位于一个高海拔（1 500 米）的干旱平原上。不过，快速扫视一下附近的乡村，你很快就能了解周围的环境。在游客中心附近可以看到黑腹翎鹑，而许多其他喜欢灌丛的沙漠鸟类会在野生动物保护区中远离河流的那些地方繁殖。其中包括走鹃、弯嘴嘲鸫、黄头金雀和灰额主红雀，等等。在这里，你还可以测试自己辨识乌鸦的能力。渡鸦和白颈渡鸦都会在保护区内繁殖，后者只有在风吹动它的颈部羽毛露出白色的基部时才能被分辨出来。然而，这些细微之处在这里很容易被忽略。大多数游客只是不知所措地离开了。

■ 上图：冬天，在这个地区可以看到多达 20 只的白头海雕。

■ 右图：在游客中心附近可以找一下喜欢沙漠环境的黑腹翎鹑。

世界观鸟圣地　动人心魄的 100 处鸟类生活秘境

蒙特雷湾
Monterey Bay

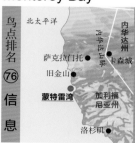

鸟点排名 76 信息

栖息地类型	广阔的海洋、近海水域
重点鸟种	黑脚信天翁，美洲黑叉尾海燕、灰叉尾海燕和小海燕，角嘴海雀和海雀，克氏海雀、扁嘴海雀和白腹海雀
观鸟时节	8~10月的秋季是观赏大多数鸟类的最好时节，但是全年都有有趣的鸟类可以观赏

■ 右上图：尽管海水表面上波澜不惊，但蒙特雷湾位于一个巨大的深海峡谷之上，在那里，大量的营养物质从海底升上来，为众多海鸟提供了食物。

对观鸟者来说，海鸟可能是最难看到的类群之一，因为许多海鸟只生活在海洋深处，很少靠近海岸。然而，在加利福尼亚的蒙特雷湾，由于地理位置的特殊性，在离陆地只有几公里远的地方，有一个深海峡谷的边缘，它会将冷水分流，推到一边，同时水下丰富的营养物质会被带到海洋表面。这些上升流中的食物非常丰富，以至于四面八方的海鸟都无法自拔。在白天的出海航行中，中等大小的船只周围挤满了各种海鸟。因此，蒙特雷湾是北美洲最著名的远洋航行目的地。

在蒙特雷附近全年都有海鸟出没。在8~10月之间的秋季，海鸟种类是最丰富的，这也是大多数远洋航行运行的时候。不过，这里全年都会有一些特色鸟种出现，包括著名的黑脚信天翁；而一些其他的，比如罕见的黑背信天翁，在冬季更为常见。当然，远

洋观鸟是极其难以预测的，所以通常需要几次旅行才能看全你想看的所有鸟种。

在蒙特雷看到的一些鸟类需要长途跋涉才能到达这里。例如，灰背鹱这种秋天比较少见的候鸟，是从它的繁殖地新西兰迁徙而来的。而罕见的短尾信天翁，现在是一种十分难见的候鸟，它来自于太平洋对岸的日本。与此同时，另外两种信天翁——黑脚信天翁和黑背信天翁，都在位于中太平洋的夏威夷群岛繁殖，距这里3 000多公里。无线电追踪研究表明，信天翁有时会从繁殖地出发，飞行很远的距离为幼鸟觅食，而当你在冬天看到某种信天翁时，你很难相信它们仅仅是在进行一次长途跋涉的采购之旅。

在远洋旅行中遇到的其他鸟类需要飞行的距离要短得多，其中包括一些在该地区罕见和特有的海燕。例如，灰白色的灰叉

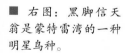

■ 右图：黑脚信天翁是蒙特雷湾的一种明星鸟种。

■ 右图：加利福尼亚的特色鸟种红嘴灰鸥在太平洋的海岸线上很常见。

尾海燕主要在加利福尼亚附近的法拉永群岛（Farallon Islands）和海峡群岛（Channel Islands）繁殖，在 9 月下旬到 10 月，这种海燕大量聚集在蒙特雷深海峡谷的北部边缘。据估计，这里聚集了灰叉尾海燕世界种群数量的 90%（9 000 只），与它们一起的还有几种其他的海燕，其中两种是美洲黑叉尾海燕和小海燕。它们主要在南部的加利福尼亚湾（Gulf of California）繁殖，其种群数量和可遇见率都远远低于灰叉尾海燕。尽管如此，这些大量聚集的海燕仍是在蒙特雷湾观鸟的一大亮点，其中有时还包括黄蹼洋海燕、加岛叉尾海燕和灰蓝叉尾海燕。

放眼全球，在北加利福尼亚的远洋航行中看到的另一组重要的鸟类是海雀，尽管它们的出现并没有像每一次看到信天翁那样赢得欢呼。其中包括高度狭域分布的白腹海雀和克氏海雀。这两种黑白相间的小东西很难区分，而情况更为复杂的是，白腹海雀有两种形态，它们之间的区别就是眼睛周围的白色范围不同，喙长也略有不同，它们极有可能被分为两个鸟种，分布在北方那种被称为斯氏海雀。克氏海雀主要在加利福尼亚湾繁殖，而白腹海雀则在加利福尼亚到墨西哥的太平洋沿岸繁殖。这两种鸟的种群数量均未超过 10 000 只。

虽然罕见的海雀最早出现在秋季，但观赏它们的最好时节可能是冬季。这时大量的海雀（这种鸟就叫作海雀）开始在这些海岸出现，它们是一种小型的烟灰色的海雀，喙部短小，主要以甲壳动物为食。据估计，大约有 100 万只海雀在加利福尼亚附近越冬。但并不是所有的远洋观鸟者都知道这些。海雀是出了名的胆小，只要有船出现在海平面上，它们就会从水面上逃走。另一种常见的越冬鸟类是扁嘴海雀，这种机敏的海雀由黑、白、灰三种颜色构成，还有一个小小的黄色的喙，而以鱼为食的簇羽海鹦则非常稀少。

当然，除了这些稀有的鸟种和类群外，我们还能看到许多其他海鸟。最常见的鸟通常有灰鹱，全年都能看到它们，而粉脚鹱在秋季很常见，短尾鹱在冬季很常见。鸻鹬类的鸟以灰瓣蹼鹬和红颈瓣蹼鹬为代表，而西美鸥和红嘴灰鸥这两种狭域分布的鸟类在靠近海岸的地方大量存在。夏末的时候，叉尾鸥会经过这里，而差不多在同一时间，北极燕鸥可能会大范围地迁徙，它们一路上都被长尾贼鸥追击。在冬季，鸟群中还可能混着各种潜鸟和鸊鷉。

在这些海鸟中偶尔会记录到一些稀有鸟种也毫不奇怪，这其中可能包括像红嘴鹲、蓝脸鲣鸟和褐燕鹱这样的鸟。当然，所有与观鸟有关的事情通常都是不可预测的，任何鸟都可能出现。

草原壶穴
Prairie Potholes

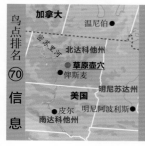

鸟点排名 ⑦

信息

栖息地类型 湿地、草原

重点鸟种 斯氏鹨，各种草原上的雀鹀（包括贝氏草鹀、莱氏沙鹀和褐雀鹀），各种雁鸭（包括桂红鸭、白枕鹊鸭和棕胁秋沙鸭），北美鹧鹧和克氏䴙䴘，尖尾松鸡，美洲鹈鹕

观鸟时节 全年都很好，但是特色鸟种在春季和夏季更容易找到

■ 右上图：细嘴瓣蹼鹬的雄鸟比它的雌鸟体型更小，颜色也没有那么鲜艳。细嘴瓣蹼鹬是唯一一种只在北美洲繁殖的瓣蹼鹬。另外两种瓣蹼鹬都在高纬度地区繁殖，并在极地附近有繁殖分布。

如果说北美大草原是北美洲的小麦之乡，那么草原壶穴地区，包括加拿大中南部、美国北达科他州（North Dakota）、南达科他州（South Dakota）、威斯康星州（Wisconsin）、明尼苏达州（Minnesota）和爱荷华州（Iowa）的部分地区，可以说是北美洲的"鸭子工厂"。据估计，每年约有 4 500 万对雁鸭在这片遍布浅湖的平坦草原上繁殖，占了整片大陆鸭子种群数量的一半。

这一地区特有的扁平的壶状地貌是由冰川作用造成的。如今，当时遗留下来的许多小洼地形成了湖泊和沼泽，它们的水源来自于融雪和雨水的补给。这里洼地众多，从生产力高的中性湖泊到高碱性湖泊，从很深的到极浅的水域和沼泽，从临时性池塘到永久性湿地系统，几乎每种湿地栖息地类型在这里都可以找到。此外，这些栖息地周围被草原包围，大大提高了该地区观鸟的趣味性，并为该地区一些高度受胁的鸟种提供了生存环境。

壶穴地区有几个最好的观鸟点都位于北达科他州。例如，长湖国家野生动物保护区（Long Lake National Wildlife Refuge）就是一个典型的物种丰富的地区，这里记录的鸟类超过了 300 种。常见的在此繁殖的鸭子包括赤膀鸭、绿头鸭、针尾鸭、琵嘴鸭、蓝翅鸭、棕硬尾鸭、帆背潜鸭和美洲潜鸭，而美洲绿翅鸭、桂红鸭、绿眉鸭、林鸳鸯、环颈潜鸭、小潜鸭、白枕鹊鸭和棕胁秋沙鸭则不常见或罕见。当然，每种鸟类都有它自己的生态要求，蓝翅鸭和帆背潜鸭喜欢在沼泽地区进行繁殖，而赤膀鸭更喜欢碱性地区，环颈潜鸭

■ 右图：来自"鸭子工厂"的一只蓝翅鸭雄鸟。

■ 上图：北美䴙䴘著名的冲刺炫耀表演是春季常见的景象。

和林鸳鸯则生活在保护区内绿树成荫的湿地上。鸭子这种显著的多样性在整个地区是很典型的。

在北达科他州的许多保护区内都有大量的䴙䴘，大多数北美洲的䴙䴘在这个州都有繁殖。在植物繁盛浓密的沼泽里生活着大量的斑嘴巨䴙䴘，而开阔的水面则为北美䴙䴘惊人的求偶炫耀活动提供了平台。以"水上漂"功夫闻名的北美䴙䴘会成对地在水面上奔跑，快速拍打着水面的脚掌支撑着整个身体，同时翅膀呈半张开状态，并且低头，使脖子优雅地向前拱起，给人一种极其轻松和优雅的印象，就像一名勤奋的芭蕾舞演员。不过，不是每次都由雌鸟和雄鸟一起表演冲刺，有时雄鸟会选择另一只雄性个体，然后它们会一起表演，希望能给旁观者留下深刻的印象。有时，北美䴙䴘还会和与其亲缘关系密切的克氏䴙䴘并肩冲刺。这两种䴙䴘是最近才被分离开来的，它们有着相同的炫耀行为，但它们通过不同的吓退声、不同的喙部颜色以及脸部黑色范围的不同而设法保持基因上的独立。

另一种生活在开阔水域的鸟类是美洲鹈鹕。它在该地区很常见，事实上在大通湖国家野生动物保护区（Chase Lake National Wildlife Refuge）内存在着北美洲最大的美洲鹈鹕种群，大约有30 000只。奇怪的是，大通湖本身是强碱性的，湖中没有食物，所以美洲鹈鹕必须飞到当地的河流或湖泊中去觅

食，而这样做可能需要飞行100多公里。据说，它们在当地捕食最多的是虎纹钝口螈。

不过，碱性湖泊也确实提供了一些食物，主要是小型无脊椎动物，如虾和昆虫的幼虫。它们也吸引了一些特色鸟种前来，比如色彩鲜明的褐胸反嘴鹬，它具有纤弱的淡橙色颈部和上弯的喙部，其喙部在水中左右快速移动，以获取浅水中的生物为食。碱性湖泊中的另一种常见鸟类是色彩同样精美的细嘴瓣蹼鹬，不过它采取的是游泳觅食，并以瓣蹼鹬特有的方式在水中旋转，搅动着触手可及的食物。与此同时，在光秃秃的、有些荒凉的湖岸上，有非常罕见的笛鸻在那里繁殖。这种种群数量下降迅速的鸻鹬呈一种奇怪的间断分布，除了在这些内陆草原湖泊外，它的主要种群在北美洲的大西洋沿岸繁殖。

然而，草原壶穴地区的许多真正罕见的鸟种并非生活在壶穴中，而是生活在大草原上。在一个非常受观鸟者欢迎的地区——洛斯特伍德国家野生动物保护区（Lostwood National Wildlife Refuge），就生活着很多这样的鸟种。这里最著名的鸟类是两种体型娇小的、具有棕色条纹的雀形目鸟类——斯氏鹀和贝氏草鹀。而且，这里还分布有北美洲最大种群的尖尾松鸡，一种具有棕色条纹的可猎捕的鸟。在108平方公里的保护区内，存在着40个尖尾松鸡的求偶场，而其中一些求偶场有多达40只雄性个体参与。

近年来，斯氏鹀的种群数量急剧下

■ 右图：在洛斯特伍德国家野生动物保护区内至少有40个尖尾松鸡的求偶场。

■ 右图：经常躲躲藏藏的贝氏草鹀站在灌丛的顶端宣告它的领地。

降，已经被列入美国奥杜邦学会（National Audubon Society）的观察名单，同时也被国际鸟盟列为了易危鸟种。这种鸟生活在当地的北美矮草草原上，喜欢新近被烧毁的地方。由于在这片肥沃的土地上，草原已被转变成农业用地，它们的种群数量正在以每年近5%的速度减少。这种令人敬畏的鸟类歌者，以能在100米的高空中持续演唱长达40分钟而闻名。除非这一趋势得到扭转，否则除了那些最受欢迎的鸟点外，其他地方将不会出现斯氏鹀的身影。

贝氏草鹀是生活在这些草原上的一群狡猾的雀鹀中的一员，它们大部分时间都在四处躲躲藏藏，把观鸟者都要逼疯了。贝氏草鹀至少还有像样的歌声，那是一串声音尖锐的叮铃铃的声音，而黄胸草鹀的叫声则像蚱蜢一样，褐雀鹀这种更喜欢在灌丛分布的鸟类也会发出同样不悦耳的嗡嗡声。有趣的是，有几种雀鹀在晚上唱歌特别好听，包括黄胸草鹀、喜欢沼泽的莱氏沙鹀，还有比较引人注目的栗肩雀鹀。

这些雀鹀既是观鸟者梦寐以求的鸟类，也是他们的噩梦。令人遗憾的是，现在很多雀鹀的数量都很稀少（北美的雀鹀中近1/5的种类被列入了观察名单），它们的羽色差别很

小，而且它们往往神出鬼没，难以捉摸。然而，对于许多观鸟爱好者来说，看到一只贝氏草鹀在视线中停留半秒钟，就像看到成群的水鸟布满这个神奇之地的湖面一样令人难忘。

奇里卡瓦山脉
Chiricahua Mountains

鸟点排名 ⑧² 信息	
栖息地类型	半荒漠灌丛和草地、橡树／松树混交林、峡谷和高地森林
重点鸟种	各种蜂鸟（包括大蜂鸟和瑰丽蜂鸟），铜尾美洲咬鹃、墨西哥山雀、彩鸲莺、亚利桑那啄木鸟、林山雀、橄榄绿森莺和红脸假森莺
观鸟时节	全年都很好

■ 右图：铜尾美洲咬鹃是奇里卡瓦山脉的明星鸟种，绿色的头部和上体以及具有大面积红色的下体表明图中是一只成年雄鸟。

几乎所有北美的观鸟者都会告诉你，美国亚利桑那州的东南部是全美最适合观鸟的地区。在那里繁殖的鸟种数量比全国任何一个类似的地区都多，并且在每年的"圣诞节鸟类调查"中，它一直是鸟种总数最高的地区之一。那为什么还要去别的地方观鸟呢？

在这个"最佳区域"中的"最佳地点"可以说是奇里卡瓦山脉，它位于亚利桑那州最南端，是被称为"天空之岛"的山脉之一。这些高低起伏的山脉，起源于火山，从周围的沙漠平原拔地而起，上升到海拔 2 975 米以上。山脉之中的一些鸟点，观鸟者一提起来就会变得泪眼蒙眬，渴望无比。例如，著名的洞溪峡谷（Cave Creek Canyon）、鲁斯特勒公园（Rustler Park）和奇里卡瓦国家纪念碑（Chiricahua National Monument）。也难怪，这些年来，在奇里卡瓦总共记录了 300 多种鸟类，其中还包括数十种非常罕见的鸟种。

这里鸟种异常丰富的原因在于该地区优越的地理位置。距离墨西哥边境只有 29 公里的奇里卡瓦山脉位于 4 个主要生物群落的交会处：索诺拉沙漠（Sonoran Desert）和奇瓦瓦沙漠（Chihuahuan Desert）、落基山脉（Rocky Mountain）和谢拉马德雷山脉（Sierra Madre Range）。后者主要位于墨西哥，而这一北部延伸使得许多墨西哥鸟种的繁殖区域"踏入"了美国的领土范围。例如，墨西哥山雀在美国的分布只存在于这些山区中。然而，除了稀有鸟种，这些生物群落的交汇融合才真正使奇里卡瓦山脉成为了如此令人难忘的观鸟目的地。

山脉的较低处为干旱的半沙漠灌丛和草地，是娇鸺鹠、走鹃、黄扑翅䴕和吉拉啄木

鸟这些典型的索诺拉鸟类的家园。不过，海拔 1 000 米以上的地方被奇瓦瓦鸟类接管了，白颈渡鸦在干燥的地面上飞过，鳞斑鹑则躲在灌丛中。尽管这一地区表面上看起来很干燥，但它在 7 月中旬到 9 月间雨水充足。届时，许多观鸟者会来到这里，峡谷和山谷会奇迹般地呈现出一片欣欣向荣的景象。

著名的洞溪峡谷位于过渡地带，在那里，奇瓦瓦干旱的草原首先被多刺灌丛取代，然后是各种具有山区特色的树木或灌木，主要是橡树和杜松。这些林地深受墨西哥鸟种的喜爱，如具有浓重黑色以及白色和红色的彩鸲莺、满身条纹的黄腹大嘴霸鹟、长耳须角鸮、亚利桑那啄木鸟、彩鹀以及让洞溪峡谷名声大噪的铜尾美洲咬鹃。这种森林中的漂

■ 上图：在北美，提起蜂鸟，没有任何地方可以与亚利桑那州东南部相媲美，在奇里卡瓦山脉一个季度可以看到15种蜂鸟，而瑰丽蜂鸟就是那串引人注目的蜂鸟名单中的一员。

亮鸟类有着长长的方形尾羽，尾羽下方具有横斑，它们常出现在溪边的亚利桑那悬铃木上，大多数观鸟者在寻找它们时都很幸运。与此同时，与这些墨西哥特色鸟种一起生活在橡树杜松林的还有一些其他分布更广泛的鸟类，如西丛鸦、林山雀和赫氏莺雀。

在高海拔地区，针叶树更多了，包括落基山脉的代表树种西黄松和花旗松。落基山脉的这些树种吸引来了一些来自遥远北方的鸟种，像小鸭、斑尾鸽、暗冠蓝鸦、北美鸺鹠这样的鸟类随之南下。而且它们与阿帕奇松等南方树种混合，使得这里对南北方的鸟类兼收并蓄。例如，北美鸺鹠与更为罕见的美洲角鸮（奇里卡瓦山脉是猫头鹰的绝佳栖息地，这里可能生活着8种或者更多的猫头鹰）共享这片树林，而且这里还有一些在北美比较罕见或分布受限的鸟种，包括黄喉纹胁林莺和靓丽的红脸假森莺、墨西哥山雀、大绿霸鹟、暗红丽唐纳雀、墨西哥灯草鹀以

及奇特的橄榄绿森莺，有些人认为它与其他美洲的森莺有很大不同，足以将其单独列为一科。其中一个显著特征是它的雏鸟在巢的一侧排便，而不是由成鸟把它们的粪囊取出来。这就是分类学的微妙之处！

然而令人惊奇的是，在观鸟者的心目中，这些鸟类只是些配角，奇里卡瓦山脉真正吸引人的明星鸟种是蜂鸟。美国大部分地区只有一两种蜂鸟，但在亚利桑那州东南部，一天能看到10种蜂鸟，一个季节能看到15种。寻找它们的最佳时节是在所谓的"第二个春天"，也就是7月中旬亚利桑那州的雨季开始之后。雨水让这个地区绿意盎然、野花怒放，吸引了大批蜂鸟。这其中不仅包括当地的繁殖鸟种，也包括早期从北方迁徙过来的蜂鸟，比如棕煌蜂鸟和星蜂鸟，以及繁殖后从墨西哥迁徙过来的蜂鸟，如瑰丽蜂鸟。后一类蜂鸟也可能偶尔在这里繁殖。而事实上，在北美洲找到的第二个绿蜂鸟的巢就是在奇里卡

■ 下图：彩鸲莺是橡树杜松林中的一种夏候鸟。

瓦国家纪念碑附近发现的。

虽然蜂鸟追求的是真正的花朵，但观赏它们的最佳地点往往是一排为了吸引蜂鸟而设置的喂食器，例如在科罗纳多国家森林站点（Coronado National Forest Station）的那

些喂食器以及存在于拉姆西峡谷（Ramsey Canyon）和谢拉维斯塔（Sierra Vista）周围的喂食器，这两个地点位于附近的"天空之岛"华初卡山脉（Huachuca Mountains）之中。那里充满了这种好斗的小鸟的嗡嗡声。通常在奇里卡瓦山脉繁殖的蜂鸟包括安氏蜂鸟、棕煌蜂鸟、黑颏北蜂鸟、宽尾煌蜂鸟和瑰丽蜂鸟，而近年来，罕见的紫冠蜂鸟也已被纳入洞溪峡谷的名单中。这附近是该地区最适合观看早期迁徙的星蜂鸟的地方，也是早期迁徙的艾氏煌蜂鸟为数不多的分布地之一，它们为考验观鸟者辨识技巧出了一道难题。当然，如果你正在参加一次专门的蜂鸟之旅（这是该地区的商业活动），你可能会发现一些南方的罕见鸟种，比如白耳蜂鸟或纯顶星喉蜂鸟。

具有讽刺意味的是，在这里你看不到的一种蜂鸟是北美东部唯一一种常见的红喉北蜂鸟，它也是美国大多数观鸟者的首选。2005年，人们首次在亚利桑那州记录到这种鸟，不过大家认为再次在这里记录这种蜂鸟的可能性不大了。

格兰德河谷
Rio Grande Valley

鸟点排名 ⑧ 信息

栖息地类型 海岸、棕榈林、河岸林地、亚热带多刺森林、湿地、干旱灌丛

重点鸟种 绿蓝鸦、褐鸦、橙头拟鹂、黑头拟鹂、纯色小冠雉、钩嘴鸢、棕腹蜂鸟、大食蝇霸鹟、白领食籽雀

观鸟时节 全年都可以，但是大多数来自墨西哥的游荡鸟类会在冬季那几个月出现

北美洲

■ 下图：格兰德河最常见的特色鸟种之一绿蓝鸦会以鸟食平台和野餐桌上的残羹剩饭为食。

格兰德河是美国东南段和墨西哥的边界，两国隔着浑浊的河水相互凝望。如果它的位置再向北移动300公里，那么观鸟者对它可能不会有特别的兴趣，因为那样的话，它的鸟类群落与更北部的地方没有太大区别。然而，碰巧的是，大量在南部大草原繁殖的鸟种的分布范围进入美国境内，沿着格兰德河扩展了100公里，使这里拥有了许多令人羡慕又比较稳定的特色鸟种，而且这些鸟种是观鸟者在该国的其他地方看不到的。此外，许多南方鸟种也会时不时地在这里零星出现。不可否认，美国的观鸟者是非常爱国的，但是当他们想到鸟种清单时，他们似乎忍不住跑到美国最南端的边境去看那些从墨西哥飞来的鸟。

格兰德河谷实际上是一个三角洲，它主要分为3个部分，即下游、中游和上游。中下游地区位于肥沃的平原上，在过去的100年里，由于农业和经济的发展，这片土地的原生植被已经大面积消失，只留下很少几片完好的地区。而上游地区更加荒凉，人口更少，也更干燥，鸟类的种数也比较少。

下游河谷被大规模破坏的一个典型例子就是菜棕保护区（Sabal Palm Grove Sanctuary）。

这是一片由古老的原生棕榈树组成的美丽、富饶、繁茂的林地，但它只有 0.13 平方公里（在 1.5 公里之外还有另一片 0.06 平方公里的地块），位于布朗斯维尔（Brownsville）以南 6 000 米处的一片耕地之中。菜棕曾经是这里植物区系的主要组成部分，但现在它们的数量下降，在自然保护区内呈碎片状分布。然而，对于鸟类来说，这个保护区是了解一些在这里很常见，但在美国其他地方却极其罕见的鸟种的好地方。它们包括叫声非常大的纯色小冠雉、白额棕翅鸠、机敏又带有条纹的长弯嘴嘲鸫、色彩艳丽的绿蓝鸦和橙头拟鹂、色彩鲜艳的大食蝇霸鹟以

及库氏王霸鹟和热带王霸鹟。同时这里也是观赏活泼的冬候鸟——棕腹蜂鸟的地点之一。

在更深入内陆的地区，被划归为自然保护区的土地面积略大一些，那里分布着全美最著名的两个观鸟点——圣安娜国家野生动物保护区（Santa Ana National Wildlife Refuge）和本特森州立公园（Bentsen State Park）。前者是一块较大的地方，面积约为 8.45 平方公里，包括大面积的河岸森林以及湖泊和灌丛；后者占地仅 2.35 平方公里，却拥有一片极好的在美国罕见的亚热带多刺森林栖息地。在这两个保护区肥沃的冲积平原上生长的茂密树木以及点缀其间的被当地称为"长曲流湖"的牛轭湖，共同造就了这里丰富且不寻常的鸟类种群。在这两个保护区中几乎记录到了所有格兰德河谷中的特色鸟种，此外还有一些来自墨西哥的罕见鸟种，比如褐背鸫、红喉厚嘴霸鹟和朱领锡嘴雀。稀少的钩嘴鸢在这两个保护区都很常见，它们的识别特征之一就是以树栖蜗牛为食。而其他比较稳定的特色鸟种包括灰纹鵟、善于躲藏的褐纹头雀，以及羽色暗淡、神出鬼没的北无须小霸鹟。圣安娜广阔的湿地尤其适合身材极小的侏鸸鹋生活，以及像黑腹树鸭这种极具异国情调的鸟。而且这里是美国为数不多的几个可以看到 3 种翠鸟的地方之一：声音洪亮、体型巨大的棕腹鱼狗，体型较小、色彩低调的绿鱼狗，以及人们熟悉的、遍布整个大陆的带鱼狗。

继续向内陆转移到上游河谷，无边无际的耕地终于开始消失了，郊外变得更加狂野，更加怡人，即使对那些痴迷于加新种的观鸟者来说也是如此。事实上，有点出乎意料的是，西南地区的影响很快就开始起作用了，随着地面变得越来越干燥，像鳞斑鹑、灰额主红雀和黄头金雀这些来自加利福尼亚州、亚利桑那州和新墨西哥州沙漠的鸟类开始出现。然而，恕我直言，大多数观鸟者追求的并不是这些鸟类，他们正在前往福尔肯坝（Falcon Dam）附近，在那里可以找到一些美国最罕见的繁殖鸟类。

在格兰德河上游，观鸟者疯狂追逐着那些罕见的珍稀鸟种。他们请求为这些不甚稳定的鸟类提供保护，比如传说中的白领食籽

■ 下图：纯色小冠雉是美国唯一的凤冠雉，它们成群生活，十分嘈杂。

■ 右图：一只橙头拟鹂从它那引人注目的悬垂的巢里探出头来。

■ 下图：钩嘴鸢引人注目的侧面轮廓缘于它的喙，这是用来吃蜗牛的利器。

雀，它是一种体型较小的由黑、白、黄三色构成的鸟，有着短而厚的喙。显然，这只鸟有点像在戏弄鸟导，某一年人们可能可以毫不费力地看到它们，但下一年又找不到了。它在美国最后的避难所是圣伊格纳西奥（San Ygnacio）附近。这里的另一大目标鸟种是疣鼻栖鸭，这是一种受益于墨西哥的巢箱计划的鸟，如今在河流的北岸也有了它们的种群分布，但是很难找到它们。在这里寻找其他的稀有鸟种，比如黑头拟鹂和褐鸦会稍微容易一些。黑头拟鹂虽然害羞，但有时会去喂食点，在那里，它们那黄色的羽毛、较大的体型和长长的尾羽与美国观鸟者熟悉的大多数拟鹂形成了鲜明的对比。褐鸦在1974年才开始在这一地区筑巢，至今仍然非常罕见。它们看起来极其暗淡（只是泥褐色），但有一定的生物学意义。它胸部的一个气囊可能有助于调节体温，且在鸟发声的时候气囊会发出奇怪的咔嗒声。

这些罕见的繁殖鸟种让观鸟者兴奋不已，而且在适当的时候，特别是在全球变暖的情况下，它们的数量很可能会增加。如果这种情况发生，那么格兰德河谷将会继续保住其作为整个美国最受欢迎和最令人兴奋的观鸟地之一的地位。

奥林匹克半岛
Olympic Peninsula

鸟点排名 ㊾ 信息

栖息地类型	温带雨林、高地针叶林、山地、海岸线
重点鸟种	斑林鸮、云石斑海雀、蓝镰翅鸡、黄脸林莺、黑雁北美亚种、北美蛎鹬、短嘴鹬、杂色鸫、松雀、灰噪鸦、簇羽海鹦、角嘴海雀
观鸟时节	全年都可以

■ 右上图：1974 年，人们才发现了第一个云石斑海雀的鸟巢。值得注意的是，这种远洋鸟种将卵产在森林中高高的树枝上。

在北美洲的太平洋海岸线上生活着众多鸟类，人们可以在地球上最原始、最清新宜人的景色中欣赏它们。很少有地方能比华盛顿州的奥林匹克半岛更适合享受这种神仙组合了，因为它位于美国本土 48 个州的最北部。而且，额外的好处是，这个地点对于两种在国际上出名的物种来说也格外重要——一个是自然保护的标志性物种，另一个可能是世界上拥有最奇怪和最意想不到的巢穴位置的物种。

这片面积约 100 平方公里的大片土地，与西雅图以西的主要海岸线分裂开来，紧靠着温哥华岛（Vancouver Island）的南部海岸，涵括了温带雨林、海岸和高地针叶林在内的各种栖息地环境。就全球而言，其中最重要

的栖息地就是原始的温带雨林，在那里生活着很多受威胁的鸟种，然而这种栖息地在其他地方正在迅速减少。拥有高大树木的温带雨林确实很壮丽，树枝上布满了苔藓和地衣，营造出一种阴暗潮湿的氛围，尤其是当与森林中常出现的雾气结合时，给人一种梦幻般的感觉。这片位于海岸边的森林被该地区每年将近 4 米的强降雨量滋养着。而这里植物的丰富性和高生物量还得益于该地区冬季典型的温和气候。森林中以针叶树为主，包括锡巨云杉、花旗松、异叶铁杉以及巨大的北美乔柏，它可以存活 1 000 多年，长到近 50 米高。任何一个进入这片区域的观鸟者都会瞬间感觉到自己的渺小。

1974 年，正是在这样的森林里，一个伟

■ 右图：一只栗背山雀雌鸟（右）从其配偶那里获得食物。

■ 上图：一只正在进行炫耀表演的蓝镰翅鸡。这些在沿海地区分布的鸟类比其在内陆地区的同类叫得更响亮。

大的鸟类学谜题终于被解开了，人们发现了第一个被证实的云石斑海雀的巢。云石斑海雀是一种小型的海雀，其一生的大部分时间都生活在距离海岸 5 000 米以内的地方，它们潜水捕食鱼类和磷虾，行为与任何正常的海鸟一样。然而，尽管从加利福尼亚到阿拉斯加云石斑海雀的数量众多，尽管人们搜索了所有可能的小湾、悬崖和岩石岛屿，但在此之前还没有人找到过一个它们的巢穴。那么，在哪里最不可能找到这种鸟的巢呢？我敢打赌是在树枝上。然而，这片雾蒙蒙的森林深处正是人们发现其鸟巢的地方。这只奇特的小海鸟的巢位于距离地面 40 米高的一根粗枝上，在苔藓中间的一个低洼处，它们养育着仅有的一只雏鸟，有一些看似不太可能的伙伴为它们唱着小夜曲，比如杂色鸫、黄脸林莺和栗背山雀。

奥林匹克半岛的另一种著名鸟类是斑林鸮，它是经济利益和物种保护之间冲突的象

征。与云石斑海雀一样，斑林鸮的北方种群生活在美国奥林匹克国家公园（Olympic National Park）和奥林匹克国家森林公园（Olympic National Forest）的原始森林中，它们对树木茂密的地方具有生态偏好，那里的树木都已经有 200 多年的历史了。因为森林特殊的小气候和丰富的生物资源使得这里十分凉爽，斑林鸮在这儿捕食着遍布的北美飞鼠和乌足林鼠，过着无忧无虑的生活。

然而，在保护区外，斑林鸮与伐木公司有着相同的喜好。对伐木公司来说，这片原始林就像是一座金矿，是这个举步维艰的行业的生存基础。这两者的需求是互不相容的，因为有研究表明，猫头鹰需要经过大约 40 年的世代交替，才会重新利用之前选定的区域，而目前在这场冲突中没有真正的赢家。当地政府曾多次提出保护猫头鹰和维护伐木工未来生存的行动计划，但到目前为止各方还没

■ 上图：斑林鸮是一种标志性的鸟种，它们对栖息地的要求很苛刻。它曾经被保护主义者用来考验当地政府在自然保护方面的承诺。

■ 右图：杂色鸫的鸣唱是北美西北部森林的重要组成部分。它会发出一连串奇怪的单声调哨声，每两个声调之间间隔很长，而且每个哨声的音调都不同。

有达成一致。斑林鸮的命运仍然悬而未决。

与此同时，遗憾的是，与斑林鸮亲缘关

系较近的横斑林鸮，这种在北美地区相对常见的猫头鹰也开始向奥林匹克半岛扩散，给斑林鸮带来了更大的压力。横斑林鸮有时会与斑林鸮杂交，但更常见的情况是，它们只是把更具特色的斑林鸮赶走，占领它们的领地，导致它们死亡。

当然，无论是在沿海森林，还是在奥林匹克国家公园高地相对应的内陆地区，都生活着很多其他鸟种。其中包括华丽的蓝镰翅鸡，人们可以听到它们从森林深处传来的略带呼吸气息的叫声。这些在沿海地区分布的鸟类比内陆地区的鸟类叫声更响亮，而且它们还习惯于在高达 25 米的高处鸣叫，而不是在地面上。在炫耀行为中，它们通过屏住呼吸，可以充分地将胸部两侧的黄色疣状皮肤膨胀起来。这里其他比较值得看的鸟种还包括北美鸺鹠、松雀和灰噪鸦。

远离森林，半岛上的海滨栖息地也非常适合鸟类生活。北美蛎鹬在多岩石的海岸上筑巢，而在半岛周围的多岩石岛屿上则分布着大量的加州鸬鹚、海鸬鹚、簇羽海鹦、角嘴海雀和凤头海雀。西北部的邓杰内斯国家野生动物保护区（Dungeness National Wildlife Refuge）内存在着重要的潮间带栖息地，为迁徙、越冬的雁鸭和鸬鹚提供了避难所，其中包括大约 15 000 只的黑雁北美亚种。而且这里还分布着两种美国西海岸的特殊鸻鹬——短嘴鹬和黑翻石鹬，它们在冬季和迁徙时期分布更为广泛。

斯内克河
Snake River

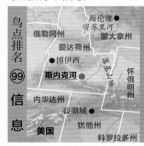

海伦娜
俄勒冈州 密苏里河 蒙大拿州
爱达荷州
●博伊西
斯内克河 怀俄明州
内华达州
盐湖城
犹他州
美国 科罗拉多州

栖息地类型 与蒿属灌丛和大草原相邻的沿河峭壁

重点鸟种 15种日行性及夜行性猛禽（包括金雕和白头海雕，草原隼和斯氏鵟以及王鵟）

观鸟时节 全年都可以，但3~6月是观察繁殖猛禽的好时候

尽管很难证明，不过位于美国爱达荷州长130公里的斯内克河可能是世界上猛禽繁殖种群密度最高的地方。当然，在北美没有任何一个地方能与之媲美，任何想要获得这一称号的地方都必须与这里每年800个左右的巢穴竞争，它们被9种日行性猛禽和7种猫头鹰占据。

在崎岖不平的大盆地（Great Basin）之中的鸟种之所以异常丰富，其原因就在于它同时拥有绝佳的繁殖栖息地和同样优良的觅食地。斯内克河峡谷穿梭于一片被蒿属植物和

灌丛覆盖的平原上，在那里生活着种群密度极高的小型哺乳动物，包括犹他州地松鼠和黑尾长耳大野兔，以及囊鼠、更格卢鼠和白足鼠。大约15 000年前，博纳维尔湖（Lake Bonneville）决堤，洪水侵蚀了峡谷的峭壁，在玄武岩和砂岩质地的悬崖上形成了悬岩和裂隙。这些高达250米的崖壁可能是为猛禽量身定做的，因为它们为这些本身容易紧张的鸟类提供了大量安全的栖身之地。因此，多年来，安全的巢穴和充足的食物成为这些猛禽不可抗拒的因素。

斯内克河猛禽国家保护区（Snake River Birds of Prey National Conservation Area）中最重要的鸟种是草原隼。每年有多达200对在峡谷中筑巢，每0.65平方公里就有一对，而巢间距仅为25米。这种北美特有鸟种的全球种群数量有约6 000对，其他任何地方的繁殖对密度都不能与这里相比。这里还有大约50巢罕见的王鵟，以及大量的斯氏鵟、红尾鵟、

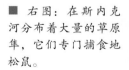

■ 右图：在斯内克河分布着大量的草原隼，它们专门捕食地松鼠。

离开此地，分散到北美西部大片广阔的地区，而它们的捕食对象也会转移到囊鼠以及各种各样的小型鸟类身上。

对斯内克河的金雕来说，它们更偏爱较大的猎物，比如黑尾长耳大野兔。其实，它们的种群数量会随着猎物数量的周期性变化而波动。另一方面，王鵟的猎食范围很广，从长耳大野兔幼崽到囊鼠和更格卢鼠都有。王鵟有时会在囊鼠的洞穴外等着，一旦它们出现，就会将其抓住。

冬季，随着一些其他猛禽的出现，日行性猛禽的种类会有所增加，包括毛脚鵟、白头海雕、灰背隼、纹腹鹰和库氏鹰。其中一些猛禽在迁徙时也会经过此地。事实上，这条河是许多鸟类重要的迁徙通道，不仅是猛禽，还包括雁鸭和雀形目鸟类。与这片保护区相邻的是鹿坪国家野生动物保护区（Deer Flat National Wildlife Refuge），那里的冬季记录过 150 000 只鸭子和 15 000 只雁。其中数量最多的有绿头鸭、美洲绿翅鸭、针尾鸭、普通秋沙鸭和鹊鸭。它们中的一些为在峡谷中游荡的猛禽提供了另一类不同的食物。

这周围的蒿属灌丛是许多特色鸟种的重要栖息地，包括艾草漠鹀、布氏雀鹀、高山弯嘴嘲鸫和长嘴杓鹬。

穴小鸮在平原上也有大量繁殖，它们是 7 种在该地区筑巢的猫头鹰之一。在这一区域，这些猫头鹰一般不自己挖洞筑巢，它们往往会占用地松鼠或更格卢鼠废弃的洞穴，而且它们也会捕食这些小型啮齿动物，以及一些昆虫。

另一种在地面筑巢的猫头鹰是短耳鸮。但是它不使用洞穴，而是直接将卵产在高草或灌丛中的地面上。与穴小鸮不同的是，它很少在地面上捕食，而是摇摇晃晃地在几米高的地方飞行着快速前进，查看下方是否有猎物活动，当它发现什么东西时，会先用爪子猛击。短耳鸮的猎捕行为与仓鸮相类似，这是在斯内克河地区分布的另一种猫头鹰，它们在建筑物或树洞里筑巢。

在森林地区，还分布着其他 4 种猫头鹰——美洲雕鸮、长耳鸮、棕榈鬼鸮和西美角鸮。它们一起代表爱达荷州斯内克河峡谷的捕食性鸟类奏出了一曲令人称奇的歌曲。

■ 上图：金雕是峡谷中繁殖数量比较多的鸟种。

金雕和美洲隼。其他也在这里繁殖，但是数量较少的日行性猛禽有北鹞、鹗和红头美洲鹫。

草原隼的生态学特征为我们了解猎物和捕食者之间的微妙关系提供了一种有趣的视角。草原隼的主要猎捕对象是犹他州地松鼠，这是一种适应了附近平原干旱环境的小型啮齿动物。这种地松鼠的生活史具有很强的季节性，它们只在上半年才会出现于地面上，那时有大量的嫩芽供其食用。它们在 1 月现身，次月交配，于 3 月产崽，然后，在接下来的 3 个月里，成体和幼崽会用食物填饱肚子，为 7~12 月长时间的冬眠存储脂肪。与此同时，草原隼会在繁殖季节进行调整，以便它们的卵能在 4 月孵化，正好赶上地松鼠数量充足、膘肥体硕的时候。据估计，斯内克河的草原隼每年会吃掉 5 万只地松鼠。不过，一旦大量的地松鼠消失，大多数草原隼就会

■ 上图：与众不同的王鵟喜欢捕食大型猎物，比如长耳大野兔和蛇。

■ 右图：面对这么多在地面活动的哺乳动物挖的洞穴，穴小鸮有很多巢址可以选择。

黄石公园
Yellowstone National Park

鸟点排名 **⑤⑧** 信息	
栖息地类型	各种海拔的森林（主要是针叶林）、草地、蒿属灌丛、湖泊和河流
重点鸟种	黑嘴天鹅、乌林鸮、美洲鹣鹴、白头海雕、黑岭雀以及各种啄木鸟
观鸟时节	6 月和 7 月最好；从 10 月到来年 4 月，很多道路会禁止通行

黄石公园可能是世界上最著名的国家公园，于 1872 年 3 月 1 日宣布成立的它无疑是最古老的国家公园。全世界的观鸟者和自然保护主义者都应该心怀感激地记住这个日子。这里发生的一切影响着我们所有人，而且保护了世界各地成千上万的自然景观。

对大多数人来说，黄石国家公园让人联想到的是壮阔的景观、大型的野生动物和间歇泉。这些印象都没错。黄石公园确实很大，其面积不少于 8 987 平方公里，而且如今，科学家们倾向于拓展对黄石公园的定义，人们谈论的是"大黄石生态系统"。这是一个集中在美国怀俄明州西北部，由与黄石公园毗连的国家公园和国家森林构建的网络。如果你进入大提顿国家公园（Grand Teton National Park）和邻近的国家森林，你会看到大约 80 000 平方公里的荒野，这是按照灰熊的分布范围大致勾勒出来的，它是灰熊在北半球温带地区最大的原始栖息地之一。总的来说，这个地区确实很少受到干扰，以至于科学家们在研究土地利用对野生动物有何影响时，会将其作为对照组。

公园里生活着很多大型动物，马鹿、驼鹿、野牛和灰熊四处游荡，而自 20 世纪 90 年代以来，重新引入的狼也已经形成了新的种群。至于间歇泉，它只是一系列令人难忘的地热景观的一部分，这里存在的 10 000 个地热景观占了世界上记录总量的一半。黄石公园位于一座被简单描述为"超级火山"地区的顶部。这座火山仍然处于活跃期，而且可能"很快"就会爆发，那将是一场灾难。

不过，当你在观察美洲三趾啄木鸟和黑背啄木鸟（前者喜欢较浓密的森林）或者红颈吸汁啄木鸟和威氏吸汁啄木鸟（这两种啄木鸟对树种的喜好略微不同，后者更喜欢针叶树）之间的生态差异时，你可以把注意力从这些灾难中转移开。尽管黄石公园以其广

■ 下图：美国最古老的国家公园里的一幕——野牛在平原上吃草。

阔的视野和壮丽的景观而出名，但其 80% 的面积都被森林所覆盖，主要是针叶树，如扭叶松。观鸟者来这里不应该期望他们能增加多少新种，而应该享受在最自然的环境中欣赏一些在其他任何地方都可以找到的伟大鸟类。

这里的鸟类种数不少，已经记录了 320 种，但想找到它们你必须得付出点努力，在这个过程中你需要在相当大的区域内和各种栖息地中搜寻，有时你还需要在远离人群的步道上徒步。如果你这样做，你很快就会对这些落基山脉森林中的鸟类有一个很好的了解。这里是北美最适合观赏乌林鸮的地方之一，而位于新北界的鬼鸮美洲亚种更喜欢在夜间活动，找到它是一件比较艰巨的任务。这里的针叶林中生活着蓝镰翅鸡、苍鹰、灰噪鸦、暗冠蓝鸦、北美白眉山雀、斯氏夜鸫、绿胁绿霸鹟、哈氏纹霸鹟、松雀、卡氏朱雀和红交嘴雀，而其他类型的森林和林间空地

为宽尾煌蜂鸟、星蜂鸟、暗纹霸鹟、灰头地莺和黄腹丽唐纳雀提供了栖息地。你需要花很长时间才能将它们全部找到。

另一个重要的栖息地类型是湿地，虽然它的面积只占国家公园的 5%。公园里有许多河流，其中许多河流高速冲下山坡，为美洲河乌和丑鸭（丑鸭的种群数量保持在 16~24 对之间）提供了栖息地。公园里有 290 个瀑布，最高达到 94 米，湍急的水流切割出来了许多峡谷，包括黄石河（Yellowstone River），这是公园自身版本的"大峡谷"（Grand Canyon），它们为白喉雨燕和游隼等猛禽提供了良好的繁殖栖息地。黄石湖（Yellowstone Lake）是北美最大的高海拔湖泊，面积 352 平方公里。此外，这里还有许多其他的湖泊和池塘，供养着大量的巴氏鹊鸭和普通潜鸟。在该地区生活的最著名的鸟类之一是罕见的黑嘴天鹅，它们常在七英里桥（Seven Mile

■ 下图：黄石公园是大量白头海雕的家园。

■ 上图：威氏吸汁啄木鸟的后背是均衡的黑色，这种鸟与它的近亲红颈吸汁啄木鸟相比更喜欢针叶林。

■ 右图：黑嘴天鹅是黄石公园的一种罕见鸟类。

季仍然会有大群的黑嘴天鹅经过，曾经有一次记录到了 700 只。

黄石湖中的莫利群岛（Molly Islands）是水鸟，尤其是美洲鹈鹕的重要繁殖地。2005年，在两个岛屿（一个是岩石岛屿，一个是沙质岛屿）上发现了 219 个美洲鹈鹕繁殖成功的巢穴，此外还有 69 对角䴙䴘和 31 对加州鸥。这些巢穴有时会遭到同样也在这里繁衍生息的白头海雕的袭击。2005年，这里有 34 个具有活动迹象的白头海雕的巢，以及 50 多个鹗的巢。

该地区剩下的栖息地类型包括草地，那里栖息着大量的沙丘鹤，还有大面积具有蒿属植物的山地，在那里生活的特色鸟种有艾草松鸡、高山弯嘴嘲鸫和布氏雀鹀（所有这些都是在大提顿国家公园最容易找到）。由于该地区海拔高达 3 462 米，所以还有一些呈"岛屿"状分布的山地苔原。苔原地区的鸟种数量有限，但是它供养了大量罕见的北美特有鸟种黑岭雀在这里生存。这种鸟只在落基山脉中部的孤立地带被发现过，它们大部分时间生活在冰原边缘，以从较低海拔吹来的昆虫为食，这些昆虫在寒冷环境中已经无法活动了。

黑岭雀有朝一日可能会成为整个地区最罕见的鸟种。那些生活于山顶的种群在北部针叶林是不受保护的，特别容易受到未来几年全球气温上升的影响，并且有灭绝的倾向。

Bridge）地区筑巢。其数量从 20 世纪 90 年代末的 30 对，下降到近年来的两三对。这种高贵的天鹅是北美能够飞行的鸟类中体型最大的，它们如今只能苦苦坚持。当然，在迁徙

普里比洛夫群岛

Pribilof Islands

栖息地类型	大陆架岛屿、海蚀崖、海洋
重点鸟种	红腿三趾鸥，各种海雀科的鸟类（包括小海雀、白腹海鹦、海鸽、簇羽海鹦和角海鹦），丑鸭、红脸鸬鹚、岩滨鹬以及来自亚洲的迷鸟
观鸟时节	4~8月最好

■ 右图：簇羽海鹦通常在悬崖顶部和草坡上繁殖。

阿拉斯加（Alaskan）是北半球海鸟多样性最丰富的地方，在美国繁殖的海鸟有90%多生活在这个州。因此，这里吸引了来自北美各地的观鸟者也就毫不奇怪了。而且，由于白令海地区8种特有鸟类的加入，它就像一块磁铁，吸引着来自世界各地的游客。

不过，到底哪里才是最好的去处呢？阿拉斯加幅员辽阔，有近40 000公里的海岸线和数不清的岛屿，它还包括在地图上延伸开来，几乎与俄罗斯海岸相接的阿留申群岛（Aleutian Chain）。幸运的是，这个问题有一个简单的答案：普里比洛夫群岛。它位于阿拉斯加大陆以西482公里处，由一小群有人居住的岛屿构成，从阿拉斯加最大的城市安克雷奇（Anchorage）乘飞机前往需要3小时。在这片拥有300万只繁殖海鸟的群岛，人们可以相对舒适地欣赏到那些壮观景象。

普里比洛夫群岛位于阿留申群岛以北386

公里处，与白令海中的其他岛屿相隔离。它是一个仅由五座玄武岩火山岛构成的小群岛，包括两座大岛——圣保罗岛（St Paul Island）和圣乔治岛（St George Island），以及三座小

■ 右图：岩滨鹬的繁殖羽与黑腹滨鹬惊人的相似，而在冬季，它又与紫滨鹬难以区分。

277

■ 上图：红腿三趾鸥是真正的白令海特色鸟种，与分布更广的三趾鸥相比，它们会在更深的水域觅食。

岛——奥特岛（Otter Island）、海象岛（Walrus Island）和海狮岩（Sea Lion Rock），后三座都位于圣保罗岛附近。圣保罗岛是最大的岛屿，面积 104 平方公里，大多数观鸟者都住在那里，岛上有一个同名的小镇，有一些游客可以住宿的地方。实际上，面积 70 平方公里的圣乔治岛对海鸟来说是更好的栖息地，那里的悬崖更多，但是很难到达那里（距离圣保罗岛近 100 公里），而且也没有任何额外的鸟种在那生活。这些岛屿具有海洋性气候，它一般意味着刮风、下雨和低温，通常还伴有雾。它们位于大陆架中浅显且富含食物的水域内，同时也靠近白令海东部的陆架坡折，那里的上升流从海床带来营养物质，使整个地区具有非凡的生物生产力。因此这里拥有世界上最大的鸟类群落。

在这里繁殖的海鸟的名单阵容强大。毕竟，世界上很少有其他地方能让你同时看到 9 种极具特色的海雀科鸟类。最常见的是小海雀，它们比麻雀大不了多少。这些小海鸟是海雀科中体型最小的，专门捕食浮游生物。在一次觅食之旅后，它们会利用喉囊给幼鸟带回食物，那里面可以装得下 600 只浮游生物。这些海雀具有短小的深色喙部，直瞪瞪的白色眼睛，每只眼睛后面都有一根白色的羽毛，以及大部分为深色的上体。而它们的下体可以是斑驳的深色或浅色。小海雀下潜的深度非常浅，它们通常在上升流的下游活

动，拦截漂在水中的甲壳类动物，比如桡足类和磷虾。然而，这里也有很多凤头海雀，它们更强壮，下潜得更深，能够在上升流强烈的涌流中活动，捕捉各种被困其中的动物，包括一些鱼类、鱿鱼和浮游生物。这些鸟比小海雀要大得多，全身都是较深的乌黑色羽毛，短小的蜡质喙部为橙色，而且还有一簇有点滑稽的向前耷拉着的羽冠。第三种在普里比洛夫群岛繁殖的海雀科鸟类是白腹海鹦，它与凤头海雀相似，但下体是白色的，且没有冠羽。它那与众不同的喙部向上翘，使其能够食用水母的触须以及浮游生物。

岛上还生活着两种海鹦、两种海鸦和一种海鸽。厚嘴崖海鸦和崖海鸦的数量都很多。尽管厚嘴崖海鸦可以下潜到更深的地方（曾经有过 210 米的下潜深度记录），而且饮食也稍有不同，但它们在很大程度上都依赖自由游动的鱼类生活。另外，尽管在嘴裂延伸处有一明显白色条纹的厚嘴崖海鸦更像是北极物种，但这两种非常相似的鸟可能会共享崖壁上的同一处悬岩。海鸽，其身体大多为黑色，只在翅膀上有一大片白色斑块，它没有选择狭窄的悬岩，而是在裂隙或洞穴中筑巢。它的食性很广，会在海滨附近和基岩海岸中的浅水中觅食。两种海鹦也是洞巢鸟类。较常见的角海鹦下体为白色，喙部为黄色和橙色，在其眼睛上方有一个特殊的肉质突起，而簇羽海鹦则是全黑的，有一张白色的脸，一双苍白的直瞪瞪的眼睛，在其头部后方还有两束呈稻草色的卷曲的"假发"。这两种海鹦都是吃鱼的，不过它们下潜的深度都不如两种海鸦。簇羽海鹦主要在草坡上繁殖，而角海鹦则倾向于在多岩石的地方繁殖。

最后，还有一种海雀科的鸟类最近也开始在普里比洛夫群岛上繁殖，那就是具有干练的灰色和黑白色的扁嘴海雀。它们只在晚上才会去繁殖地，使其成为最难被发现的一种海雀。

另一种在夜间活动的不相关鸟种也是普里比洛夫群岛最受欢迎的鸟种之一。红腿三趾鸥是这片水域的特色鸟种，在圣乔治岛的繁殖数量（约 10 万对）占了其全球种群数量的 80%。岛上也有分布更广的三趾鸥，它有着深色羽毛、红色短腿和更短的喙，而这里给观鸟者提

■ 右图：不在洞穴中，而是在悬岩上繁殖的角海鹦与体型较大的簇羽海鹦在生态位上是分开的。另外，它的食性也更广泛。

■ 右图：小海雀以其奇怪的颤音鸣叫而出名。

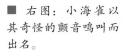

供了观察这种罕见鸟类的绝佳的机会。红腿三趾鸥的眼睛也比它的近亲大，这也印证了它在夜间捕食海洋生物的习惯，比如在黑暗中飘向水面的乌贼。与三趾鸥相比，它们会在更深的水域觅食，而且人们认为它们的窝卵数之所以较少，只有一枚卵而不是两枚或三枚，与它们需要到更远的地方为幼鸟寻找食物有关。

在这里生活的另一种当地特色鸟种是红脸鸬鹚。它们的繁殖地局限于白令海，与同样在这里有分布的海鸬鹚关系紧密，但其脸上的眼睛周围有一大片红色的皮肤。这两种鸬鹚都在暗礁周围寻找鱼类和无脊椎动物为食。

在普里比洛夫群岛上出现的其他海鸟包括分布广泛的暴雪鹱（大多数是北极地区的"蓝色"形态）、各种鸥以及华丽的丑鸭。在苔原地带，岩滨鹬是一种特色鸟种，同时这里也有姬滨鹬和红颈瓣蹼鹬，而雪鹀和灰头岭雀是主要的雀形目鸟类。

如果你还需要另一个拜访普里比洛夫群岛的理由，那么在春天，无论是对来自东部还是西部的罕见迁徙鸟类来说，普里比洛夫群岛都是一个好去处。不过，虽然来自北美大陆的鸟类可能是罕见鸟种（例如2006年，

在圣保罗岛第一次记录到了西绿霸鹟），但往往是来自旧大陆的迷鸟会让美国观鸟者兴奋不已。这包括普通的林鹬和矶鹬、各种鸭子（比如凤头潜鸭和白秋沙鸭），以及一些雀形目鸟类（如燕雀和白眉鸫）。对于欧洲和亚洲的观鸟者来说，这都是一些常见鸟类，但是对于北美的鸟类爱好者来说，这就像数量众多的海鸟一样令人兴奋。

279

开普梅
Cape May

栖息地类型	海岸、沿海潟湖、淡水沼泽和草地、林地、灌丛
重点鸟种	各种各样令人印象深刻的迁徙林鸟和水鸟，黑剪嘴鸥、笛鸻、长嘴秧鸡、黄胸大鹏莺、斑翅蓝彩鹀
观鸟时节	全年都可以，但是在迁徙季（4~5月以及 9~10 月）最好

鸟点排名 ⑧ 信息

■ 右上图：开普梅是整个北美洲最著名的沿海迁徙鸟类观测点之一。

■ 下图：黑剪嘴鸥正在捕鱼。它的下颌骨比上颌骨长 1/3，主要用来划动水面。如果碰到了一条鱼，它的喙就会啪的一声合上。

对于北美洲温带地区一个拥有 388 种鸟类的地方，你会作何感想？显然，那里肯定是很好的，而且它肯定也会吸引很多迁徙的鸟类。然而，作为整个北美洲最适合观鸟的地方之一，这仅仅揭开了美国新泽西州（New Jersey）开普梅地区的一半面积。这个地方什么都有：优良的繁殖鸟类（包括一些罕见鸟种）、令人兴奋的迁徙林鸟、数量惊人的鸻鹬、精彩的远洋鸟类、集中迁徙的猛禽，甚至还有一些有趣的越冬鸟类以犒劳那些不惧严寒的人。开普梅有一个鸟类观察站，有专门的工作人员为游客提供现场帮助。此外，

那里还有鸟类步道和鸟类研讨会等一系列后续项目，以迎合人们在鸟类学方面的各种口味。再加上便利的交通和良好的设施，你就能明白为什么开普梅能够牢牢占据东海岸观鸟活动中心的位置了。

作为一个观鸟中心，也许欣赏开普梅的最佳方式是追随一年中的典型事件。2 月，当大量的潜鸟（主要是红喉潜鸟）聚集在位于特拉华湾（Delaware Bay）北侧的梅角（Cape May Point）时，便是春天开始的迹象。一起的还有一些鸭子，比如长尾鸭、黑海番鸭、斑头海番鸭和白枕鹊鸭。在 2 月末，首批迁

■ 右图：在开普梅的海滩上繁殖的笛鸻是一种罕见的濒危物种。

徙的猛禽，主要是北鹞，会成小群、零散地路过此地。到了3月，海上几乎布满了潜鸟，一眼望过去就能看到几百只，其中包括一些普通潜鸟。乘坐渔船出海观鸟也是不错的选择，你可能会看到三趾鸥和北鲣鸟。季节更迭的标志是第一批迁徙的鹗越过海洋来到这里，与此同时，第一批大白鹭和夜鹭也出现在了溪流和沼泽中。

黄腰白喉林莺预示着期待已久的北上迁徙的雀形目鸟类的到来。这些可爱的精灵们点亮了这个月的最后几天。而到了4月，松莺和蓝翅虫森莺等也加入了它们的行列。在

■ 右下图：这里是斑翅蓝彩鹀分布范围的最北端，不太常见的它在灌丛中繁殖。

■ 下图：5月是寻找迁徙的蓝翅黄森莺的好时候。

海岸边，第一批燕鸥出现了，包括那些将在这里繁殖的燕鸥，比如小白额燕鸥和普通燕鸥。在海滩，开普梅最罕见的繁殖鸟类——笛鸻也已经到达了，尽管这些粉白色的鸟在苍白的沙滩上很难被发现。第一批黑剪嘴鸥也是在4月被记录到的，这些剪嘴鸥长相奇特，当它们训练有素地在水面上方低空飞过时，那向外延伸出很多的下喙会划过水面探寻鱼类。很快，这些剪嘴鸥就会在这个夏天安顿下来。

对于林鸟来说，5月是个最棒的月份，不仅因为那时有大量的迁徙个体，还因为此时鸟类都身着华丽的繁殖羽，而且雄鸟还会不停地鸣唱。这时是听声辨鸟的好时机，如果你拥有这项技能，你可能会有一些意外收获，比如白眉食虫莺、黄喉林莺和蓝翅黄森莺，以及各种各样的莺雀、鸫和鹟。像圃拟鹂和玫红丽唐纳雀这样不常见的鸟类最有可能在开普梅看见的月份是5月。而春季欣赏大量北上迁徙鸟类的最佳条件就是西南风过后的阴天。

尽管林鸟让开普梅闻名遐迩，但在春天，鸻鹬的数量也令人震撼，因为成千上万的鸻鹬在最后到达它们的繁殖地之前会在这里休息。据估计，仅在5月，就有超过100万只

■ 右图：在迁徙季
节，通常西南风会将
罕见的玫红丽唐纳雀
带到开普梅。

世界观鸟圣地 动人心魄的 100 处鸟类生活秘境

鸻鹬经过此地，其中包括数量巨大的红腹滨鹬、短嘴半蹼鹬和灰斑鸻。在海滩上，三趾滨鹬和翻石鹬等鸻鹬类的鸟尽情享用着这个地方的特色美食——鲎科动物过剩的卵。要知道，数以百万计的鲎科动物会在夜晚登陆海滩。

6 月是欣赏该地区繁殖鸟类的好时机，在沼泽地里混居着各种鸟类，包括生活在候鸟保护区——南开普梅草甸公园（South Cape May Meadows）周围的淡水沼泽地中的三色鹭、小蓝鹭、姬苇鳽、美洲麻鳽、长嘴沼泽鹪鹩、弗吉尼亚秧鸡和黑脸田鸡，以及在咸水区域生活的长嘴秧鸡。而在希格比海滩野生动物管理区（Higbee Beach Wildlife Management Area）周围的林地对鸟类则是兼收并蓄，那里包含有从黄胸大䳭莺到斑翅蓝彩鹀（开普梅因为它受到了人们的关注）再到火鸡和小丘鹬的各种鸟类。

七八月份是秋季主要迁徙季的开始。第一批出现的南迁鸟类通常是鸻鹬，其中一些已经快速完成了繁殖任务，并把它们的配偶留在苔原上独自抚养后代。然而，由于北极地区的季节较短，鸻鹬迁徙在 8 月底达到顶峰，比林鸟的主要迁徙时间至少要提前一个月。尽管如此，像灰蓝蚋莺和各种莺这样早期迁徙的林鸟在 8 月很常见，而到 9 月中旬基本就已经过境完了。

不过，对鸟类和游客来说，9 月是开普梅一年当中最繁忙的季节。如果有一股冷空气经过，尤其是带着西北风的冷空气，鸟类就会成群结队地到达这里，这就是所谓的"从天而降"，而最受欢迎的地点可能会同时迎来大量的观鸟者和鸟类。据估计，秋天仅在希格比海滩的一个早上就能看到大概 10 万只莺，这足以实现任何一个观鸟者的梦想。无论是西南风还是东北风都可能把鸟类吹上海岸，然后向南到达开普梅，在那里如果鸟类要继续向南飞行，它们会迎面碰到 10 公里宽的特拉华湾。在几十种预期的鸟种之内难免还存在一些珍稀鸟种，而开普梅地区拥有一份令人震惊的鸟类名单，其中包括了来自北美洲各个角落的鸟类。

到了 10 月，鸟类的重点略有转移，莺的数量减少了，但各种鸦、鹀和其他零星鸟种却多了起来，它们在树林和灌丛中补充能量。雁鸭也开始聚集起来，但势头真正强劲的是猛禽。开普梅对猛禽的吸引力和其他鸟类一样，这似乎有点不公平，但是这里一天之内就可以看到 2 万多只猛禽，而在秋季一天看到 4 万只也是很正常的。在梅角州立公园（Cape May Point State Park）有一个专门的猛禽观测平台，还有专家为大家提供帮助。虽然大多数记录到的鸟类都是纹腹鹰，但也有很多其他种类的鸟。特别值得一提的是，在 2006 年的迁徙季，有 2 011 只鹗、1 113 只游隼和 1 884 只灰背隼通过此地。对于这几种猛禽来说，这一引人瞩目的迁徙场面可能是世界上最大的。

虽然 11 月和 12 月是万物凋零的时节，但那时仍有一些好鸟值得一看，比如梅角的紫滨鹬以及沼泽地里的短耳鸮。在开普梅，一年中的任何时候都有有趣的东西可看。

鹰山
Hawk Mountain

鸟点排名 ⑧⑧ 信息

栖息地类型 山脊，落叶树林和森林

重点鸟种 过境的猛禽（包括数量很多的巨翅鵟、纹腹鹰和红尾鵟）以及罕见鸟种（比如密西西比灰鸢）

观鸟时节 秋季最好，从 8 月到 12 月中旬；春季，从 4 月到 5 月中旬，有少量猛禽过境

基塔廷尼山山脊（Kittatinny Ridge）从北向南绵延 485 公里，是北美东部阿巴拉契亚山脉（Appalachian Mountain range）内的一片高地。沿着这条山脊坐落的鹰山是北美最著名的野生动物保护区之一。因地理条件，再加上迁徙的猛禽基本上都很懒，这里成为北美大陆乃至世界上观看大量雕、鵟、兀鹫和隼迁徙过境的最佳地点之一。

猛禽是一个体重相对较大的类群，对它们来说，迁徙比大多数鸟类更耗费体力。如果它们一直通过消耗能量的扇翅来飞行，那么许多猛禽是根本无法完成长距离迁徙的。因此，取而代之的是，这些鸟类善于利用合适的气流，要么是热气流（即被地面加热而循环上升的螺旋气流），要么是由风通过高地而形成的上升气流。在秋天，热气流不是很稳定，所以鸟类更倾向于沿着山脊在狭窄的锋面迁徙。因此，在北美东部，有一条阿巴拉契亚飞行路线，是重要的迁徙路线。位于这条路线上的鹰山尤其受到青睐，因为它位于山脉的东侧，盛行的西北风通常会把鸟类吹到此处。

1934 年，一位来自纽约的自然保护主义先锋罗莎莉·埃奇（Rosalie Edge）买下了这块土地及其周边地区（保护区现在占地 10 平方公里）。自那以后，这里就一直进行着猛禽监测活动。这意味着，这里有大约 69 年（第二次世界大战期间暂停了 3 年）的统计数据。

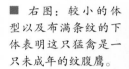 右图：较小的体型以及布满条纹的下体表明这只猛禽是一只未成年的纹腹鹰。

■ 上图：每年秋天在鹰山地区都能记录到大量的巨翅鵟。

这里的猛禽统计时间是世界上最长的，为猛禽的种群数量变化提供了宝贵的参考资料。许多鸟种的数量已经减少了（例如赤肩鵟），但是有两种猛禽现在却经常能见到。这两种猛禽相对来说是新来者，因为它们各自的分布范围在过去几十年中都向北扩散了。它们就是红头美洲鹫和黑头美洲鹫。最近10年来，这两种美洲鹫在每个迁徙季节的平均过境数量分别为206只和46只，但2005年是黑头美洲鹫的大年，那年一共看到了114只。

鹰山地区过境数量最多的猛禽是巨翅鵟（每年秋季约有6 000只），其次是纹腹鹰（5 000只）和红尾鵟（3 700只）。数量稍少但常见的鸟种包括数量缩减的鹗、美洲隼、白头海雕、北鹞和库氏鹰，后者通常单独出

现，给人们提供了一个将其与纹腹鹰进行比较的绝佳机会。热衷于观鸟的人不可避免地会被一些每天只会出现一两只的罕见鸟种所吸引，这其中包括金雕（每年平均看到94只）、灰背隼（127只）、游隼（43只）和苍鹰（78只）。每天记录到10种或更多种的猛禽是件平常事，这也使得每年有多达60 000人访问鹰山，大多数都带着双筒望远镜。

猛禽迁移季从8月初一直持续到12月中旬，有个别记录甚至持续到了1月中旬。不同猛禽的迁徙高峰也是不同的：巨翅鵟在9月中旬达到高峰，那时一天可能会有几百只经过，而到了10月初，它们的过境量就所剩无几了。另一边，红尾鵟的迁徙高峰要晚得多，在10月中旬到11月初达到高峰。而纹腹鹰

■ 上图：曾经非常罕见的红头美洲鹫如今在鹰山经常可以看到，这反映了它在北美东北部地区的活动范围和数量的总体增长。

的迁徙期比较长，事实上，直到11月底，几乎每天都能看到它。尽管在任何时候都可能看到一些罕见的猛禽，但是对于金雕和苍鹰等鸟种来说，11月初是最好的选择。

鹰山是一个观鸟很方便的地方。它很容易到达，并且拥有人们在美国期望拥有的所有设施，包括一个宽敞的游客中心和书店。在秋天的迁徙季节，会有专门的猛禽观察员驻守在南北瞭望台上（North and South Lookouts）。当猛禽飞过时，他们会将鸟种识别出来，并向人们解释它们之间的差异。只需几美元的费用，你就可以得到一幅该地的地图和一张展示可能出现的鸟类的图表。此外，为了让人们更好地了解鸟类，观察员还会向大家展示每个鸟种的木制剪影。

对于一个观鸟者来说，把握好天气是很重要的。虽然每天都能看到一些东西，但即使是在接连的几天里，情况也会截然不同。举个例子：2006年9月12日，有7 584只鸟过境，主要是巨翅鵟，还有其他8种猛禽；然而在接下来的3天里，由于大雾笼罩，人们

没有看到一只鸟。因此，如果可能的话，观鸟者应该在寒流过后的几天内进行观鸟活动，因为西北风就会随之而来。在这种情况下，会有源源不断的猛禽出现在北面的瞭望台前，人们可以看到许多猛禽成群结队地向上盘旋（称为"鹰柱"）。有时，在天空的每一个角落都会有盘旋的猛禽。

春天，猛禽的迁徙远不如秋天那么令人印象深刻。那时的盛行风是偏东的，它会让候鸟的迁徙路线偏西。尽管如此，在3月下旬到5月中旬期间，耐心的统计人员会进行定期监测，并在春天迁徙季记录到540只巨翅鵟和170只纹腹鹰。春天也给游客们提供了观看密西西比灰鸢这种当地罕见鸟种的机会，尽管很渺茫。

春天也是欣赏在鹰山生活的其他鸟种的时候。每年约有150种鸟类在保护区繁殖，大多数与成熟的橡树、枫树和桦树关系密切。有趣的是，这里混合了来自南北方的鸟种，北方鸟种有隐夜鸫，南方鸟种有食虫莺。

北美洲

285

海伊岛
High Island

鸟点排名 ⑧⑥ 信息

栖息地类型 树林、灌丛、池塘、沼泽

重点鸟种 大量迁徙的鸟，尤其是各种莺（有时，可能一天超过 30 种），繁殖的水鸟，包括各种各样的鹭和粉红琵鹭

观鸟时节 3 月中旬到 5 月中旬是最好的观鸟时节，秋季和冬季也会有一些不错的观鸟机会

海伊岛的英文名意为"高岛"，起这个名字的人肯定很幽默，因为得克萨斯（Texas）海岸上这座树木繁茂的小山既不是一个岛屿，也不是很高。事实上，它是一个地下盐丘的表层，这个盐丘靠近地面，把地面稍稍抬高，略高于它所在的沼泽平原。虽然只是在平坦的海岸线上形成的一个小突起，

但它是方圆数公里之内唯一一个可以供树木生根和生长的地方。

这个具有讽刺意味的名字并不是十分有趣，但海伊岛以能让观鸟者开心而享有盛誉。许多从这个不起眼的地方走出来的游客不停地说，这里为他或她提供了一生中最好的一次观鸟体验。海伊岛一直都是人们心目中的美国十大观鸟胜地之一。然而，如果你在夏天去那里，你会对这样的赞美困惑不解，因为你最多就是看到大量的水鸟和大量的主红雀和冠蓝鸦。春天才是拜访这里的最好时节。

海伊岛的名声建立在它对北上迁徙鸟类的吸引力上。每年，很多在墨西哥或南美洲越冬的鸟类会向北迁徙到北美东部的森林繁殖，而距离得克萨斯海湾（Gulf Coast of Texas）仅 1 000 米多一点的海伊岛就位于这条主要的鸟类迁徙路线上。春天，数以百万计的候鸟汇集到墨西哥尤卡坦半岛（Yucatan Peninsula）的北端，从那里开始它们 1 000 公里的飞行，穿越墨西哥湾到达得克萨斯。在适当的条件下，成千上万的鸟类将同时开展这段旅程。

如果你是一只从高处飞来的鸟，你会看到海伊岛是茫茫草海中的一小片深绿色的繁茂之地。经过 18 小时的飞行，人们可以理解你一看到陆地就想下来休息一下，吃点东西。既然海伊岛是镇上唯一的一个节点，所以你最后的归宿就是这里。因此，在一个平常的春日里，这里也总会有一些候鸟在林地中觅食。

然而，这些"常规"状态并不是真正让观鸟者兴奋的。在迁徙季节，强烈的冷空气有时会在白天穿过得克萨斯海岸进入墨西哥湾，而冷空气过境之后，会带来强劲的北风和降雨。突然之间，仍在水面上空飞行的候鸟的状况变得更加糟糕了。在马拉松般的旅程即将结束之时，它们的储备已经耗尽，而此时又遭遇了强风和大雨。于是，常规飞行变成了紧急情况，迁徙之旅变成了为生存而进行的斗争，许多鸟类因此而死亡。然而，那些成功活下来的鸟类，在着陆时往往已经精疲力竭了。所以在这里，海伊岛成为观鸟

■ 右图:"从天而降"现象会将迁徙的灰嘲鸫带到海伊岛上,通常数量还很多。

■ 对面图:如果在经过长途跋涉后鸟儿变得筋疲力尽,那么平时比较害羞的鸟类也可以让观鸟者看得很清楚。图中为一只玫胸白斑翅雀雄鸟。

者和鸟类的天堂。鸟儿们满心感激地跌落到栖息之地和富饶的觅食地,而观鸟者们则为一种被称为"从天而降"的现象而兴奋不已。

尽管这一现象对鸟类本身不利,但对观鸟者来说,这毫无疑问是最令人兴奋的事情之一。这个名字很贴切,因为鸟儿可能会在真正的阵雨中从天而降,几分钟前还空荡荡的灌丛几乎瞬间就会布满五颜六色的精灵。你一眼望去,可能会看到很多鸟待在一起,那数量就跟在它们繁殖地数千平方公里的区域中看到的鸟类数量一样多,当然也会有几十种鸟同时出现的情况。在春季,30种美洲的森莺同时出现在海伊岛上并不罕见。你可能会看到灰颊夜鸫、斯氏夜鸫和隐夜鸫,以及棕夜鸫一起觅食。你还可能会在同一棵树上看到二三十只猩红丽唐纳雀或玫胸白斑翅雀;在同一片区域的灌丛中,你甚至可以看到数量更多的灰嘲鸫。这段时间里,鸟儿都精疲力尽了,根本不关心观鸟者会对它们造成怎样的威胁,所以它们就在离这些着迷的观鸟者几米远的地方忙着自己的事。

海伊岛的一个奇怪之处在于,由于鸟类

■ 右图:在海伊岛的一棵树上就可以看到多达30只的猩红丽唐纳雀。

■ 上图：作为迁徙季观鸟中的小插曲，人们可以看到 80 多对粉红琵鹭在史密斯橡树鸟类保护区繁殖。

从墨西哥出发要花上一个晚上加半天的时间才能到达这里，所以与世界上大多数迁徙陷阱不一样的是，鸟类到达这里的主要时间不是黎明时分，而是中午之后。过早到达的观鸟者会看到护林员志愿者脸上露出的有趣神情。

海伊岛的观鸟季从 3 月中旬开始，到 5 月中旬结束。那段时间，在童子军森林（Boy Scout Woods）和史密斯橡树鸟类保护区（Smith Oaks Bird Sanctuary）这两个由休斯敦奥杜邦学会（Houston Audubon Society）拥有和经营的主要林区里都会有导游志愿者。童子军森林由朴树林和橡树林构成，这里有一条很棒的木板路和步道，可以为轮椅使用者提供服务。鸟儿可能会在这里的廊道里表演，因为这里真的有廊道，一排排的座位可以让人们

俯瞰某些热点鸟类。这可能是世界上唯一一个有这种观鸟安排的地方。同时，史密斯橡树鸟类保护区的面积更大，树木也更老。保护区内还有一个池塘，在其小岛上聚集的水鸟群落非常壮观。2006 年，这里有 190 对大白鹭、97 对雪鹭、67 只西方牛背鹭、35 只三色鹭、1 只小蓝鹭、2 只夜鹭、69 只美洲鸻鹬和不少于 86 只的粉红琵鹭。当观鸟节奏较慢的时候，它们是很好的观赏对象。

海伊岛的观鸟季从 3 月中旬的黑白森莺开始，以 5 月中旬的黑胸地莺结束。4 月是鸟类的高峰期，但是秋天也可以很好，虽然它永远不会像春天那样壮观和华丽。因此，海伊岛在很大程度上来说是一个季节性的热点地区，但这是个多么火热的地方啊！

大沼泽地
Everglades

鸟点排名 ⑯ 信息	栖息地类型 淡水沼泽、林木类沼泽、河口、红树林
	重点鸟种 食螺鸢、秧鹤、黑头鹦鹳、美洲蛇鹈、棕颈鹭、短尾鸢、北美斑鸭、白顶鸽、红树美洲鹃、海滨沙鹀
	观鸟时节 全年都可以

■ 右上图：尽管看起来很平静，但大沼泽地里的水每天都以30米的速度缓慢地向南流入墨西哥湾。

■ 右图：以苹果螺为食的秧鹤是大沼泽地的特色鸟种。

南佛罗里达（Southern Florida）可以说是北美地区伸入热带边缘的一根脚趾头。因此，它吸引了大量来自遥远北方的人前来享受其温暖的气候。对于观鸟者来说，佛罗里达州的吸引力是完全不同的。作为亚热带区域的前沿地带，该州拥有一系列在北美大陆其他地方找不到的鸟种，使它成为北美最经久不衰的观鸟目的地之一。

在佛罗里达半岛的西南角，有一个由草本类沼泽、林木类沼泽和红树林组成的大型湿地综合体，被称为"大沼泽地"（Everglades）。即使没有那极具诱惑力的地理位置，这里也会是一个特别的地方。它的面积超过6 000平方公里，而且相对来说没有受到干扰。这里只有一条主干道和无数人迹罕至的角落，使它显得那么独一无二。大沼泽地这一鸟类宝库拥有大量在此繁殖的鸟类，它兼收并蓄，南北方鸟种在这里很好地融合在一起，这是世界上其他任何地方都无法复制的。

大沼泽地的生态系统实际上是非常复杂的。虽然这个地区的大部分看起来像是一片巨大的长满了克拉莎草的平坦沼泽地，也许更准确地说，人们认为那是一条缓缓流动的宽阔河流。夏天，雨水落在美国佛罗里达州中部的基西米河流域（Kissimmee River Basin），填满了1 890平方公里的奥基乔比湖（Lake Okeechobee）。过量的水辐散成很宽的水面，以每天不超过30米的流速流经大沼泽地，最终汇入墨西哥湾。这里有各种不同的栖息地，包括硬木群落（在长满了硬木的土地上的一些小山）和阻断了水流的石灰岩山脊，但这个系统本质上是一个水循环体系。此外，随着冬季的临近，被淹没的土地逐渐变干，使得鱼类和其他水生生物聚集到了湿地深处，形成一个由不同的栖息地构建的生态网络。

现在，这个世界遗产地的大部分组成了大沼泽地国家公园（Everglades National Park），它是佛罗里达州最受欢迎的旅游景点之一。由于公园的大部分地方都很难进入，观鸟者只能

名的沼泽地步道（Anhinga Trail），本身就是著名的观鸟目的地。在步道上可以看到所有当地鸟种。

毫无疑问，这里最引人注目的是湿地鸟种。在沼泽地步道你可以看到一些很常见的鸟，其中许多都离得特别近，让摄影变得轻而易举。当然，不仅仅是这些，这里还有美洲蛇鹈，这是一种长得像鸬鹚的鸟，它善于控制自己的浮力，因此能在半潜状态下游泳，只露出头部和颈部。与鸬鹚和鹭类不同的是，美洲蛇鹈通常用喙刺穿鱼的方式来捕鱼。它有时也会捕食一些奇特的食物，比如幼鳄和小乌龟。同样容易见到的还有笨拙的紫青水鸡，这是一种体型巨大、色彩鲜艳的秧鸡，它会借助那长长的脚趾在沼泽植物上漫步，包括睡莲。这里还有很多涉禽是你不会错过的，比如美洲白鹮以及从体型很小的美洲绿鹭到大蓝鹭等各种大小的鹭。反常的是，在大沼泽地生活的一些大蓝鹭实际上是白色的。这种罕见形态的个体是当地特有的，有时被称为大白苍鹭。北美唯一的鹳鹳——黑头鹳鹳也是如此，它是一种体型巨大的食鱼鸟类，通常在高高的柏树林中筑巢。和一些当地鸟

在一条从佛罗里达市（Florida City）到火烈鸟度假村的通行道路沿途，以及 41 号公路北侧的几个区域观鸟。这些路段大多设有木板路、步道、观测塔和其他设施。有些路线，比如著

■ 右图：虽然场面壮观，但褐鹈鹕那相当不优雅的跳水动作却被无情地比作将一堆衣服扔到水里。

■ 对面上图：棕颈鹭因其迈着优雅的步伐追逐受惊的鱼类而闻名。

■ 对面图：对于紫青水鸡来说在一些漂浮在水中的植物上行走是没有问题的，这多亏了它那巨大的脚爪。

种一样，它们在冬天繁殖，因为水位下降，面积逐渐缩小的池塘中的鱼类更容易被捕获。

另外两种在克拉莎草泥沼中生活的特色鸟种共享着与众不同的食物——苹果螺。一是食螺鸢，一种蓝灰色的猛禽，它们在沼泽上面低空飞过，俯冲下来抓住猎物；另一种是棕色的、具有白色斑点的秧鹤，它是一种长得有点像鹳的鸟，在水中来回走动时从中捕食苹果螺。这两种完全不相关的鸟类通过不同的捕猎方法达到了相同的目的。

大沼泽地是猛禽的好去处。人们经常看到鹗潜水捕鱼。而在美国南部其他地区越来越罕见的燕尾鸢，在这里的数量仍然很多，它们以熟练的空中技巧在半空中捕捉昆虫。努力寻找后，你可能会发现一种真正的热带罕见鸟种——短尾鵟。它通常比常见的红尾鵟和红头美洲鹫飞得更高，而且经常从树顶俯冲下来抓鸟。

在淡水沼泽的向海一侧，红树林占据着主导地位，那里生活着许多不寻常的鸟类，同时也为各种各样的鹭提供了巢址。白顶鸽和红树美洲鹃这两种鸟尤其吸引了观鸟者的注意力。西湖（West Lake）附近的斯内克湾步道（Snake Bight Trail）是寻找它们的好地方，不过过程往往很艰难。这两种鸟，尤其是红树美洲鹃，似乎被吸引到了密不透风的灌丛

中，很难被发现。为了看到它们，你必须勇敢面对该地区臭名昭著的蚊子，它们乐忠于让你的生活变得难以忍受。经历如此的考验就是为了看到一只头顶雪白帽子的深色鸽子，这一切是否值得还有待讨论。

在海边的河口平原上还生活着另一群鸟。这其中包括一些独特的鸟种，比如黑剪嘴鸥、褐鹈鹕和棕颈鹭。后者有时也会出现在墨西哥湾沿岸（Gulf Coast），当它们在浅滩觅食时，显得很烦躁不安。它们经常追着鱼跑，或者举起翅膀形成一片阴影，而不是像其他大多数鹭类那样耐心地去捕食。我们知道佛罗里达州的一些大蓝鹭是白色的，所以当我告诉你通常头颈部是粉橙色的棕颈鹭，有一些也是纯白色的，你可能不会感到惊讶。

说到粉红色的鸟，在南佛罗里达地区还生活着一小群美洲红鹳，这是北美大陆上唯一的种群。它们经常出现在大沼泽地中以它们命名的游客中心附近。在很久以前，美洲红鹳曾经从巴哈马（Bahamas）飞到过佛罗里达，但是现在这个种群的来源却令人怀疑。它们可能是从动物园里逃出来的——毕竟，迈阿密有一半的鸟似乎都是逃逸的。所以，为什么美洲红鹳不是呢？注意尽量不要将它们与同样为粉色的粉红琵鹭弄混了。当然，如果你被蚊子驱赶得无法做出理智判断，这种情况也是可能发生的。

阿拉凯荒野

Alaka'i wilderness

阿拉卡伊荒野
考爱岛
火奴鲁鲁 瓦胡岛
美国 毛伊岛
夏威夷岛 希洛

栖息地类型	山地森林和泥沼
重点鸟种	考岛蚋鹟、小考岛鸫、考岛绿雀、小绿雀、考岛管舌雀、考岛悬木雀、镰嘴管舌雀、白臀蜜雀
观鸟时节	全年都可以

■ 右上图：考岛蚋鹟是王鹟科鸟类中的一员，这个科的鸟类主要分布在大洋洲。

■ 下图：色彩鲜艳的镰嘴管舌雀是一种蜜食性鸟类。

美国的第50个州夏威夷州（Hawaii）位于北太平洋中部，距最近的陆地3 000多公里，是世界上最孤立的群岛。对于这样一个偏僻的地方来说，鸟的种类很特别一点也不奇怪，在陆地上生活的鸟类，几乎都是当地特有鸟种。这其中包括一个完全特有的鸟科——管舌雀科 ①，它可能是世界上将鸟类适应辐射 ② 展现得最完整的例子。这一科的鸟都是由同一种长得像旋蜜雀的祖先分化而成的，而它们在喙形、颜色、发声和生态位方面都表现出了巨大的差异。事实上，与更知名的加拉帕戈斯群岛的达尔文雀相比，它们的形态多样性更加令人印象深刻。今天，我们仍有可能看到这个神奇鸟科中的一些鸟类，但每一次见面也都带着一丝遗憾。对夏威夷

---

① 根据IOC鸟类名录10.1，原管舌雀科鸟类在重新测序后都归在了燕雀科下，此处为了描述方便，还是采用了原文的内容。——译者注
② 在相对较短的地质时期内，从一个线系分析出许多歧异的分类单元。——译者注

来说，它不仅是一个奇妙的进化摇篮，同时也成为一个物种为生存而战的绝望战场。

战争最激烈的地方莫过于主岛最西端的考艾岛（Kaua'i）的高地。这是世界上最潮湿的地方之一。事实上，怀厄莱阿莱山（Mount Waialeale）一年有360天都在下雨，加起来年降雨量有10米。在这个岛的西侧坐落着寇柯耶州立公园（Koke'e State Park），而与其毗邻的阿拉凯荒野地区（Alaka'i Wilderness Area）是一片广阔的高山森林。这里仍然保留着很高比例的原始植物，为岛上的大部分鸟类提供了最后的避难所。这是一个偏远又荒凉的地方，有很多长长的步道穿过茂密的森林，越过横贯的峡谷。还有所谓的阿拉凯沼泽（Alaka'i Swamp），这是一个地面似海绵般松软，植被如墙一样密不透风的泥沼。它仿佛是最后的阵线，事实也确实如此。

用心的观鸟者最多能在这里找到6种当地特有鸟类，而狂热的观鸟者可能会下很大功夫去找另外两种。走在广受欢迎的皮希亚山脊步道（Pihea Ridge Trail）上，任何一位游客都能很快遇到几种夏威夷管舌雀科鸟类。最常见的是白臀蜜雀、考岛绿雀、小绿雀和考岛管舌雀。白臀蜜雀是一种可爱的蜜食性鸣禽，大小与山雀相仿，全身鲜红色，长着一个又长又尖的喙。几乎到处都能看到它的身影，而且通常它都是在其最喜欢的多形铁心木（这种植物是森林中占主导地位的物种之一）的红色花朵上狂吸花蜜。这是所有管舌雀科鸟类中数量最多的一种，在大多数的主要岛屿上都能看到它。相比之下，考岛绿雀是一种体型较小的黄绿色的鸟，它的喙短而向下弯曲，主要从树枝和树干上采集昆虫

■ 上图：夏威夷的部分地区是地球上最潮湿的地方之一。

■ 右图：考岛绿雀主要以昆虫为食，通过捡拾落叶来寻找食物。

食用，也会采一些花蜜。这是另一种相当常见的管舌雀科鸟类，也是唯一一种在岛屿的低海拔地区分布的管舌雀科鸟类。小绿雀与考岛绿雀相似，不过其全身都是亮黄色的，喙部很细，可以用来在多形铁心木的花朵中探寻花蜜。与其他蜜食性的管舌雀科鸟类一样，它的舌头也是刷子状的，也能有效捕捉小昆虫。除了在多形铁心木上觅食外，小绿雀也在那里筑巢。同样在那筑巢的还有考岛管舌雀，这是另一种黄色的小鸟，与其他鸟类不同的是，它似乎不喜欢花蜜，而是喜欢捕食无脊椎动物，而且其喙部也相对较短。

这里的另一种常见鸟类是考岛蚋鹟，它全身为黄棕色，有两条淡淡的翅斑，这是另一种当地特有鸟种，王鹟科鸟类中的一员。另一种不太常见，但仍有可能看到的管舌雀科鸟类是令人惊艳的镰嘴管舌雀，它是每个人的最爱。这种华丽鸟类的身体是亮红色的，翅膀是黑色的，在次级飞羽的内部具有白色斑点。它的喙部极度弯曲，暴露了其食蜜的

习性。虽然镰嘴管舌雀在其他一些岛屿上很常见，但这里的种群数量似乎在减少。

如果更具有一点冒险精神的话，观鸟者还可以找到两种非常珍稀的鸟类。它们是小考岛鸫，一种主要分布在沼泽地带、羽色极其暗淡的鸫；以及考岛悬木雀，一种管舌雀科

■ 上图：一只白臀蜜雀在它最爱的多形铁心木的花朵上大快朵颐。

的鸟类，它通常沿着树干悄悄地寻找无脊椎动物为食，相当于是夏威夷的鸫。这种喙部尖锐的鸟的上体是灰褐色的，下体发白，其种群数量似乎在严重下降，现在很难找到它。

可能很快人们就找不到考岛悬木雀了。它们的种群数量在持续不断地下降，其分布范围正在向该分布点的东部收缩。这与考艾岛地区其他一些已经灭绝的鸟种的不详预兆相似，除非在这片荒凉地带深处的某个地方，它们仍在以某种方式坚强地活着。令人难过的是，就是在这个如今游客看到镰嘴管舌雀和白臀蜜雀都会感到震惊的地方，在过去 25 年里灭绝的鸟类比地球上其他任何地方都要多。人们最后一次看到大绿雀是在 1967 年，它是在短时间内相继消失的几个物种的先行者；人们最后一次确切看到考岛吸蜜鸟是在 1985 年，那是一只雄鸟；最后一次看到鹦嘴管舌雀是在 1989 年；最后一次看到考岛孤鸫是在 1993 年；最后一次看到考艾短镰嘴雀是在 1998 年。它们最后一次被看到几乎都是在阿拉凯沼泽地区。

造成这种悲惨境况的原因包括大多数区域性分布的岛屿鸟种常见的弊病。森林的砍伐和开发减少了鸟类可以利用的栖息地的数量；引入的植物使本土植被受到威胁；引入的动物，尤其是这里的猪，进一步减少和破坏了栖息地；引入的鸟类（夏威夷引入的鸟种比地球上其他任何地方都多）在争夺食物方面胜过本地鸟种；而引入的捕食者，比如老鼠，会袭击鸟类的巢穴。

然而，在夏威夷岛，还存在着其他威胁，有些甚至非常隐蔽。在群岛上，当地鸟类灭绝事件的爆发通常主要始于蚊子的引入。它们由引入的鸟类携带而来，禽疟和禽痘杀死了数千只管舌雀科的鸟类和其他当地鸟种，并一举将它们限制在了海拔 1 219 米以上蚊子无法到达的地方。与此同时，引入的蚂蚁和黄蜂比幼鸟在春天更早出现，也更早加入对花蜜的竞争之中。而当地鸟种对这些外来生物毫无抵抗力。

令人担忧的是，已有迹象表明蚊子开始进入考艾岛的高海拔地区。如果真是这样，一些当地鸟种就难以生存了。如果你想看看这些特别的鸟，那么赶紧去看。

尼亚加拉瀑布

Niagara Falls

鸟点排名 ⑨⑦ 信息	
栖息地类型	河流和湖泊，工业设施
重点鸟种	各种鸥（包括大量越冬的博氏鸥以及罕见的加州鸥和灰背鸥）和各种鸭子
观鸟时节	11月末到12月初是观赏鸥类的最佳时节，不过整个冬季都很有意思

对普通游客来说，尼亚加拉瀑布会让人联想到"棒极了""令人惊叹""雄伟壮观"等词。但对于观鸟爱好者来说，它可以用一个词来概括——鸥。从伊利湖（Lake Erie）到安大略湖（Lake Ontario），尼亚加拉河（Niagara River）从南到北长达56公里，是世界上观察鸥类最好的地方之一。初冬时节，在这条湍急的河流沿岸可能分布着100 000只鸥，在这里记录到的鸥的种类至少有20种（确切的数量取决于你采用哪种分类系统）。令人惊讶的是，曾经一天之内就发现了14种鸥，这无疑是一项世界纪录。所以，如果你喜欢面对三级飞羽的排列，喙底的角度和第四年冬羽等难题，那么你在其他任何

地方都找不到这样完美的幸福感。你可以花上几个小时甚至几天的时间，用望远镜观察眼前这些鸥类羽毛的细节。

这些鸥类于9月开始聚集，那时河上数量最多的博氏鸥开始抵达这里，它们刚在位于北方的加拿大和阿拉斯加的森林苔原中的湖泊边上完成繁殖。这种优雅的鸥与其他鸥科鸟类不同的是，它习惯于在树上筑巢。它们到达这里，加入到了环嘴鸥、美洲银鸥和大黑背鸥等鸟类的行列，这些鸥差不多一年四季都在这里的瀑布、岩石、河流和河堤周围飞来飞去。每年的这个时候，经过仔细寻找，还可能看到不寻常的叉尾鸥，它也许是刚从加拿大东部和格陵兰岛（Greenland）的苔原上出生的一只幼鸟。这种鸥在非洲海岸的远洋中过冬，经过尼亚加拉只是一个短暂的停留，待到11月初就飞走了。它似乎更喜欢瀑布周围的区域。

10月，鸥科鸟类的集结仍在继续，那时第一批弗氏鸥也从大平原飞来了。只有为数不多的几只在这个远东地区游荡，因为它们本应该出现在前往太平洋沿岸越冬的途中，也就是从墨西哥到智利的沿途。从某种意义上说，任何一只存活下来的弗氏鸥都是了不起的，因为它们的浮巢建在沼泽深处的植被

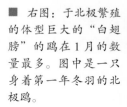

■ 右图：于北极繁殖的体型巨大的"白翅膀"的鸥在1月的数量最多。图中是一只身着第一年冬羽的北极鸥。

北美洲

295

■ 右图：小鸥是一种每年都会出现在瀑布地区的罕见鸟种。注意这只成年个体冬羽的翅下那与众不同的颜色。

■ 右图：博氏鸥的数量在 12 月初达到顶峰，届时这里的数量可能有 20 000 只。图中为一只身着第一年冬羽的个体。

上，而这些植被永远处于下沉的边缘。这种鸥让鸥类专家们感到兴奋，因为它是唯一一种每年经历两次完整换羽的鸥，而不是秋天进行一次完整换羽，然后春天进行一次部分换羽。

11 月标志着主要时节的开始，鸥的数量和种类急剧上升。小鸥是一种欧亚大陆的鸟类，于 1962 年出现在五大湖区（Great Lakes）之前，在北美几乎不为人所知。它们在前往大西洋海岸的途中分散开来，于是人们在这里可以看到几只。三趾鸥也可能出现在这里，每年的这个时候，这种鸥本应该出没在开阔的大西洋上，但显然有一些个体在加拿大东北海岸完成繁殖后走错了方向。到了 11 月底，广受欢迎的"白翅膀"的鸥开始出现，之所以这样命名是因为它们的翼尖没

有黑色。这其中包括冰岛鸥，尽管名字里有冰岛，但它实际上是从加拿大东部的繁殖地迁徙过来的。还有体型巨大的北极鸥，这是加拿大苔原上的一种掠食性极强的鸟种，它会把整个成年的海雀吞下去。另一种就是来自加拿大北极高地（Canadian High Arctic）的泰氏银鸥[1]，它是"白翅膀"鸥中的荣誉成员，因为它的翅尖实际上是有一些黑色的，但这种情况只出现在成体的羽色中。所有这些鸟种的数量都很少超过个位数。

到目前为止所提到的鸟类都是可以预测的，但是在 11 月不可避免地会迎来一些罕见鸟种，这也给观鸟者带来了巨大的挑战。例如，

① 泰氏银鸥一直是个较有争议的类群，在 IOC 10.1 中它是冰岛鸥的塞耶斯亚种。——译者注

■ 右图：如果赏鸥爱好者花点时间去留意，他们会发现在尼亚加拉还有个瀑布。

北美洲

如何在 20 000 只博氏鸥中找到一只红嘴鸥？不知何故，那些狂热的观鸟者们可以做到，而且他们每年都能完成这项壮举。他们还从中发现了同样来自欧洲的小黑背鸥，而且似乎每年都有一只从北美大草原（Prairies）的繁殖地来到这里的加州鸥。在这个时节，一个专门的鸥类观察者，或者众多赏鸥之旅中的任何一个参与者，如果没有看到这 3 种鸥，都会感到失望的。

每隔几年，就会有一些特别的鸟类出现在尼亚加拉瀑布的鸟种名单上。来自大西洋海岸的笑鸥，来自加拿大西北部的海鸥，来自欧洲的海鸥亚种，以及来自北极浮冰地区的楔尾鸥和白鸥，所有这些在这里都被记录过。令人难以置信的是，甚至一只来自东亚的灰背鸥也到了这里，同样令人难以置信的是，它竟然被一些天才的赏鸥者挑了出来。毫无疑问，这个名单在未来还会变长，仅在北美洲就有很多可能性。

尼亚加拉河覆盖的面积相当大，但对鸥来说，最好的地方是瀑布上方的管制设施（它调节了水流，所以这里也是鸭子的绝佳去处）、紧邻的瀑布区、加拿大一侧的亚当贝克爵士发电厂（Sir Adam Beck Power Plant）（各种鸥飞到出水口觅食）以及在尼亚加拉瀑布和刘易斯顿（Lewiston）之间的水力发电站。此外，在傍晚时分，博氏鸥会成群结队地飞过尼亚加拉湖边小镇（Niagara-on-the-Lake）（在加拿大境内）这个定居点，飞到安大略湖栖息。如果你已经花了一整天的时间仔细观察各种鸥的羽毛，那么当这成千上万只白色的鸟在昏暗的光线中飞过时，会给你的体验增加一种难以言喻的魔力。

博氏鸥的数量在 12 月初达到顶峰，届时在这里可能达到 20 000 只或者更多。在此之后，鸥的种类开始减少，唯有那些体型较大又耐寒的鸥的数量会增加。比如那些白翅膀的鸥，它们在 1 月的数量可能会达到两位数。到那时，大多数赏鸥爱好者会在当地进行查漏补缺。

为什么这里有这么多鸥？原因之一是这里有充足的食物，快速流动的水流不断补充着鱼类资源，还有大量的人类活动为它们提供残羹冷炙。另一个重要原因是，这里的水很少结冰，即使是在附近的整片地区都被冰覆盖了的时候。然而，科学家们并不相信这些因素能说明一切。也许还有别的原因，有待人们发现。

297

皮利角

Point Pelee

<table>
<tr><td>鸟点排名 60 信息</td><td>
栖息地类型　落叶林、草本类沼泽、林木类沼泽、湖岸

重点鸟种　各种候鸟，尤其是各种森莺（包括蓝林莺、橙胸林莺、蓝翅黄森莺和金翅虫森莺）

观鸟时节　最受欢迎的月份是 5 月，但是在 3~6 月和 9~11 月迁徙的鸟类都很多
</td></tr>
</table>

■ 下图：皮利角的树林距离灰蓝蚋莺繁殖地范围的北部边界很近。

在北美，只要一提到皮利角这个名字，没有一个观鸟者的心跳不加快的。这个加拿大最小的国家公园，被公认为是北美内陆地区最适合迁徙鸟类的栖息地。它每年能吸引 40 万游客前来参观，大多数人都希望能目睹贯穿整个迁徙季的各种迁徙"浪潮"，哪怕是其中一种，这些类群包括各种森莺、莺雀、鸫和唐纳雀。令人难以置信的是，多年来，这里总共记录了 372 种鸟类，其中包括许多罕见鸟类。森莺是一大特色，游客在一天之内看到 20 种森莺是很正常的事，在少数情况下，有时甚至可以看到令人惊叹的 34 种。

皮利角的特殊之处在于它的地理位置。它是一个半岛，距伊利湖（Lake Erie）北岸约 10 公里，位于五大湖区的南部。因此，它是春季鸟类飞越湖泊后的第一个着陆点，并作为一个天然的漏斗在秋天汇集了很多南下的候鸟。它位于加拿大大陆的最南端，气候相对温和，是向北迁徙的鸟类和一些远离了分布范围的南方鸟种生活的理想之地。其丰富的森林资源和湿地环境也为春秋两季成千上万的候鸟提供了充足的食物和庇护所。此外，对于观鸟者来说，其较小的面积（20 平方公里）也使找鸟变得更容易。

虽然大群的观鸟者往往要到 5 月才会到达，但鸟类的第一次迁徙活动实际上在 3 月就发生了，那时以雁鸭为主，像北美黑鸭、美洲潜鸭和帆背潜鸭等鸟种正处于迁徙的高峰。与此同时，一些典型的早期迁徙的候鸟，如旅鸫、哀鸽和双领鸻在北上暖流的驱动下也到了。在这个季节，人们有时可以在皮利角最南端的"加拿大之尖"（The Tip）看到反向迁移的现象。像普通拟八哥和红翅黑鹂等鸟类似乎决定撤退，然后越过湖面向南飞去。

在整个 4~5 月，鸟类断断续续地到来，有些鸟群很大，它们成群结队地一起降落，有些则不那么明显。当来自南方的暖流与来自北方的冷空气相遇时，就会出现大的迁徙鸟群，风雨交加的天气会促使向北迁徙的鸟类紧紧抓住第一个着陆的机会。当这种情况发生时，差不多每一棵树上、每一丛灌木里都有鸟，甚至在皮利角周围的海滩上也挤满了疲惫的候鸟。

春季迁徙在 5 月中旬达到高峰，那时可以看到的鸟类种数最多。森莺爱好者会在一些普通鸟种，比如北森莺、栗胁林莺、橙胸林莺、纹胸林莺、栗胸林莺、金翅虫森莺和加拿大威森莺中寻找一些罕见鸟种，比如草原林莺和黑枕威森莺以及如今濒危的蓝林莺。

■ 上图：皮利角因那里的森莺而闻名，它们的数量和种类在5月中旬达到高峰。图中是一种恰如其名的鸟类——栗胁林莺。

■ 右图：数量稀少且在逐渐减少的蓝林莺出现时通常只能看到非常少的几只。

■ 上图：鲜亮的橙色喉部和大片的白色翅斑表明这是一只橙胸林莺雄鸟。

另一种不常见的鸟类是可爱的身上为亮黄色的蓝翅黄森莺。虽然很难找到它们，但实际上它们在沼泽地区仍然有少量繁殖。

事实上，除了蓝翅黄森莺之外，还有其他一些鸟种在皮利角地区繁殖，它们在温和的气候条件下更具有代表性。五大湖区的变暖效应意味着这里的气候异常温和，而皮利角位于所谓的卡罗来纳生物带（Carolinian Zone），它以阔叶树木为主，而不是针叶树。这里还是卡罗苇鹪鹩、灰蓝蚋莺和黄胸大鹏莺繁殖地的最北端。6~7 月，在皮利角附近可以找到它们，以及更多常见的繁殖鸟类。

8 月是鸟类主要南迁活动的开始，虽然鸻鹬的迁徙实际上在一个月前就开始了。黑白森莺是第一批迁徙经过的林鸟之一，与它的大多数近亲相比，这种鸟在任何季节都很容易辨认。其他森莺在这个季节都换掉了身上五颜六色的羽毛，声音也只剩下几声单调的叫声。虽然它们的数量可能跟春天的时候一样多甚至更多，但这对观鸟者的辨识能力提出了更严峻的考验。然而，与春天相比，这时候那种势不可挡的大群迁徙更少了，因为鸟类在秋天的迁徙更为悠闲，它们不必像春天那样为了占据领地而争先恐后地奔向繁殖地。此外，这些羽毛精致的鸟类可以很好地隐藏在秋季树叶那丰富的黄色和棕色中，所以皮利角在每年的这个时候不受观鸟者欢迎也就不足为奇了。

尽管如此，这里仍然有很多鸟类值得欣赏，只要不要局限于在灌丛中寻找鸟。在 9 月的冷空气中，人们可能会在皮利角的上空看到大量向南迁徙的巨翅鵟和其他猛禽，而且头顶上还经常会出现冠蓝鸦成群飞过的壮观景象，这是能让观鸟者对这种常见鸟类引起注意的少数几个地方之一。在这里，晚秋也是观察鸟类迁徙的绝佳时节，因为人们在清晨可以看到鸟类越过湖面，向南飞行。另一些鸟似乎也因考虑离开变得烦躁不安，但最终还是留了下来，很快就吃起了昆虫，或者吃起了皮利角森林里最常见的树——美洲朴的果实。

到了 10~11 月，林鸟迁徙的高峰就过去了，大部分的森莺都走了。一些鸟种，特别是红冠戴菊和金冠戴菊以及黑顶山雀，可能在这个季节是最常见的，但它们的数量绝对不多。然而，由于某些原因，这时也是极其罕见的鸟类出现的好时候，其中包括一些令人迷惑的来自于北美大陆西部的迷鸟，例如山蓝鸲或黄腹丽唐纳雀。然而，在 11 月寻找罕见鸟种实际上只是当地观鸟者的一种消遣。而大量的鸟还有游客都将在春天回来。

丘吉尔

Churchill

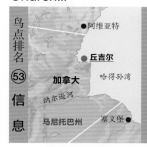

鸟点排名 ㊿ 信息

栖息地类型	苔原、针叶林、海岸
重点鸟种	楔尾鸥、雪鸮，15 种繁殖的鹀鹬（包括棕塍鹬），枞树镰翅鸡、黄腹铁爪鹀
观鸟时节	5 月下旬到 7 月是观赏春季迁徙鸟类和繁殖鸟类的好时节，秋末也适合观赏一些鸟类（包括岩雷鸟）

■ 右上图：罕见的黄腹铁爪鹀将其富有趣味的繁殖机制带到了丘吉尔的夏季苔原上。

1929 年，当哈德孙湾铁路（Hudson Bay Railway）终于在丘吉尔开通时，建设者们很难想象，这条漫长而偏僻的铁路有朝一日会搭载带着双筒望远镜的游客。这条铁路从马尼托巴州（Manitoba）的首府温尼伯（Winnipeg）出发，全长 1 600 公里，其目的是将小麦产区的粮食运到哈德孙湾沿岸，然后从那里经海路运往世界各地。丘吉尔是位于这个巨大海湾海岸上的一个边疆小镇，这个偏远的地界除了那些需要工作的人，一般没有人会去。然而，如今它是一个非常著名的生态旅游地，巨大的粮仓和集装箱船只是观赏一些奇妙的野生动物的背景。

在世界上很少有地方可以很容易地观察到真正的苔原鸟类，但丘吉尔就是其中之一。

这里的夏季很短，从 5 月下旬开始，到 8 月结束。在这期间，冰雪融化，苔藓、地衣、苔草和泥炭藓终于露出了真面容，苔原呈现出一种生机勃勃的微妙色彩。阳光温暖的苔原上点缀着数不清的湖泊和沼泽，供养了数量多得难以想象的蚊子、蠓、蜘蛛和其他无脊椎动物，而这些反过来又为大量在北极繁殖的鸟类提供了食物。正如许多饱受咬伤之苦的观鸟者看到的那样，在这个生命力旺盛的时期，到处都有各种各样的生物。

这个时候到苔原参观会感觉到一种喧嚣，但同时在视觉上也有一种令人惊叹的感觉，因为这里最主要的鸟类群体之一——鸻鹬类的鸟，在白天的大部分时间都在进行富有活力的鸣唱炫飞。鸣声持续不断。这些鸟类在

■ 下图：楔嘴鸥在丘吉尔是一种罕见的春季迁徙鸟种，尽管它只在这里繁殖过两次。

■ 上图：在丘吉尔完成繁殖之后，棕塍鹬会飞行 3 700 公里到南美洲越冬。这趟飞行通常一气呵成，没有停顿。

到达之时还没有配对，所以它们必须尽快找到配偶。因此，在北极凛冽的空气中回荡着美洲沙锥的嘶叫声、高跷鹬刺耳的尖叫声、半蹼滨鹬的噼啪声，还有许多其他的声音，每只雄鸟都试图吸引附近雌鸟的注意。

对这里和其他苔原地区的鸻鹬的研究表明，它们的繁殖行为充满了迷人的细节。例如，虽然这里大多数鸻鹬类的鸟都是一夫一妻制，但也有几种不是。比如，一只斑腹矶

鹬雌鸟可能会与多达 4 只不同的雄鸟交配，产 4 窝卵，并试图让每只雄鸟各孵化一窝。这可是女性解放的终极目标啊！相比之下，斑胸滨鹬则是雄鸟试图获得更多雌性配偶的青睐，而美洲沙锥的整体表现似乎是一种滥交。在保护鸟巢方面，一些鸻鹬会假装折断翅膀来分散入侵者的注意力，但是棕塍鹬反而会不断发出震耳欲聋的声音。这是鸻鹬类的鸟发出的最响亮的声音之一，它无疑会刺

激到北极狐那敏锐的耳朵。鹬鹬在生态学方面的另一种现象是，在许多鸟种中，只有亲鸟中的一方留下来照顾雏鸟，而另一方则离巢而去。在大多数鹬鹬中，参与繁殖的亲鸟主要是雄鸟，比如姬滨鹬。

在这里，不只是鹬鹬类的鸟的繁殖体系如此奇特。最近，另一种苔原鸟类——黄腹铁爪鹀，也泄露了一些自己的秘密。这种鸟实际上以一个小的繁殖群存在，其雌鸟会与两到三只雄鸟交配。而反过来，雄鸟又会与几只雌鸟交配，这种婚配体制被称为混交制。在雌鸟生育能力最强的时候，它可以在一周内交配 350 次，而雄鸟则通过帮助其在巢中喂养后代来报答这一恩惠。

丘吉尔位于开阔苔原和南边以针叶林为主的生境之间的过渡地带，这实际上是黄腹铁爪鹀的重要栖息地。在小镇附近的特温莱克斯（Twin Lakes），有一片云杉落叶松混交林，那里生活着更多鹬鹬类的鸟，包括褐腰草鹬，一种罕有的在地面上产卵的鹬鹬。它会利用旅鸫以及其他繁殖鸟类的弃巢，比如太平鸟和灰噪鸦的巢。这里的森林中还生活着枞树镰翅鸡，有些年份还能看到乌林鸮。

尽管这里的繁殖鸟类种类繁多，但是位于哈德孙湾西侧，以及南北流向的丘吉尔河（Churchill River）出口处的丘吉尔，是真正

的北极物种向北迁徙的主要通道之一。因此，从 6 月初开始，这里每一天都可以迎来成群的白腰滨鹬、红腹滨鹬和三趾滨鹬等鹬鹬类的鸟，它们只是单纯地路过此地。此时也是丘吉尔最著名的鸟种——楔嘴鸥最喜欢出现的时间。1980 年，这种优雅的、色彩细腻的鸥在这里筑巢，那是其在北美大陆的第一笔繁殖记录。然而，此后楔嘴鸥在这里只进行过一次繁殖尝试，自 20 世纪 80 年代末以来，这种鸟只是在丘吉尔路过，通常每年只出现几次。人们常看到它们出现在海湾上，在融化的冰山中捕食海洋无脊椎动物，偶尔也会出现在一群雪白的白鲸面前。

观鸟季一直持续到 7 月，到了 8 月初，大多数游客都离开了。当游客在 10~11 月返回时，他们的目的就完全不同了。丘吉尔是世界上最适合观赏北极熊的地方，成千上万的游客来到这里，他们乘坐着"苔原车"，几乎可以确保看到这种超级动物。作为额外的福利，他们几乎总能看到极光。丘吉尔显然也是世界上最适合观看这种现象的地方，每年有 300 个夜晚会出现极光。此时这里的鸟种不多，但是如果你能把注意力从那些奇观上转移开的话，去寻找一下雪鸮还是很值得的。

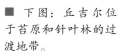

■ 下图：丘吉尔位于苔原和针叶林的过渡地带。

相关网址
Useful Websites

这个列表不是详尽的，只包括那些在写作和调研中大量使用的网址。

世界鸟点

www.birdlife.org.uk

www.fatbirder.com

www.splatzone.nl

www.surfbirds.com

欧洲

www.birdingnorway.no（瓦朗厄尔）

www.donanabirdtours.com（多尼亚纳）

www.finnature.fi（奥卢和马察卢湾）

www.kilda.org.uk（外赫布里底群岛）

www.matsalu.ee（马察卢湾）

www.skof.se（法尔斯特布）

亚洲

www.drmartinwilliams.com（米埔和北戴河）

www.ecotours.ru（乌苏里兰）

www.eilat-birds.org（埃拉特）

www.hkecotours.com（米埔）

www.jetwingeco.com（辛哈拉加）

www.kazakhstanbirdtours.com（科尔加尔壬）

www.orientalbirdclub.org

www.tommypedersen.com（迪拜）

www.wild-russia.org（勒拿河三角洲）

非洲

www.africanbirdclub.org

www.birduganda.com（布温迪）

www.gambiabirding.org（冈比亚河）

www.gambiabirdguide.com（冈比亚河）

www.natureseychelles.org（塞舌尔群岛）

www.sabirding（南非）

大洋洲

www.alanswildlifetours.com.au（昆士兰热带雨林地区）

www.birdingaustralia.com.au

www.birdsaustralia.com.au

www.cassowary-house.com.au（昆士兰热带雨林地区）

www.oreillys.com.au（拉明顿）

www.outback-australia.info（斯特雷兹莱基步道）

www.sossa-international.org（新南威尔士州的远洋）

www.stewartisland.co.nz（斯图尔特岛）

www.wettropics.gov.au（昆士兰热带雨林地区）

南美洲

www.birding-in-peru.com（秘鲁）

www.birdvenezuela.com（拉埃斯卡莱拉）

www.inkanatura.com（秘鲁）

www.kolibriexpeditions.com（秘鲁）

www.manuwildlifecenter.com（马努）

www.neotropicalbirdclub.org

www.tandayapa.com（坦达亚帕）

中美洲和加勒比地区

www.asawright.org（阿萨·莱特）

www.canopytower.com（冠盖塔）

www.cct.or.cr（蒙特韦尔德）

www.guatemalabirding.com（蒂卡尔）

www.pronaturaveracruz.org（韦拉克鲁斯猛禽迁徙通道）

北美洲

www.americanbirding.org

www.americanparknetwork.com

www.audubon.org

www.birder.com

www.birdinghawaii.co.uk（阿拉凯）

www.fws.gov

www.hawkmountain.org（鹰山）

www.houstonaudubon.org（海伊岛）

www.montereyseabirds.com（蒙特雷）

www.pc.gc.ca（皮利角）

www.sabo.org（奇里卡瓦山脉）

www.shearwaterjourneys.com（蒙特雷）

www.texasbirding.net（海伊岛）